U0274218

# 花木造型设计

## 实用修剪图解指南

[德国] 汉斯耶尔格·哈斯 著
黄华丹 姜莎莎 译

译林出版社

## 植物修剪基础导言



## 通过正确的修剪保持观赏树的好状态

## 果树——合理修剪提高果实产量

## 正确修剪亚灌木和盆栽植物



## 附录

# 植物修剪
# 基础导言

木本植物、盆栽植物和亚灌木在花园里占据主要地位。有些需要很多年才能长成发挥其作用，有些则长得很快。正确的修剪能帮助它们展示最好的一面，并且让它们以最佳状态生长。

# 修剪的植物学基础

修剪的主要对象是乔木和灌木，但其他园林植物也能受益于目标明确的修剪：它能促进开花或结出可口的果实，突出这些园林植物的自然外形或让它们保持充满艺术性的造型。

只要不是一年生植物，园林植物永远都处在变化中。木本植物随着时间的推移不断长大，直到最后它们变老，不再开花或结果。对于灌木来说，这种发展和老化过程常常只持续几年，相反，一些乔木的发展和老化过程则会持续很多年。盆栽植物也属于木本植物，大都是亚热带或热带植物。因此它们在中欧不耐寒，在冬天必须搬到不结冰的地区。它们也要经过多年才能成长和变化。相反，亚灌木则常常在第二个生长期就可以长成。过冬的时候，其地面上的部分就会枯萎，但根部能存留下来，在来年的春天继续发芽生长。

几乎所有这样的植物都需要定时修剪。目的是让它们生长茂密，拥有优美的造型，促进开花或者结果，或修掉多余的树枝树杈。一些乔木和灌木每年都需要修剪，而另一些则只需要每隔几年用剪刀或锯子修剪一次。

## 修剪的作用

植物修剪在花园里是最复杂的工作。因此许多园艺爱好者在刚开始使用剪刀或锯子的时候没有把握。但是有了些植物学知识，乔木、灌木和亚灌木的修剪最终都形成一个套路：当你理解了植物怎么生长，它们对修剪会有怎样的反应时，你就会知道木本植物需要哪种修剪方式以及应该什么时候修剪。

## 通过修剪控制生长

每次修剪都有利于植物的生长。何时和如何进行修剪，都会对乔木或灌木产生一定的影响。

修剪能促使树木生长旺盛或抑制徒长。

在树木美化方面，你可以通过修剪促使树枝抽绿发芽。而对果树正确的修剪一方面能保证其结出丰硕的果实，另一方面能使树木长出稳固的枝条，足够支撑住果实的重量。

对一些树木来说，比如白玫瑰，修剪不仅促使其生长，形成第二个花期，而且也有益于植物的健康。

对一些树木来说，有技巧的修剪能促使其抽新枝。像白茱萸，新枝有着颜色漂亮的树皮。或者像黄栌树，新枝有着五彩斑斓的叶子。

春天的时候要修剪亚灌木的枯枝败叶，夏天的修剪能够使亚灌木进入第二个花期。

## 修剪塑型

修剪也有利于培育植物以特定的造型生长。

对像宝塔形山茱萸或者枫树这种树木来说，风格独特的造型很重要，其特点适合谨慎的修剪方式。

对树篱来说，一年多次修剪，有益于其茂密生长并且稳定保持造型。

树木造型修剪（柱状的红豆杉或充满艺术气息的黄杨木造型）只能靠定期的修剪才能保持其造型。

修剪能使攀缘植物按照所希望的方式沿着支架和呈拱形向上生长。

结构树基本不需要修剪，但仍充满魅力。

# 树木生长方式：根、树冠和形成层

每株植物由很多具有不同功能的器官组成，但是这些器官都是相互依存的。当树冠上的新枝条、树叶、花和果实备受瞩目的时候，地底下的根部经常被遗忘。但是根部的健康和生长为植物茂密生长奠定基础。

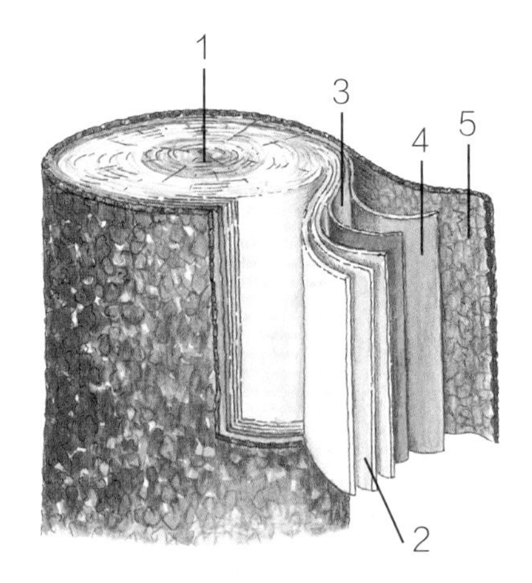


一根树枝的横切面：1. 心材 2. 边材 3. 形成层 4. 韧皮部 5. 树皮。形成层向内形成边材，向外长成韧皮部，也就是伤口组织。

## 根和树冠的功能

根部与树冠有着直接的联系。在树叶里形成的储备物资（淀粉和糖）在秋天的时候被储存到树枝和根部。反过来，根部会从土壤里汲取水分和养分，并且会把它们向上输送。在春天，当植物还没有长出叶子的时候，水分和养分作为所谓的液流会从根部向上，树枝开始重新复苏。当你修剪树枝的时候，切割处会有液体滴下。人们常说，它在“流血”。一旦树枝长出第一批叶子，液流就会减弱。因为树叶会蒸发水分，一种吸力就会出现，借助这个吸力在植物里的水分和养分就会被向上输送。如果这个时候人们剪掉带叶的树枝时，这种吸力就会停止，切割处就不会再流“血”了。储存在根部的养分在春天会均匀地流向各个树枝并且会分配到所有的蓓蕾里。这个时候再剪树枝，同样数量的养分分配到剩下来的几个树枝里，有利于其茁壮成长。春天修剪能促使树木抽新枝。但是太大幅度的修剪则会让根部和树冠间失去平衡。要持续很多年才能重新恢复这种平衡。在这期间植物会长出许多稀疏的长树枝，也就是所谓的嫩芽。相反，如果在夏天修剪的话，树上仅剩为数不多的叶子来储备养分，树根和来年春天长成的新枝会长得不够结实。另外，你是否能促进或者维持树木生长，也取决于修剪的时间点。

## 树叶犹如发电厂

光合作用是在树叶里进行的。树叶在阳光的作用下产生糖和淀粉。这些营养储存物质则有利于形成树枝、根和树冠。在光合作用的过程中，一些植物需要较多的阳光，对于如蕨类、常春藤或者红豆杉这类植物来说，则一点阳光就足够了。但是所有植物都把叶子朝向阳光，以获取尽可能多的能量。如果一株植物缠着另一株植物，则这株植物就会往相反的方向生长，直到叶子能够重新获得足够的阳光。也正因如此，长得茂密的树在其背阴面不长树干和叶子，在阳光充足的树外层和上层则会长树冠。这样植物就能很好地充分利用待使用的能量。

樱桃树上尖形的树叶萌芽和圆形的花骨朵很好区分。

## 萌芽和生长

在前一年就形成的萌芽会在来年春天抽枝。对于许多树木来

从这丛灌木只能看到这个植物的一部分。在地面根部以上形成一个网状，其大小跟地下的部分几乎一样大。

说，在夏天就会确定哪些萌芽会开花，哪些会抽枝。

一般而言，所有盛开的春天的花骨朵在它们长大之前，就已经在前一年萌发成了花芽。夏天的花朵在前一年则只长成了叶芽。在嫩枝生长的时候，叶芽就成为孕育花骨朵的地方。叶芽长成嫩枝，在嫩枝上树叶和新的萌芽长出。这种延伸生长也就在第一年发生，到第二年嫩枝就长到一定的厚度，并且长了侧枝。一些树，如大叶醉鱼草和玫瑰花，直到秋天才长新枝。其他的，如苹果树或者丁香，则在初夏就已经完成延伸生长，并且利用其能量来加强孕育萌芽的地方。

## 形成层犹如青春活力的源泉

液流流动于木质部。从下往上和从上往下流动的液体却不会彼此相遇，因为它们在两个不同的组织层流动。这些是由形成层在树皮和木质部中间一个薄薄的组织圈形成的。它负责厚度的增长和伤口组织的形成。

形成层向内分生出可以形成边材的细胞。在内部液体从下往上流动。通过储藏鞣剂最终会变成心材，而心材主要起着支撑的作用。鞣剂能让心材具有耐抗性，能够抵御细菌和害虫。

形成层向外分生出可以形成韧皮部的细胞。在这些组织中储备物质从树叶流动到根部。外部和时间久的韧皮层会变成树皮，能够保护嫩枝和树干。

如果树木受伤了，形成层会在伤口边缘形成较多的组织来慢慢地愈合伤口。会形成一个圈状的突起物，这个突起物会向树的内部生长。大的伤口需要些年份来愈合。这个伤口边缘越光滑，伤口愈合得就越快（详见40～41页）。

**1. 良好的伤口愈合**

形成层形成伤口组织，它从边缘开始愈合伤口。木质部本身不会形成新的组织。整洁光滑的伤口边缘会促进伤口愈合。

**2. 不好的伤口愈合**

大的伤口或者在树干上的损伤愈合得不好，应该避免这样的伤口。树木常常不能再隐藏这些伤口。菌类会强行进入木质部，树木就会出现腐烂。

# 树根决定树木的大小

## 树根生长方式

每种植物都有一个独特的根部生长方式。一些树木如生命树扎根比较浅。而对于另外一些如红豆杉这样的树来说，只要土壤通风好，它们的根部就扎得很深。在潮湿和空气稀薄的土壤里，许多树木的根部则接近地面。每个主树根组织都会给树冠的特定部分提供水和营养物质，同时也被其供给贮备物质。

如果根部的一块损坏甚至没有了，相应的树冠部分就会生长得不好。如果损伤小的话，其他根部会逐渐代替它的功能。如果损伤大的话，树冠部分则会逐渐枯萎。损伤的根部一直都是滋生真菌病的一个薄弱部分。它会缩短这棵树的寿命并且长期损害其稳定性。

## 两个中最好的：嫁接

很多造型树和果树由两种相同品种组成，很少由两个不同品种组成。地面上的部分也就是所谓的“高级品种”，它有着特定的生长方式，也就是开花的特征，或者对于果树来说它能提供高质量的带有芬芳气味的果实。

根茎，所谓的根基，则来自同一品种，这种品种具有抗病性并且很稳定。高级品种的萌芽或者嫩枝会被嫁接到它的上面，以此来改良自身。园林工人帮助那些不能形成强大树根的品种拥有一个强壮的根茎。根茎的生长力度影响着地面上高级品种的生长。

**嫁接树**　嫁接点经常几十年后还能在树干上像突起物一样清晰可见。从这一点开始，两个合作伙伴共同生长。嫁接点一般位于接近地面的位置，但是不能被掩埋。

**高树干**　一些浆果和玫瑰的高级品种不会形成稳定的树干，因此会在树冠的高度嫁接到能提供树干的地基上。要让树冠不折断，得绑住它。

### 重要的是：近亲

改良要想成功，两个合作伙伴要品种相近。这样山荆子或者山樱可以嫁接到苹果或者樱桃上，荚蒾属可以嫁接到荚蒾属上，丁香可以嫁接到丁香上。果树也是同样，但是对于果树来说，不同品种之间的相互嫁接也是很常见的。比如，侏儒梨嫁接到榅桲上。两种植物要想一起生长，它们的形成层必须精确地对齐。树木整个生长过程，嫁接点会以缝隙或者突起物的形式清晰可见。这常常成为植物最弱的部位。玫瑰或者蔷薇很容易因为高级树冠过重而折断。

嫁接点必须一直高于地面。你只需把树深埋土壤里，就像它们在苗圃或者盆里那样。如果嫁接点在土壤里，植物会枯萎或者高级品种会生根，这样根基会没

树冠和根部需处于平衡状态，根部决定其可能生长强度，因此很多树木会被嫁接。

有品质保证。

只有在嫁接玫瑰的时候，嫁接点要埋进土壤里 5 厘米深，这样它才不会被晒干和冻坏。

## 合适的根基

造型树大部分都是嫁接到特定的根基上。相反，对于果树来说，在好的专业化企业里，它们不仅可以在许多高级品种里挑选，而且，这些根基还有很多种选择。确定树木是否适合做高大树干、矮树或者主轴树，需要根据根基来确定（见 213 页）。

4 平方米的生长空间对于生长弱的根基来说已足够。它们终生需要一个支柱撑着，并且根茎小，因此它们的根部经不起与其他植物的根部竞争。它们需要精心的土壤维护、施肥和每年对其进行修剪。它们的寿命是 15 ～ 25 年。大约两年后第一次结果。

强壮的根基则支撑着高大树木，需要 25 ～ 100 平方米的生长空间。它们寿命长，根茎大，需要 5 ～ 10 年的培育。4 ～ 8 年后第一次结果，已长成的树木则不需要每年对其修剪。

果树根基的生长力也取决于法定的间隔，所在州的邻居权法种有规定。对于造型树，有关于树种或品种生长的表格。你可以在买树木之前了解你所在城镇的规定间隔。

## 去除繁枝

如果根基比高级品种生长更强或嫁接点愈合不好，在嫁接点下面或者直接从根部的根基会长出野枝，这些繁枝会吸取剩余的养分。你要早点儿去除繁枝，否则高级品种会枯萎，最后死掉。在夏天它们长出来的时候，你可以直接把从地面长出来的繁枝连根拔掉。如果需要，你把它们挖开到根部。千万不要只剪掉接近地面的繁枝，这样会促使它们生长得更旺盛。

### 果树的根基

| 水果种类 | 培育 | 根基 | 最终高度 | 收益 | 寿命 |
|---|---|---|---|---|---|
| 苹果 | 纺锤形<br>灌木<br>高树干 | M9<br>M26<br>幼苗 | 2.5 米<br>3.5 米<br>8 米 | 2 年后<br>3 ～ 4 年后<br>6 年后 | 15 ～ 20 年<br>20 ～ 25 年<br>80 年 |
| 梨 | 纺锤形<br>高树干 | 榅桲<br>幼苗 | 4 米<br>12 米 | 3 年后<br>6 年后 | 25 年<br>100 年 |
| 甜樱桃 | 纺锤形<br>高树干 | “吉塞拉 5 号”<br>F12/1 | 3 米<br>8 米 | 3 年后<br>5 年后 | 25 年<br>60 年 |
| 李子 | 纺锤形<br>高树干 | “费尔利”<br>樱桃李 | 4 米<br>6 米 | 3 年后<br>4 年后 | 25 年<br>50 年 |

# 液流压调节生长

树里的液体基本上是向上流动的。所谓的液流压就是输送嫩枝的能量到树枝上端的力。另外，植物的上树枝和外树枝吸收较多的光照，生长得会比内树枝或接近地面的部分粗壮。

### 液流压的作用

液流压不仅在整株植物，也在每一部分的树枝里向上走。

#### 直枝

长得直立的树枝（1）顶部的萌芽会比下面的萌芽强健。这有一个重要的优点：植物能获得最好的光照。另外在每个树枝顶部会形成抑制下方萌芽抽条的荷尔蒙。枝条上的荷尔蒙和高处的液流压导致只有上面的两到三个萌芽抽条力强。下面的萌芽则抽条力较弱甚至不抽条。很多树在夏天抽枝力弱的萌芽，都成为来年孕育花朵的地方。

#### 斜枝

斜枝（2）里的液流压虽然也向上走，但是最上面萌芽的液流压则没有在直枝里得到的那么强。因为这个压力平均分配，在上面的所有萌芽要在整个树枝长度的基础上抽枝。然而每一个新的抽枝都会比在直枝上弱。反过来下面的枝条则会吃亏。下面则只有短树枝或者没有树枝。树枝越高上面的液流压则越强，下面的越弱。因此园林工人系上蔷薇或者果树的斜枝，目的就是为了促使更多的萌芽抽枝，以此提高开花量或者果实产量。

#### 低垂的树枝

几年后，许多树（如绣线菊）的树枝顶端随着自然的老化过程都会分很多杈，这些树枝会越来越重并且最后低垂（3）。同样的情况也会出现在果树上，主要是果实的重量造成的。因为液流压的减弱，向下低垂的树枝顶端就会枯萎死去。液流压首先对在顶端的萌芽是有利的，因为液流压继续向上走，在顶端的萌芽抽条力是最强的。用这些新枝条代替低垂的和枯萎的树枝最理想。根据树木品种，这种让树回春的行为每年（如绣线菊和醋栗）或者每隔几年（如山荆子或者甜樱桃）都会出现。对于果树，人们一直等到树枝开始长出花骨朵。苹果、梨和樱桃树在第二年就会有这种情况。所以要保证不过多地促使新树枝的生长。

没有修剪的树枝会有规律地抽条，但是最上面的萌芽则会比下面的萌芽抽条力强（1），你修剪的力度越大，它抽枝力就越强（2，3）。

## 调整抽条

你通过大幅度还是略微修剪决定了一个树枝抽枝力强还是弱（见 14 页图）。因为通过修剪，你会改变在修剪口或在修剪口下面的液流压。未修剪的树枝一直到顶端都会返青（1）。在每个

很明显地可以看出，最顶部的萌芽抽条力最强。

萌芽上树枝多少都会收缩。液体在每次收缩的时候都会堆积在一起，供给到每个萌芽。主要支流会继续向前流动到树枝顶端并且使其抽条力增强。越往下直到地面上的树枝的抽条力会减弱。

当你剪短树枝（2）时，在修剪口的液流会堆积，修剪的位置又变成了新的树枝顶端。液流压在这个位置相应地也变大了，另外缺少了来自剪掉的树枝顶端的植物荷尔蒙对抽条的抑制作用。结果是：长出一根粗壮的新枝条。同时没有多余的萌芽去接收液流。这有助于增强抽条的力度。一次大幅度的修剪（3）加强了这个作用。枝条的直径变大，并且只剩下很少的萌芽去处理堆积的液流。结果就是发芽抽出细长不够强壮有力的树枝。当你多次高强度地剪短树枝的时候，就会造成未修剪的树根和修剪过的树冠之间的失衡。这样大大刺激了树的生长，每年的春天就会有新枝出现。这样会持续很多年，直到你通过春天对树的修剪或者最好进行夏天的修剪重新建立新的平衡。

## 修剪的时间点

修剪的时间也会影响抽枝力。你春天修剪得越晚，就会有越多的根部储存物质被分到树枝里，在修剪过程中产生的液流压就会减小，新抽枝则会变弱。

相反，你修剪得越早（大约 2 月前），就越会刺激其生长。正如少数的树对早期修剪做出反应，生长明显迅速。

但是对于许多树来说，早期的修剪存在着风险，它们会遭受霜冻的伤害或者在修剪处枯萎。树越敏感，你就要越晚修剪。对薰衣草或鼠尾草的修剪可以一直到四月。

**1. 陡峭的枝条**　在直立的树枝上，最上面的萌芽受益，它们抽条力最强，越到下面，抽条力就越弱。

**2. 斜枝**　斜向上生长的树枝里，液流压分配到整个树枝，在上面的萌芽比下面的抽条力要强。

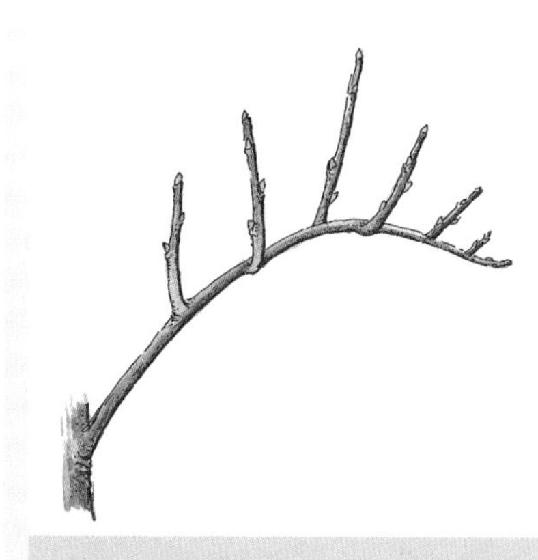

**3. 悬挂枝**　如果树枝向下低垂，树枝顶端最不受益。顶点的萌芽抽条力最强。

# 不同的树枝形式

很多树在花期前孕育花骨朵并且在春天的时候开花。另外一些直接在花期前夏天的时候孕育花骨朵。一些在幼枝上开花，另外一些在老树枝上开花，一些在短枝上，其他的在长枝上。所有的这些特点都会影响树的修剪。

## 确定树枝的年龄和种类

为了能估计一根树枝开花或者结果的数量，你应该要判断出这根在灌木或乔木上的树枝的年龄。

**当年和一年的树枝** 只要幼枝第一个夏天长长，人们就叫它当年枝（见插图 1）。如果在秋天它的成长结束，它就已经是一年的树枝（见插图 2 和 3）。尽管它的生长还不足一整年，但是它已经是一个生长周期。这样的树枝不分枝并且大部分长在树木的外部（见 17 页右上插图）。沿着树枝的萌芽充分发育并且很好看到。它们在来年的春天抽条，并且这样的树枝还是一年的树枝。

**两年树枝** 第二个夏天结束的时候，这个树枝就两年了，并且有了更多的一年大部分都不长的侧枝（见插图 4）。它们在下一年还会继续分枝，主枝老化。

**老枝** 普遍来说，一棵树在老枝上开花，人们认为这些是三年或者更老的树枝。

## 短枝和长枝

人们把长度超过 10 厘米的树枝叫长枝，10 厘米以下的就叫短枝。

**当年的长枝** 像木槿花或大叶醉鱼草这样夏季开花的树木，主要会在当年的长枝上开花（见插图 1）。只要夏天有新枝长成，就会有花开。

**一年的长枝** 相反，许多春天开花的树木没有长久的支撑枝，它们主要在一年的长枝上开花（见插图 2）。绣线菊和小榆叶梅就是例子。对于桃、酸樱桃、覆盆子和黑醋栗这样的果树来说，一年的长枝是它

**1. 当年枝**

对于像大叶醉鱼草这种夏季花，花朵在当年枝上，只有每年修剪才能让树枝到秋天还开着花。

**2. 一年长枝**

对于绣线菊和一些其他春季花来说，一年长枝是开花最多的花枝，它们很快衰老并且要每年修剪。

**3. 一年短枝**

许多荚蒾品种在一年短枝上开花，很少在长枝上开花。短枝生长在两年或更久的树枝上。

们最有生命力的结果枝。没有牢固支撑枝的灌木上的树枝几年后就会衰老，垂在地上，长出只有少数花朵的短枝。然而在灌木的内侧，新的长枝会直接从地面长出。人们保留这些新长成的长枝，去除接近地面的老枝，以此使植物永葆年轻并且开花旺盛。

**不受欢迎的长枝** 在有牢固的支撑枝的装饰灌木和果树上面，会长出斜长枝或向内生长的长枝。但是这些长枝几乎不开花，并且几年后会和支撑枝竞争。它们是不受欢迎的，需要去除。

**短枝** 在很多造型树和果树上的一年短枝是最有价值的开花或者结果枝（见插图 3）。这些短枝生长在一年的长枝上或者已两年的短枝的侧枝上。相反，多年的短枝对花朵的形成发挥的作用比较小。

## 叶子和花的萌芽

从萌芽的形式上你可以看出在树枝上是否会有花生长。很多树上的花骨朵略圆，但是叶子或者树枝的萌芽则尖尖的，大部分比较小。像李子树或者醋栗树上这些差别则不大。只有在萌芽发芽的时候人们才能辨认出这些树的花骨朵。

## 花朵形成的时间和地点

树枝的年龄透露出在哪些树枝上开花。这对于人们什么时候和如何修剪树木来说至关重要。

### 春天开花的花骨朵

在春天树枝开始生长之前，大部分的造型树和水果树就开花了。 夏天它们就孕育了花骨朵并且安静过冬。人们在花期过后才修剪这些春天开花的造型树，这样你就可以最大程度地欣赏花。如果你在花期前修剪，你会剪掉大部分花枝。

修剪后植物长出新的树枝来为下一年孕育花骨朵。为了让树在夏天有足够的时间生长和完全成熟，你应该在花期过后直接修剪。

果树应在花期前修剪，否则在修剪的时候会剪掉已经受精的花。桃和杏树是例外。对于它们来说，在花期期间或花期过后修剪则是更合适的。

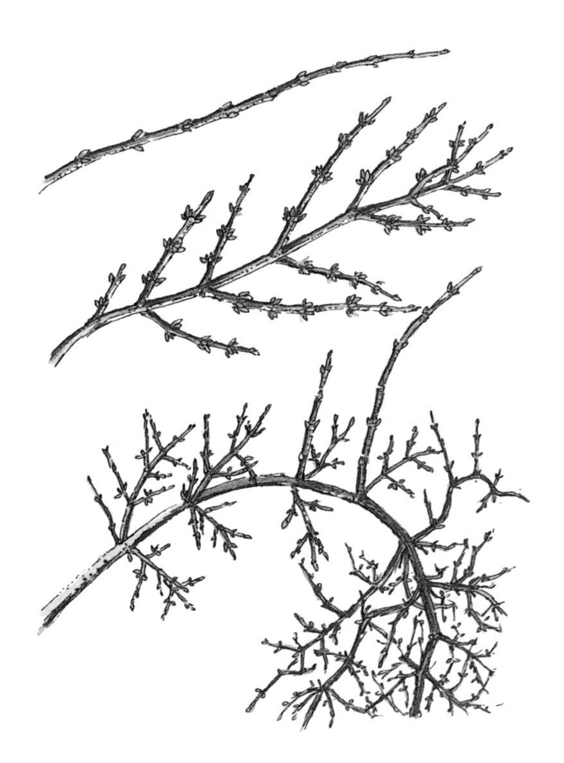

一年枝还未分枝，但随着年龄的增长，它们也会分枝。

**4. 两年枝**

樱桃树上只有一年枝上有树叶的萌芽。花骨朵在一年特别是两年枝上的基部。

**5. 老枝**

金缕梅在夏天前孕育花骨朵，它们开花很早并且花枝很长。在短枝和老枝上也会开花。

一组春天的花骨朵在一年的树枝上大量盛开（见插图 2）。绣球菊、小榆叶梅、桃和酸樱桃都是这类。它们的花朵只沿着最外面和没有分枝的树枝发育。如果不修剪，这些幼枝会一直很短并且树开出很少花或结很少果。一年的树枝越长，它开花越旺盛。这只有通过大幅度和每年的修剪才能实现。

第二组树上大量的花骨朵出现在已经有一年的侧枝的两年树枝上（见 16 页插图 3）。连翘、荚蒾、木瓜和血红色的醋栗属于此组。这些树虽然老化的速度比绣线菊属要快，但是为了开出旺盛的花或结出高品质的果实，应该定期修剪。

像金链花、山荆子、苹果、梨和甜樱桃这类树在两年和更老的树枝上开花（见 17 页插图 4）。与之前提到过的树木有所不同的是，它们长出一根牢固持久的支撑枝。它们的花枝要过很多年后才老化。核桃树上的短花枝甚至从老树枝里萌芽抽枝（见 17 页插图 5）。这组的造型树很少需要修剪，但是应每年春天通过小幅度的修剪修正干扰枝。

### 夏季花

丁香、木槿花、夏天开花的绣线菊或者神圣亚麻（见插图 1）用它们的花朵装饰了夏天的花园直到秋天。它们的共同点是，它们在当年的树枝上开花。一些夏季花如丁香花先生长，在盛夏才会在树枝顶端和侧枝上孕育花朵。其他像木槿或靛蓝这样的树在生长的树枝的叶柄上开花朵。随着新枝的强大，夏季花开花也会旺盛。与春季花不同的是，它们在每年的春天开花之前需要大幅度地修剪，以促进新树枝的发展。这组的一些如薰衣草这种代表性植物甚至可以修剪到地面。但是对幼年植物进行这样的操作应该有序地进行（见 104 页）。许多夏季花都来自比较温暖的地区。它们抗霜冻性有限。树枝越老，它冻坏的危险性越大。因此你要定期剪掉老化的树枝，以促进它们永葆年轻。因为被修剪的树枝容易干枯，所以你在春末抽枝之前才能对其进行修剪（见 34 页）。大部分的盆栽植物也属于夏季花。

**1. 神圣亚麻**

这种地中海植物在春天萌芽抽条，夏初的时候开出黄色的小花朵，只出现在当年枝上。

**2. 开花频繁的玫瑰**

这种玫瑰首先从一年枝上的萌芽里开花，然后夏天再从当年枝上的萌芽里开出花朵。

### 玫瑰和铁线莲

玫瑰和铁线莲被分到第三组。

春天开花的铁线莲和开花一次的玫瑰在一年的树枝上开花，所以应该在花期过后修剪。

春夏开花的铁线莲和开花频繁的玫瑰在一年和当年的树枝上开花，应该在春天萌芽前修剪（见插图 2）。

夏天开花的铁线莲只在当年树枝上开花。人们也应该在春天

顺时针左上角：绣线菊的花枝在一年枝上。醋栗在两年枝上开花。相反，苹果和紫荆树也在老枝上开花。

萌芽抽条前大幅度地修剪。

在最后两组中，这种修剪促使其花期延长或者能开出更多的花。

特例果树

果树的种植目标就是能够收获高品质的果实。修剪也应该促进可以承受果实重量的强枝的生长。

**幼年果枝** 树枝越年轻就会结出越高品质的果实，果树老化得很快，因此定期大幅度修剪也就越加重要。

夏末结果的覆盆子在一年的树枝上结果实。这一年的树枝大部分都在下一年或者在后年死亡。要促使新枝长出，每年的修剪是必要的。春天的时候要去除这株植物整个地面上的部分。

同时在一年树枝上结果的桃和酸樱桃枯萎得很快。要每年大幅度地对其修剪。对于生机勃勃的桃树来说，要每年剪掉果枝的一半。从果实的质量能看出这种彻底的修剪是正确的。

**成年果枝** 对于承载着果实的成年树枝，一般会很少对其修剪。

多年生机勃勃的来自短枝的果枝包括像甜樱桃和苹果这样的树木。修剪这些树的时候要比已长成的树谨慎得多，每1～2年对其修剪一次。前提是前5年里这些树长出了牢固稳定的支撑枝。

虽然核桃树和栗子树只能长出很短的树枝，但是它们的果枝数十年都充满活力，生机勃勃。这样的树都是一次性成活的，几乎不需要修剪。

# 生长形式：从灌木到树木

除了影响花朵形成的时间和部位，修剪的强度对树木的生长形式起着至关重要的作用。一些灌木只长出寿命很短的树苗，其他的则长出持久的支撑枝，并且分枝，还有一些长成长寿的树干并且形成强有力的树冠。但是它们要是想长到一定的高度，则需要外援。

## 树苗灌木：短命的树枝

像毛茛（棣棠）、绣球花、木瓜、黑莓和覆盆子都属于这一组。这些灌木长成支撑枝，但是每年都会从地面长新枝，也就是所谓的树苗。这些长长的一年枝不分枝，开一部分的花。但是大部分的花朵还是在两年树枝上的一年侧枝上。每个树枝都持续不久，枯萎得很快。在某种程度上可以说，这些灌木生长的重心是在根茎上。不修剪的话，它们从活着和枯死的枝条中将繁衍出密密麻麻杂乱无章的小枝条。为了促使新枝条的形成，要定期对灌木修剪，同时要频繁地去除挨着地面的所有超过 2 ～ 3 年的树苗。

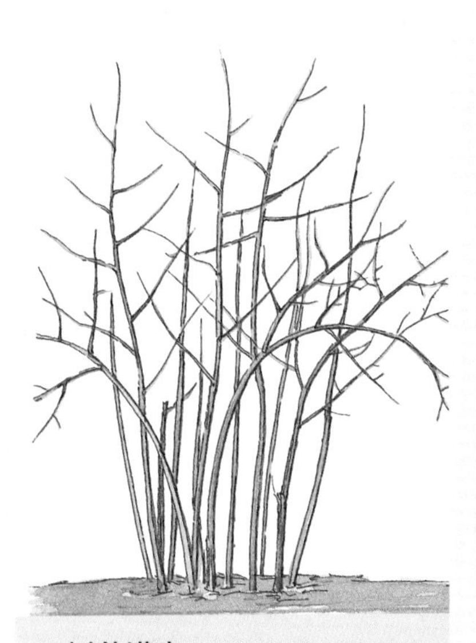

**1. 树苗灌木**

它们每年长出基生枝，不稳固且常常低垂。

**2. 以棣棠为例**

几年后它们的基生枝会乱作一团，一些在第三年就死掉了。

## 绣线菊属：嫩弱的支撑枝

绣线菊、溲疏、连翘、醋栗和鹅莓这组树也是不断从地面长出新枝，但是已经形成了一个支撑枝（见插图 3 和 4）。它们主要在一年的长枝或者一年长枝的侧枝上开花。每个基生枝都是好多年的，在这期间内它们会长得更茂盛。在灌木的上部会出现扫帚状的分枝。这些分枝很少开花，最后会低垂，在顶端会形成强大的幼枝。只有定期的修剪才能让这些树生机勃勃。要把低垂的分枝修剪到继续生长出幼枝的地方。

## 唐棣属：牢固的支撑枝

像唐棣、荚蒾、木槿或者接骨木这类的树会形成牢固的支撑枝（见插图 5 和 6）。大部分都从地面长出 4 ～ 6 根强有力的树枝。支撑枝和花枝存活很久，从地面长出的新枝也比较少。相比之前组的树来说，这组树的生长重心要靠树的上部。每个树枝都在扫帚状顶端的末尾分枝。灌木的下部则被遮挡并且变秃。修剪这些灌木的周期是 3 ～ 4 年。并且要剪掉分枝的顶端，让光线能够到灌木内部。同时，细长的树枝能够让灌木的外观显得自然。如果这棵树仍然很小，可以在几年后用从地面长出的幼枝来代替最强的支撑枝。对于这组的一些代表树，人们可以这样维护支撑枝，让它们能够活到 10 年或者更久。为了实现这个目标，夏天要定期剪掉还富有生机的基生枝。

## 金缕梅属：过渡到树

山荆子、丁香、山茱萸和枫树属于这组。它们从很多强有力的树枝上长出的支撑枝和花枝都是很长寿的（见 22 页，插图 1）。这些植物的生长重心还是在树的上部，同时支撑枝会分枝。老树很少再从地面长出新枝，这就给人的印象是无树干或者有很多小树干的树。这些树要在几年后才能展现出它们的美观。它们需要大规模的培育修剪（见 36 ~ 37 页），修剪促使支撑枝平均分配以及限制它们的数量，这样修剪之后就不再需要定期的修剪了。否则，修剪对这些树木特征的破坏更大于促进。当它们过于稠密，树枝缠绕一起或者是向里面发展的时候，人们也就只能谨慎地对其修剪了。

**3. 绣线菊属**

尽管这些灌木已经长出较强壮的基生枝，但是，这些基生枝大部分在 2 ~ 3 年后早衰。

树枝顶端会低垂，并且大部分已经不能供应足够的养分。但是从顶点和地面会长出有活力的幼枝。

**4. 绣线菊为例**

除了老点的基生枝，也可以看到幼枝。它们有着亮褐色的树皮。随着年龄的增长，它们会变成灰色，并且大面积地覆盖着藻类；整个树枝会一直垂向地面。为了幼枝的生长，你要定期剪掉这些树枝。

**5. 唐棣属**

唐棣和生长类似的树形成稳固基生枝，丁香或山荆子能长成树干形状的基生枝。几年后只长出很少的新基生枝。上面会长出分枝，要不时地修剪。

**6. 唐棣**

较老的树枝阴面上的幼枝不分枝，直到它们获得光照。如果灌木很小，它们要代替老点的树枝。如果想有明显的造型，要保留这些树枝，只剪幼枝。

### 特例亚灌木

我们见过的所谓的亚灌木大部分都是不耐寒的植物，它们在比较温暖的地方生长，寿命经常长达几十年。神圣亚麻、薰衣草、迷迭香、鼠尾草和滨藜叶分药花都属于亚灌木。在我们这种气候里，虽然它们也能长成，但是常常被冻伤。因此，要把它们当年轻的植物大幅度剪短，为了让它们在几年后也还能长出新的基生枝。但是在冬天枝条冰冻，应该留着足够的接近地面能够重新抽条的萌芽。只有在一年树枝上开花的迷迭香在冻伤后，花朵也损失了。

### 特例玫瑰

根据品种的不同，玫瑰拥有完全不同的生长形式。许多形成牢固的支撑枝，但是短时间又枯萎。

原则上开一次花的玫瑰大部分都比经常开花的玫瑰要强壮些。要在开花期后对其修剪。然后它们就全力进入新的生长期。原则上这也适用于开花一次的漫步者玫瑰。但是它们孕育着很强的支撑枝，对其定期修剪就是浪费。因此只有在它们枯萎或者生长过大的时候，才对其修剪。

相反，没有修剪的花、经常开花的玫瑰或者开花更频繁的蔷薇，在第一次开花阶段就已经耗尽能量，以后很难再开花。因此每年要在发芽前就对其大幅度地修剪。这能促使它们大幅度地长出新芽，并且给第二个夏天的花期以动力。

### 树

人们把由树干和中间树枝以及更多侧枝组成树冠的植物称作树（见插图 2 和 3）。但是树也可以拥有更多的树干。重要的是这些树生长重心距离地面较高。在头几年里，主干树枝都向上生长，侧枝从属于每个中枝。只有达到这个品种要长的那个高度，中间树枝才放弃它的优先位置，开始分枝。

一个或多个树干的树最快也要 10 年后才能展现其美观，但此后还是会继续生长。你在购买前要弄清楚，所选的树在 20～30 年后能长多大。

要为特定位置挑选能够在

**1. 树状灌木** 生长力较强的灌木能长成树的形状，如这种李属。它们长出支撑枝，能活几十年，因此种它们的时候要留有足够的间距。

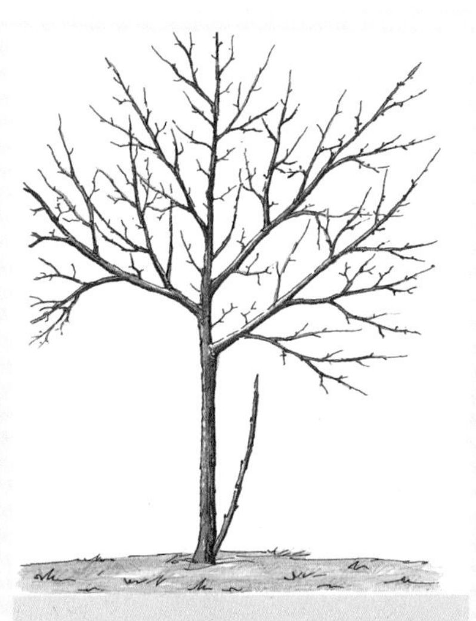

**2. 树** 典型的树会有一个树干，它和中间树枝、侧支撑枝穿过树冠。生长的重点在树冠上，支撑枝很长寿。

**3. 老树** 跟图片上的一样，已经长成的树在多年间会长出很大的树冠，它们跨越 300 平方米。当某些树枝死掉的时候，才有必要修剪。

那自由生长的树种。由于地方有限，必须要对树木不断地修剪，树木会因此丧失它自然的形态。另外树冠也会变得不牢固，枝丫会折断。

为了让果树长出能够承载果实重量的支撑枝并且保证果实的质量，要对果树更精心地修剪。

相较于灌木，保持规定的树间距对于树木来说更重要，因为大的树冠对其附近的树也有很大的影响（见 13 页）。

## 攀缘植物

攀缘植物能够长到一定的高度，都是需要支撑物的。在自然界，灌木或者树木就充当了这个角色。在花园也可以把它们牵引到其他的树木上，或给它们一个能自由站立或者固定在房子墙上的辅助。攀缘植物有不同的攀爬方法以达到一定的高度。

像冬茉莉、蔷薇或黑莓借着长枝往其他树的树冠上向上生长。它们用侧枝与“攀爬助手”的枝条交错在一起。它们不是主动地固定下来，而是被动地附着其他树。

像常春藤和藤绣球会长附着的根，可以固定在地面。这些跟地上长出的根完全不同。相反

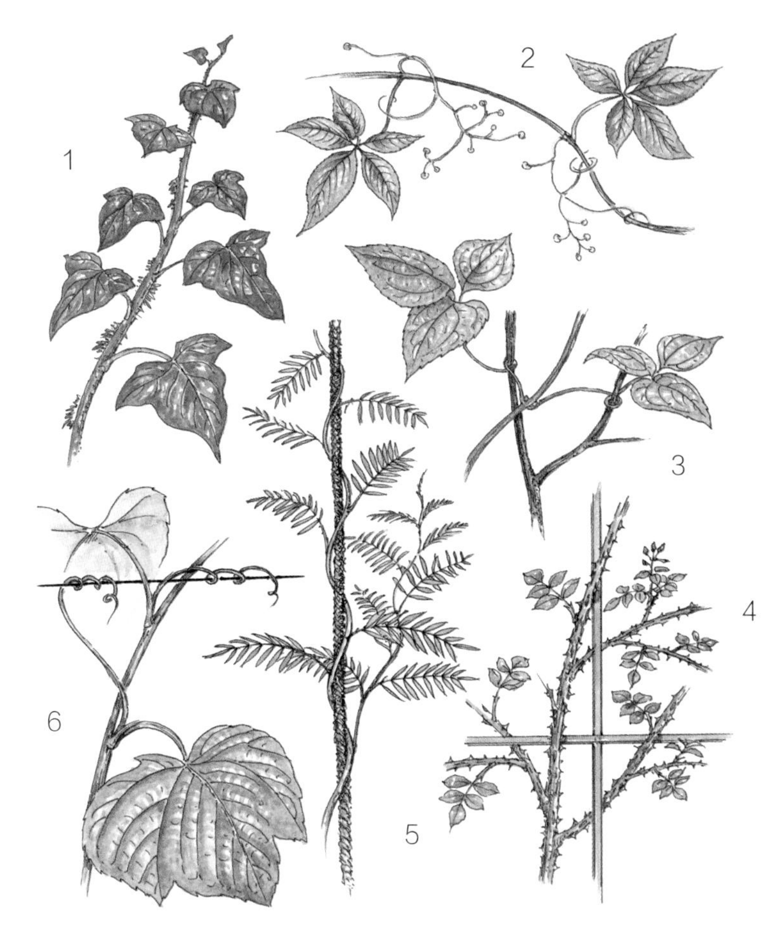


植物有不同的攀爬方法：1. 附着的根（常春藤）2. 吸盘（野生葡萄藤）3. 叶子攀缘茎（铁线莲）4. 缠绕（玫瑰）5. 藤（紫藤）6. 树枝攀缘茎（葡萄藤）

野生葡萄在小侧枝条末端长出吸盘。不论是附着的根还是吸盘都只活几周，然后木质化，但是不会失去作用。

紫藤、忍冬、大叶马兜铃、猕猴桃或银环藤这样的藤本植物把它们的枝条缠绕在根基上，以此固定，辅助工具不能太粗。比如如果雨水管太粗，植物不能缠绕其成长。当大部分藤支撑承受攀缘植物重量的时候，像紫藤会长成粗壮的支撑枝并且承担自己一部分的重量。你要定期把这些藤的枝条从支架上拿开并且接着把它们系在上面。这是值得的，因为这样你可以随时把这些植物解开，以便完成房子墙上或藤架上的修复工作。

像铁线莲和葡萄蔓是攀缘植物。它们在枝条或者叶子末端长出纤细的攀缘茎，它们借助攀缘茎固定在支架上。这些攀缘枝要尽可能稀薄。只有年轻的攀缘茎能“抢夺先机”。以后它们会木质化，当它们脱离根基的时候，也就不能再固定在支架上了。

# 天气和抗寒性对修剪的影响

冬天没有采取保护措施的话，什么温度能让它们安然过冬，每个植物对此都有个基本信息。但是不同的因素积极或消极地影响着这些温度范围。因此你在将植物放到花园前要先考虑下这些因素。

植物对温度的敏感度也影响着修剪的方式和时间。

## 抗寒地带

在美国划分的基础上，欧洲也有关于抗寒地带的划分。这种划分基于 10 °F（华氏度）的间隔，也就是 5.5°C（摄氏度）。因此这个值在欧洲总是保留一个小数点。这些地带是依据一年的平均最低温度划分的。然而这些值只是提示哪些冬天更寒冷些或是暖和些。

在中欧（见 304 ～ 305 页卡片）有 5 ～ 8 地带出现，也已经有 9 的相当于地中海气候的地带。为了更准确地掌握中欧不一样的气候区，人们把这两种气候带划分为了 a 和 b。

## 选择合适的植物

在很多种类和植物描述中都提到这些抗寒地带。这会给你第一个提示，关于植物在你所在的区域是否长势良好，它们是否冬天需要保护或作为桶装植物最好在房间里过冬。许多植物品种生长在不同的岩体中，并且不是所有的都有相同的抗寒性。你要挑选出最有抵抗力的种类。玫瑰中有比较敏感的种类，山茶花也一样。在半灌木中你会发现拥有不同抵抗力的种类，薰衣草、迷迭香或鼠尾草也是如此。

玫瑰有活力的枝芽对于霜冻的抵抗性要强于老枝。

这里要保护敏感的迷迭香，防止其被冬天的太阳晒干。

## 小气候

一个地方的环境同样会影响到气温下降得有多低。在山谷里冷空气不会流动，山谷的温度会比斜坡的温度低。如果一个地方没有东北风的影响，那里的温度则会比受东北风影响的地区温度要高。同样，在晚上定期出现雾的平原上温度也较高，雾能防止大幅度的降温。积雪会很好地隔离土壤，并且防止土壤冻透。但是也是因为积雪天气很冷，以至于敏感性的植物常常会被积雪冻坏。

## 改善抗寒性

在花园里出现大的气候差异也是可能的。被保护的地方，如离房子近的、能保温的树木或者有墙和石头的地方，实际上气温连抗寒地带普遍出现的低温都没

如果土壤对于薰衣草来说过于湿重，你要用沙土改良它。

有达到。你可以影响这些因素，让一个地方在气候上近似于下一个比较暖和的气候区。

### 土壤和抗寒性

土壤越满足一个植物的要求，植物就会生长得越好，越容易过冬。像薰衣草、百里香属这样的来自地中海的植物，大部分喜欢在透水性好的土壤里生长。如果土壤过于潮湿，在低温下它们的根部就会受损。可以大量用沙土来改良潮湿的土壤，以此来克服。这样即使在多雨的冬天也能保证很好的排水。

相反，常青的树木和灌木在冬天常常会缺水。这可能是因为在干旱的地方，但也常常是因为植物不能从冰冻的土壤里吸收水分。然而在阳光灿烂的冬天常青树又蒸发水分，这个时候一层麦秆可以让土壤比较小幅度地冻透。如果需要，甚至应该给这些植物浇水。如果你定期对你的新植物浇少量的水，它们的根就会一直在最上层潮湿的土壤层。它们不必到更深的土壤层去寻觅水。但是，根部生长得越深，它们就越容易抵抗霜冻。因此你最好少浇水，并且最好浇得彻底些。

### 正确施肥

强壮的或在盛夏施过肥的植物会一直长到深秋。它们的枝条没有完全成熟并且常常冻坏。六月底就不要再对树施肥了。

一些半灌木和多年的神圣亚麻要求贫瘠点的地方。你对它们施肥的时候要谨慎。你可以用沙土把养分充足的土壤贫瘠化。

冬天不采取保护措施，无花果的树枝会冻坏，只有一些年轻点的树枝还能保持活力。

## 温度和修剪

从十月到一月你要避免修剪。修剪的位置会在低温下被冻坏或变干。像半灌木、杏树或桃树这种怕冷的植物，你在晚春的时候才能对其修剪。当看到薰衣草属开始萌芽抽条的时候，你才能对其修剪。这样可以减少干枯的危险。你对桃树和杏树修剪的最佳时期是花期的时候或者最好是在夏天。这种所谓的夏季修剪对于对修剪敏感的树木来说是最佳时间（见 34 页）。你最好最晚在六月底完成树篱和形态树的修剪。这样新的枝条可以在秋天长大成熟。

# 修剪的技术基础

植物学基础知识是对树木成功修剪的基础。然而高质量的工具、正确的修剪时间、恰当的修剪方式和修剪技术才能保证修剪成功。

你对植物修剪准备得越充分，不同的修剪技术掌握得越好，修剪对你来说就越容易，你也就越能成功地让树木按照你所希望的方向生长。

你每年管理树并且按需求对其修剪原则上都是有利的。你通常必须对其尽量少修剪，只造成小的伤口，应尽可能少使用锯，使灌木或树木保持条理并且有一个吸引人的造型。另外造型树的花枝保持生机勃勃，果树有果枝。但是你几年放弃修剪，花朵或者果实质量会下降。形成强有力的树枝，树木会长得浓密。一次较大幅度的修剪是必要的。修剪后植物也会生长得更茂盛。对于所有树来说，定期的修剪也只需要很少的工作量。

## 植物修剪成功的做法

当你注意以下几点的时候，你就会很快知道，修剪的时候你必须要注意哪些问题：

### 好的工具

高质量的工具是一项值得的投资。它让修剪变得简单，维护好的话能用很多年，并且很多年后你还能从专业零售商那里拿到工具的零部件。

梯子对你来说也必不可少。在修剪较大的树的时候，它们是重要的帮手。

## 正确的修剪时间

选择最佳修剪时间首先依赖于植物萌芽抽条的早或晚。

当夏季修剪起到抑制作用的时候，原则上，晚冬或早春的修剪会促进植物的生长。

修剪的时候你也要注意每一个品种的特点。对于修剪敏感的树木来说，在叶子生长到九月的时候对其修剪，要比在春天修剪有利得多。

你要标记好你什么时候要修剪哪些树，并且规划好足够的时间。几周后观察下你的树对修剪有什么反应。看看是否修剪成功，为以后的修剪措施吸取经验。

## 修剪方式和技术

通过不同的修剪方式，你可以调整新枝的强度。要区分开剪短、转嫁、疏剪和剪枝。传统的剪短促进其生长得更强壮，长出有力的新枝。转嫁能使植物壮实并且恢复活力，这种促进增长的力度不及剪短的力度。去掉枝条顶端，叫疏剪，促进增长的力度最低。剪掉地面上的整个树枝能促进幼枝直接从根部长出，防止植物变得过大。

最后正确的修剪让植物能很好地适应修剪并且只出现很小、能够很快痊愈的伤口。但是你在开始修剪之前，要好好想想修剪的目的：你是想促进生长、开花、结果还是想让树枝长出有颜色的树皮？你是想修剪树当树篱还是把它单独培育成株？或者你只是剪掉病枝？只有你弄清修剪的目的，你才能选择正确的修剪方式从而达到想要的结果。

用高质量、锋利的工具，修剪将省力得多。

# 最重要的工具：从剪刀到梯子

修剪的成功与否跟合适的工具有关。你是否只是剪掉弱枝或者是修剪粗壮的丫枝，针对每个目的，专业商店都有合适的工具。

在任何情况下，你在购买修剪工具或梯子的时候都不能省，而是要注重它们的质量。高质量的工具大大地降低花园里修剪工作的难度。好的剪刀不仅使用方便，而且容易拆卸、维修和打磨(见32页左图)。此外，对于高质量的产品，配件也是可以获得的。

好质量的梯子也是不应该放弃的，当你在超过两米的高度工作的时候，它们必须要安全。另外，你可以用很多年。

## 修剪的正确工具

要想不费力地修剪，你应该针对树枝的厚度和修剪形式用相应的工具。比如你最好用锯子代替粗枝剪剪断一根粗树枝。不同的绿篱剪能帮助修剪树篱和树。特殊的刀便于伤口护理，树也会得到改良。在你用新买的工具修剪硬树枝前，你应该先在软树枝上如接骨木或柳树上试试。这样你就可以感受下这个工具，以减少受伤的危险。

旁路剪（这里针对左撇子）：刀口要朝向剩下的树枝。

### 手剪刀和粗枝剪

商店提供的许多剪刀容易让人感到混乱。在挑选的时候你要花时间问清楚，若需要，请征求建议。手剪刀是短把儿的剪刀，长把儿的叫作粗枝剪。用手剪刀你可以剪掉2厘米粗的树枝，粗枝剪适合剪4厘米粗的树枝。不管手剪刀还是粗枝剪在商店都属于旁路剪和铁砧剪范围。

铁砧剪的刀刃打在铁砧上。因此在树枝的两个修剪面都会有挫伤，因此这些剪刀只适合修剪软树枝。

对于修剪树来说，旁路剪是最适合的。它们的刀刃正好不在铁砧上，因此在刀刃旁边的树枝就不会被挫伤。有左右手的旁路剪（左图）。当你用正确的手来拿剪刀的时候，刀刃就会朝外。

顺时针从左上角开始：手剪刀适合剪 2 厘米粗的树枝，粗枝剪适合剪 2 ～ 4 厘米粗的树枝，刀锯和弓锯适合剪 4 厘米粗的树枝，拉伸剪刀适合在 4 米的高度工作。

粗枝剪则更容易剪掉接近地面的树枝。长把手应该牢固，不要过重。购买的时候你要伸开胳膊拿着粗枝剪一段时间，你会知道这个重量是不是适合你。选择有大刀片和有鸟嘴形状锯齿形的铁砧的样式。当你用这些剪刀修剪树枝的时候，可以通过轻轻地压紧固定，修剪的时候不会滑落。

一些粗枝剪有省力的传动功能。但是你不要受骗去用它修剪粗的树枝。修剪粗树枝最好还是用锯子。

### 刀锯和弓锯

对于直径超过 4 厘米的粗树枝来说，你要选一个锯。

刀锯保证整齐、光滑的伤口边缘。这种类型只能用拉伸力修剪。小点儿的类型可以折叠，塞到兜里，大点儿的可以用工具箱装。

弓锯适合大幅度的修剪，因为锯条可以调整，你可以选择用拉力或是用压力锯。

只有在你每年必须锯掉许多强壮的树枝的时候，电锯才用得上。当你定期修剪树的时候，这种情况很少出现。在购买电锯时你要注意，它有个保险联轴节。只要你一只手离开把手，电锯就会停止工作。

在你用电锯之前，一定要参加培训。另外，如果没有安全服，你决不能工作！

### 拉伸剪刀和锯

这个工具有个可以拉伸的把手。你不用爬梯子就可以用它们在 4 米的高空工作。没有带拉伸绳索的小电锯。这些工具适合去除折断的树枝或者是方便疏剪枯萎的高树干的水果树。但是用电锯长时间工作很耗力。另外用长的操作杆进行精确的修剪也是很难操作的。如果你要大量地修剪，你应该用梯子。修剪大树的时候，你最好求助于专业爬树的人。

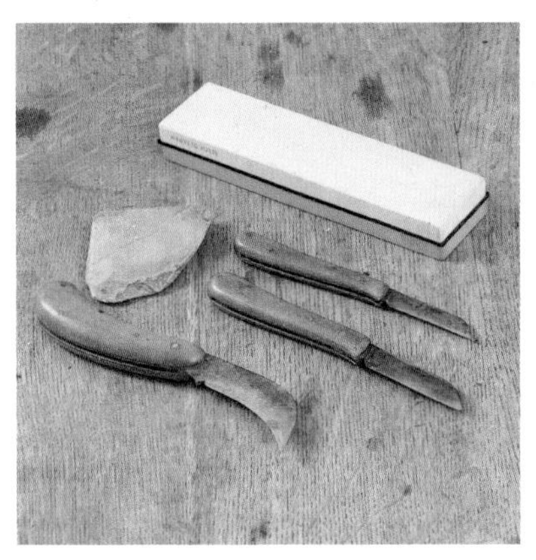

### 合适的绿篱剪

选择绿篱剪取决于你要修剪树木的数量和大小。对于小的树篱来说，短把儿的手剪刀就足够了。用手剪刀也可以很好地塑造出纤细的形态。所谓的布克斯绿篱剪很轻并且有着工效学设计的把手（见 31 页插图），带着木把手的传统绿篱剪则明显重些。

### 带有发动机的绿篱剪

对于大的树篱，建议用汽油发动机或电动发动机的绿篱剪。电动剪温和些并且轻便些，但是你必须注意不要把电线剪断。根据你在花园修剪的位置，长电线会妨碍工作。这个时候汽油发动机的绿篱剪是最好的选择。

左：刀和镰刀适合磨光伤口边缘。
下（从左到右）：果树梯、多功能梯、扶梯和单杆梯。

重要的是：所有带发动机的绿篱剪必须要有安全保证。只要手松开把手，剪刀就要停下来。工作的时候包括夏天也要穿上特定的服装。

### 用刀刮平

使用锋利的刀修剪时可保证切口边缘平齐，因而伤口也能更快愈合。

商店中，拥有锋利刀片的刀具被称为“嫁接刀”。它们不仅可用于嫁接，还能用于刮平伤口。购买时需要确保刀片稳定，且刀柄结实。

刀头弯曲的刀可用于处理较大的伤口或主干上的创伤，我们称之为镰刀。由于刀头弯曲，在刮平伤口边缘时不会向外对树皮造成压力。否则可能导致形成层（见 11 页）分离，从而阻断营养物质与水分的传输。我们通常以垂直于形成层的切口来刮平伤口。

## 合适的梯子

对于修剪大点的树和收果树上的果实来说，安全设备现代化的梯子是个重要的帮手。选择好的话，梯子会伴你度过整个园艺生活。梯子类型的选择取决于，你是在平坦地面还是不平坦地面，在平地还是山腰上修剪。安全地站在固

绿篱剪适合修剪小型树篱或形态修剪。小的适合做细活。

用发动机绿篱剪的时候，要站稳，走路的时候不要修剪，剪刀要安全。

定地面上时，所有的梯子都配备橡皮罩；在不平坦地面上，给梯子配备上铁尖是必要的（见33页）。

### 扶梯和折叠梯

只有一个支脚的扶梯和两个支脚可以相互折叠的人字梯在每个家庭里都能找到。扶梯常常由很多块儿组成，因此人们也常称它为活动梯。只有当它们能稳定地靠在丫枝上的时候，扶梯才能投入使用。为安全起见你应该在丫枝的旁边固定一个竖杆。当支脚之间相互翻转的时候，人字梯或折叠梯则可以自由站立在平地上。多功能梯可以把两种不同梯的优点结合起来。一方面，两个支脚可以相互折叠，另一方面，第三个支脚可以向上延伸。

### 斜坡：果树梯

果树梯只有一个支脚，可以是一块儿，也可以当伸缩梯是多块儿的。这种梯子特别轻，专门为在不平坦地面上对树护理和采摘果实定制。在支架上有铁尖，其作用就是把梯子固定在地面上。为了站地更稳，许多果树梯都有一个或两个支撑。这些梯子能自由站立。有了两个支撑，这些梯子就能独立地固定在地面上。这样，在稍微陡峭的地面就会平稳些。

重要的是：在陡峭的地方不要用木头或石头来垫梯子的一侧。这种位置是不稳固的。针对这种情况，零售商会提供长点的能调节的支撑和竖杆的梯子。

单杆梯在中间只有一个竖杆，在竖杆上左边和右边的横木安装在相同的高度。这使用腿就能确保安全，从而空出两只手来。竖杆倚在丫枝上，是让它不会忽然滑下来。单杆梯有个活动的支脚，因此也适合于不平坦的地面。

### 木头梯或是铝合金梯?

选择木头梯子或铝合金梯子是品味的事情。木头梯子由来已久，但是它比铝合金梯子要重。木头梯子不能长时间闲置，并且要一直放在干燥的地方。抓着竖杆比较舒服，因为木头没有金属那么冰凉。

铝合金梯子则相对轻些，是因为它们的竖杆是空心的。因为雨水对其损害较小，所以它们可以被闲置。

# 工具的维护和安全

在磨的时候，你要在磨刀石上用力压住刀片以画圈的方式磨刀刃。

原则是：使用之后你要清洗所有的工作工具。把湿的工具放在太阳下或者是暖和的地方，让它们在储藏之前能更好地变干。折叠锯和剪刀最好打开，以便于重叠的部分也能晾干。如果剪刀或刀具长时间不再用的话，要抹上点油之类的，能防止其生锈。

## 剪刀小护理

你要确保剪刀的刀片和铁砧之间没有空隙，否则剪刀就会剪坏并且卡在树枝里。好的剪刀用固定螺钉来调整。

你可以在专业商店里把刀片磨快，然而稍加练习，你自己也可以成功磨好刀片。为此你需要磨刀石。像镰刀用的粗糙的磨刀石是不行的。也有组合的磨刀石，一面较粗糙些，是磨剪刀或钝刀用的；另一面精细些，是为最后的打磨用的。

打磨的时候操作如下：

拆下的刀片一面有一个斜边缘，另一面是打磨面。你只需把打磨面放到在水里浸湿的磨刀石上，压着刀片在磨刀石上画圈，最后把刀片另一光滑的面在磨刀石上磨去出现的金属屑。不然千万不要磨这一面，以防止铁砧出现空隙。最后你要用钢丝绒按需求把铁砧擦干净。安装前滴点油在轮毂和弹簧上。在组装的时候要注意刀片和铁砧不要有缝隙，保证剪刀没有问题能正常活动。

当你不想磨的时候，你可以买一个替代刀片以备用。如果刀片不够锋利，你可以拆掉、打磨，在此期间用备用的刀片。

粗枝剪的大刀片很笨重。最好把它送到专业零售店里去打磨。

## 磨刀

磨刀跟磨剪刀的原则是一样的。大部分刀片的一面也是斜着磨的。你把这面放在磨刀石上。在正确使用刀的情况下，刀片变钝，你把它重新磨锋利需要十分钟。磨完之后你要把刀片晾干，打开刀放一会儿，把里面的折叠位置也晾干。如果要更好地使用一把刀，你可以在磨刀之后把它放在一条光滑的皮带上磨几下。刀片就会更锋利，但是这种锋利很快会消失，比如当你修剪干枯的树枝的时候。

刀锯的锯片不能磨，要替换新的。

## 换锯片

锯片是不能磨的，因此建议你经常提前储存备用锯片。在换刀锯锯片的时候，你要拧松固定锯片的固定螺钉。同时，你要一直在桌子上操作，以防止小的螺丝和螺母丢失。在你给

在不平坦的地面，竖杆上的铁尖能使其站稳。

折叠锯换新的锯片之后，你要重新把螺丝拧紧，让刀片只需用些许力就可以从把手处折叠。对于固定的刀锯你要拧好螺丝，不要让它松动。

对于弓锯，你可以用扳手拉紧锯片。固定锯片装上的螺丝可以轻松拧开，并且在更换之后又可以重新使用。最后你又要用上扳手，然后锯片应该就会被固定紧。锯子松动的原因本身在于锯片。不同品牌和类型的锯子需要不同长度的锯片。因此你要在购买锯片的时候带着锯。

有发动机的绿篱剪要每年对其进行至少一次保养和打磨。当你了解相关知识的时候，你可以自己对其进行保养和打磨。不然就在专业商店里对锯片进行保养和打磨，这样更有保证些。

## 梯子上的安全

在购买的时候，你要注意按照计划的使用目的来挑选梯子。另外这个梯子要带有 GS，也就是安全合格的标志。

梯子要站立安稳！扶梯可能会旋转或是当丫枝和树枝潮湿的情况下会滑落。安全起见，你要用绳子把梯子绑在树枝或丫枝上。

要一直用符合特定位置的梯子。在平坦区域要考虑在竖杆上套上橡皮罩。

在非平坦区域如草坪或草场上，要用铁尖把梯子固定在地面上。这样梯子就不会下沉或是往一边滑落（见本页左上插图）。如果你的梯子上没有铁尖，你可以购买并且给梯子装上。

在梯子上工作的时候你要穿着防滑的鞋子。在你爬到扶梯或多功能梯的高处横杆的时候，它可以使你一直安稳地站在梯子上。

一把扶梯中间的位置依靠在一根丫枝上后，这个丫枝也可以发挥杠杆的作用。你不要把你的重量向上转移，否则梯子就会像跷跷板一样断裂。

你不要在潮湿的天气里修剪：这时你和梯子在潮湿的树皮上没有支撑。另外花坛里潮湿的土壤会因为你的重量而被压实，你还要花费力气疏松土壤。

梯子必须要牢牢地站立在平坦的平面上。千万不要在折叠梯上爬到最上面的三条梯子横木上，否则你会站立不稳。

# 修剪的正确时间

所有的树木都没有共同的修剪时间。每株树木的生长和开花都有它自己的周期。理想的修剪时间要视周期而定。

大部分的果树都在花期前修剪，使其长出萌芽。

## 冬天

从十月到一月末，大部分树都还在休眠状态。这时你也只有在特殊情况下修剪，像丫枝断裂，但是在温度低于 5℃时绝不要对其修剪。

在休眠状态被修剪的树对严寒还是很敏感的，因为它们这时停止了生长，因此伤口也就不会愈合。另外，被修剪的树枝常常会变干。最糟糕的情况是树枯萎。直到五月份植物对植入性疾病都没有免疫力。

## 晚冬和早春

从一月末起，树里的液流压随着气温的升高也慢慢形成。长期的霜冻已经过去，修剪后造成冻坏或者干枯的危险性已经降低。在比较冷的地方你最好等到一月中或二月初。在这个时间你修剪得越早，就越刺激其生长。从晚冬到早春，人们会修剪大部分的果树（212 页起）、夏天开花的树（116 页起）和很多亚灌木（270 页起）。修剪要在树萌芽抽条前结束。

## 晚春

在四月或五月人们会修剪春季开花的树或者对修剪特别敏感的树。春季开花的树（56 页起）已经在前一年的夏天孕育了它们的花骨朵。花期前的修剪将会剪掉大部分的花骨朵。因此在四月末也就是花期后才可对其修剪。修剪得越早，树木长成带有花骨朵的树枝的时间就越充分。

薰衣草（106 页起）和其他半灌木都属于地中海植物。如果在一月或更早修剪，树枝或者整株植物就会干枯。因此要在四月初和五月初之间，也就是它们开始萌芽抽条时，才能对其修剪。

## 夏季修剪

在夏初，植物里的液流压几乎枯竭。因此六月起修剪就不会造成“流血”，并且伤口也是干的。

如果在秋天或冬天修剪薰衣草，它通常会完全冻结。最好在四月开始修剪。

多年的神圣亚麻大部分都对寒冷敏感，因此要在开始抽条的时候和夏季修剪。

重要的是你只能在夏天修剪像枫树、李树、红李子、桃树和核桃树这类对修剪敏感的树。然而夏天修剪对修剪不敏感的树也是有意义的：

你要是去掉叶子的话，叶子就不能再为植物提供能量，在根部的储藏物质就会变少，在来年春天，萌芽能力就会变弱。夏天修剪也能抑制生长过于旺盛的树。

如果在夏天剪掉较大的丫枝或者对修剪敏感的树，伤口就会很快地从内部被隔离。同时在修剪口的树皮上常常会有伤口组织形成。结果就是形成层不会变干。但是你要时常注意光滑的伤口边缘。

通过夏末的修剪你会剪掉来年春天你还要剪掉的斜枝，以此来促进树枝的生长和果实的丰收。

早已在春夏之交，春季开花的树就为来年孕育着叶芽和花骨朵。这个过程于七月底结束。从六月初到七月初早些的夏季修剪促使这些树在修剪口的下方形成花骨朵。把当年的长枝剪短成 5 ～ 10 厘米的木桩。这些木桩会萌芽，但是树枝会明显短很多。通过修剪，将长树枝变成短树枝，在这些短树枝上会有花骨朵形成，而这些花骨朵则不会在未修剪的长枝上出现。

对于紫藤、葡萄藤和猕猴桃来说，夏季修剪则使植物结构一目了然。夏季修剪需要仔细观察，因为叶子盖住了树冠结构。当你去掉特定丫枝的时候，你要尝试尽可能地看到有哪些空隙。你要从上面和外面开始修剪。你要把想要修剪的树枝拨到一边看看修剪会产生什么影响。夏季修剪的时候你要避开炎热或干燥时期，否则树皮和树叶会因为树冠内部受到突如其来的光线照射而被晒伤。如果七月底才修剪的话，在特殊情况下植物才会萌芽抽条。到九月中旬夏季修剪也要告一段落了。

多年的神圣亚麻大部分都对寒冷敏感，因此要在开始抽条的时候和夏季修剪。

## 禁止修剪

三月开始，鸟在灌木和树篱上孵蛋繁殖。为了不打扰它们，自然保护法禁止在三月到十月之间开垦和大规模的树木修剪。但是护理修剪是允许的。你所在区县会告知你，在你所在区域哪些规定起作用。

夏季修剪时应清除靠向内侧的陡峭枝条，以促使其更好地生长。

# 针对每个树龄的正确修剪

无论修剪强度还是修剪方式（见 38 ～ 39 页），都依赖于生长形式以及花朵形成的位置和时间。然而树的年龄也对修剪方式有着很大的影响。按照树龄建议以下修剪中的一种：植物修剪刺激生长；培育性修剪可以塑造美丽和符合目的的造型；维护性修剪能使其保持持久的形状；恢复性修剪能使年龄大的树木变年轻，恢复活力。

## 植物修剪

树既可以是没有泥巴的裸根植物，也可以是在盆或其他容器内带有球状根系的树。植物修剪保证树木安然生长并且发育良好。

### 裸根树

一些树是在春秋之间的休眠阶段种植的。这些植物在苗圃里被挖出来的时候，根部的一部分就被去掉了。你在种植之后修剪是为了重新确立根和树冠的平衡。你要去掉向里生长的和枯萎的树枝，留下中间枝和强有力、向外生长的侧枝。你要剪掉这些侧枝的三分之一、弱小树枝的一半。

定期适度修剪能使树木保持持久的活力和明显的特征。

### 在盆或容器里

有些植物全年都可以种植。炎热的夏天月份里则不太适宜种植，因为炎热的天气里植物对水的需求特别大。

在种植的时候为了使根部能更容易地扎进周围的土壤，你要多少去掉一些根球的外围。你要把缠绕在球上的根剪短些。要疏剪横向生长或生长较弱的树枝。剩下的那些强有力的长树枝就不要再剪短了。在来年夏天它们会有条理地分枝。

### 果树

对果树的修剪是为以后的培育打基础。同时要确定支撑枝并且剪短。要去掉与支撑枝竞争的树枝和弱小的树枝。对于有根球并且较大的果树要留下果枝，但是也不能剪短。

## 培育性修剪

通过培育性修剪，树可以形成它理想的形态。在前 1 ～ 5 年里，你要根据生长特点除去树枝，然后再修剪树枝顶端。这样这棵树就有了一个比较自由和自然的外形（见 38 页）。

对于有着很短寿命的树枝的树，培育阶段是很短的。第三个年头起，要去除老一些的树枝的四分之一。从地面长出的幼枝会替代它们。每根树枝寿命越长，支撑枝越稳固，培育阶段持续时间就越长。你要定期清除这些树从地面长出来的幼枝。要在前5～7年里每年都对圆树冠果树的支撑枝进行修剪，使其更强壮。树顶要疏剪，斜枝要去除。

## 维护性修剪

对已经完全长成的树采取定期修剪措施的这种行为称作维护性修剪。其目的是保持树木的活力，使其能开出茂盛的花、结果或保持构造。像地上的绣线菊和醋栗，支撑枝的山荆子和果树，要根据生长形式来获取新枝并促进新枝生长。幼枝代替早衰的基生枝或扫帚状分枝的树枝。维护性修剪还会促进植物的更新换代。老龄化过程会减缓甚至会被中断。你要每年都对有寿命短的树枝的果树和造型树进行修剪，对寿命长的那些每隔2～3年修剪一次。要知道，每年对这些树的检查对有效地实施小规模的修剪措施是很有利的。

## 恢复性修剪

如果没有定期的维护性修剪，你的树会老化得更快。不会再从地面长出幼枝或者在支撑枝旁边分枝会很严重。开花量和果实的质量会明显下降。通过恢复性修剪你可以使这些树恢复活力。要剪掉寿命短的灌木树枝中挨着地面的老枝，保留年轻的基生枝来替代老枝。

针对有稳定支撑枝的树，你要剪掉树枝的枯萎部分和悬挂在年轻有活力的树枝上的干扰枝。疏剪新树枝尖儿。

恢复性修剪要求一定要在以后的几年里对这些树后续维护。你要对恢复性修剪后长出的新枝进行修剪。同时你还要剪掉向里生长的、生长特别浓密或者陡峭的幼枝。另一方面你要疏剪树枝尖儿。恢复性修剪结束后你就要进行定期的维护性修剪。

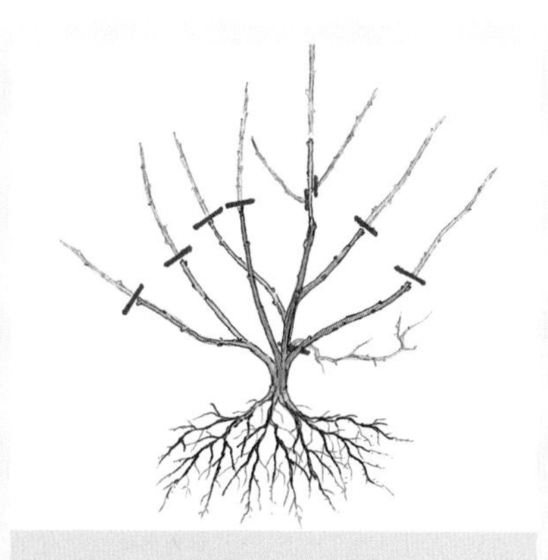

**1. 植物修剪**

修剪植物时，你要把裸根树的一年粗枝剪掉三分之一，弱枝剪短一半。

**2. 培育性修剪**

对于观赏植物，你要剪掉靠向内侧生长的或陡峭的枝条，疏剪树枝顶端。

**3. 维护性修剪**

它使花枝或果枝保持活力，根据品种，要把枯萎的树枝转嫁到地面附近或支撑枝上。

**4. 恢复性修剪**

不进行维护性修剪，树木会早衰。只有通过大幅度的恢复性修剪才能使其恢复活力。

# 四种基本的修剪形式

对山荆子的正确修剪，使它在很多年后也能保持疏松和年轻。

树木并不是对每次修剪都能很快做出反应。除了时间，修剪强度和修剪口也起着很大的作用。两者都直接影响着修剪后树的萌芽抽条的力度和萌芽抽条的位置。

有四种不同的修剪形式：剪短、转嫁、疏剪和剪枝。当你有针对性地运用这四种不同的修剪形式的时候，你就能很好地调整树木的生长。

## 剪短

剪短是最常用的修剪形式（见插图 1）。这里指的是主要对树外表面的一年树枝的修剪。但是对很多树来说，也正是这些树枝上承载着花骨朵。通常情况下剪短对预期的目标如使树恢复活力来说是个错误的修剪形式。剪短不会让树木恢复活力。

另一方面，用这种修剪方式，树木生长是最旺盛的，因为在最短树枝上的剩下的萌芽充分吸收了液流（见 15 页）。当你很多年一直重复剪短，新枝会年复一年被刺激增长得很快。因此你只有在种上后和形成支撑枝的时候才能剪短一年枝。只有对像木槿花、丁香或晚樱这样只在当年树枝上开花的树，这种方法经过数年还保留着。其他的情况下，一年的树枝还保留着或整个都被剪掉。

早点儿的夏季修剪又是不一样的情况。在六月的时候，过长的树枝都是被剪掉整个长度的一半到四分之三。接着它们就会萌芽抽条，然后更好地适应树的整体形象。

## 转嫁

通过转嫁你剪掉斜枝或悬挂枝（见插图 2）。在去除主要树枝之后，继续形成的侧枝会促进新树枝的延续。这样没有明显的干预，你就可以缩小树木的大小。这种新树枝的延续就像“避雷针”一样，因为通过修剪它的整个长度，所有幼小的萌芽都吸收到增加的液流压，你要注意，新的树尖儿可以很好地适应树的整体形状。在被剪掉的主要树枝附近同样会出现一股较强的液流，它在新树枝里直接在修剪口的下方寻找出路。但是这些树枝会比剪短的树枝要弱些，并且更多地长在灌木的内侧。如果这些树枝是歪斜的，它们以后会被剪掉。直的树枝会保留。然而当这新树枝的延续与原来的主要树枝几乎呈直角向外发展的话，在这个位置就会出现巨大持久的液流压。这种液流压经过很多年后会在强有力的幼枝里退出。如果让它存在，新树枝就会衰老。如果被转嫁的树枝和被剪掉的树枝一样有着相同的生长方向，这个液流就会减弱，修剪口在几年后也不再明显了。如果低垂的树枝转嫁到斜向上生长的树枝上，这种反应则相对较弱。因为在理想状态下新的树枝会吸收向上的液流压。

## 疏剪

疏剪是指你去除跟顶部树枝竞争的侧枝（见插图 3）。这既可以是一年枝也可以是多年的树枝。灌木和树用这种修剪方式可以保持空气流通和疏松。用这种方式，光线会照到树木的内侧。在那生长的树枝会保持生机并且消耗的能量要比阴面树枝多。因为植物提供的能量潜力是一定的，只有很少的能量提供给最外面的树枝。因此在外面的树枝不太长，这棵树就很小。疏剪是最谨慎的修剪形式，其刺激树木生长的作用也是最弱的。因为跟转嫁或剪短相反，你既不是把原本的树枝的延续去除也不是中断。被去除侧枝的修剪口只有短的新树枝长出。未被修剪的顶端树枝抽条力依然比较弱。

疏剪也是保持结构树的特点的最好方法，如枫树和荚蒾。

## 剪枝

人们把灌木地上的树枝整体去除称作剪枝（见插图 4）。不用修剪，树木会因此疏松些。用这种修剪方式你能刺激长出新的基生枝。这对植物的生命力很有价值，因为它直接来源于根部。因此剪枝能让灌木持续保持年轻。

有时候，剪枝这个概念也用于去除斜枝或向内生长的树枝。但是当树尖被疏剪的时候，常常会有副作用。

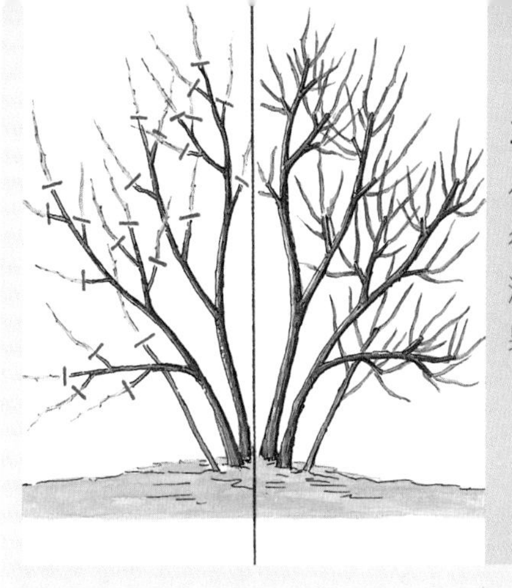

**1. 剪短**

你把树靠外部分的一年枝剪短，在很多修剪口会产生液流堆积，会刺激其抽条长枝。剪短主要用于构造果树的支撑枝和修剪夏季花的时候。

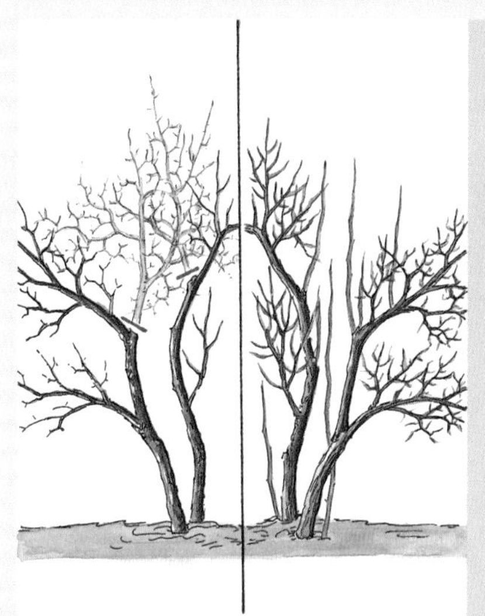

**2. 转嫁**

转嫁的时候，你把主要树干剪成侧枝。这个侧枝是主要树干新生的。相比剪短来说，转嫁刺激树的生长力度要小些，因为有萌芽的新树枝顶端能更好地吸收和加工液流压。

**3. 疏剪**

这种修剪方式很少用。保留原有的树枝顶端，只清除侧枝，很少产生液流压，长出新枝的能力也弱。通过这种疏剪，树能很好地保持其特征。

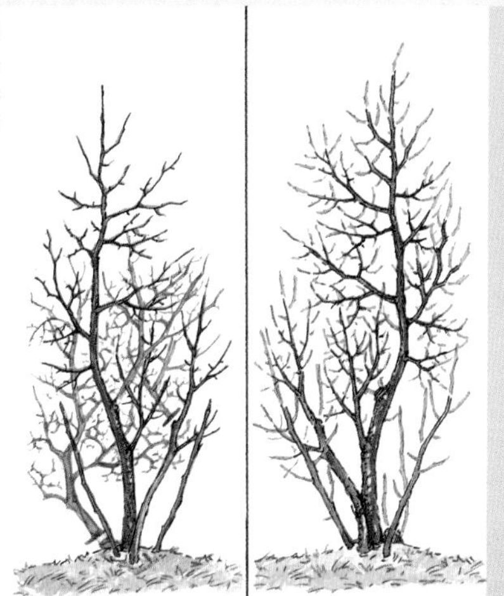

**4. 剪枝**

把灌木的整个树枝剪短到地面附近，这叫作剪枝。根部会产生液流堆积，长出的新枝让灌木真正恢复活力。这样一棵树能维持很多年的活力，并且疏松生长。

# 修剪技术和伤口护理

修剪树木时，小心工作是值得的。整齐的修剪能让伤口较快地愈合，另外也能防止疾病的侵袭。

## 在萌芽附近修剪

修剪一年树枝时，你直接在幼小的萌芽附近修剪（见插图 1）。面对纵横交错的萌芽时，你要轻轻地斜着避开萌芽进行修剪。针对对称的萌芽时，你要轻轻斜着平行避开两个萌芽。如果你太贴近萌芽进行修剪的话，它们会变干。但是也不能留太长的残余树枝。它们大部分会死去并且影响伤口的愈合。另外死掉的组织容易受到真菌病的侵袭。为了找到合适的位置，你把空余的手呈直角放在萌芽所在的位置，并且把剪刀直接放到略高的位置。

## 在树枝上修剪

当你在灌木内部剪枝或疏剪枝时，要保留侧枝和主枝之间的隆起物，也就是所谓的丫枝圈。在丫枝圈里聚集着有分开能力的组织，能让伤口很快愈合。你把剪刀或锯子放到隆起物旁边树枝的最上面，与主要树枝保持倾斜角度向下和向外进行修剪。接着要用刀或镰刀把伤口边缘磨平。只有这样做才会立刻形成来自伤口组织的壁垒，它能慢慢地愈合伤口。

## 锯掉老树枝

你要在原来修剪口的前面 50 厘米的位置从下开始锯较厚的丫枝（见插图 2）。尝试锯掉丫枝的三分之一。但是你要在锯子被丫枝的重量夹紧前，把锯子拔出来。然后，你再在原来丫枝修剪口前面大概 70 厘米的位置锯，直到丫枝断裂。它会因为重量而断裂，但只断到被锯的位置，主干树枝未受损。最后你再锯掉丫枝圈周围的枝丫残余部分。要用空余的手牢牢地抓住它。

## 一年后维护性修剪

因为修剪口的液流堆积，树木伤口以下的位置会长出越来越多的幼枝。从这些幼枝中你要去除所有长得歪斜的树枝。但是你至少要留下一根长得直的树枝。这根树枝会在未来几年吸收液流压，形成比较少的新枝。通过生长，树枝同时还会促进附加的伤口组织形成。如果伤口愈合了，你就去除这根树枝。但是当它很

**愈合得好** 修剪好的话，伤口边缘是光滑的，会很快开始愈合。在伤口附近你要留下一个平枝，它有益于在这个位置上长出伤口组织。

**愈合得差** 如果伤口的边缘很粗糙或者没有清除干枯的木桩（如图），愈合伤口会耗时很久，你最好修补这些伤口。

好地融合到树的整个结构的时候，你可以保留它。

## 在木桩旁修剪

当你把粗点的树枝转嫁到继续向内直立并且细点的树枝上，就会出现大伤口（见插图 3）。当它们大于新树枝半径时，常常会干枯。如果这样的修剪不可避免，你就要留下 10 ～ 20 厘米长的木桩。在来年的夏天它会发芽。为了不让木桩干掉，要保留一些弱小的直树枝。如果新长出的部分在 2 ～ 3 年后长粗点了，你要在夏天去掉丫枝圈上的这些木桩。这样伤口就会更顺利地愈合。

如果丫枝圈干枯，树木的伤口就不能愈合。你要去除这种在根基旁边的残余部分，根基附近会有伤口组织边缘形成。同时它也不能受损。这会促进组织的形成。在夏天，树对这种干预承受力最强。

## 好好照顾伤口

你要避免大于树枝半径大小的伤口。你最好去掉两到三根小树枝，而不是一根大树枝。

当你夏天修剪并且磨平伤口边缘时，就不必要封闭伤口了。这棵树能够从内部隔离伤口。当你春天修剪时，大点儿的伤口可能变干。为了避免这种情况的发生，你要给伤口涂上薄薄的伤口封闭剂。根据膏的黏合度，你要选择使用刷子或抹刀。树心不要抹，让它能够呼吸。接下来的几年里你要定期检查大点的伤口。

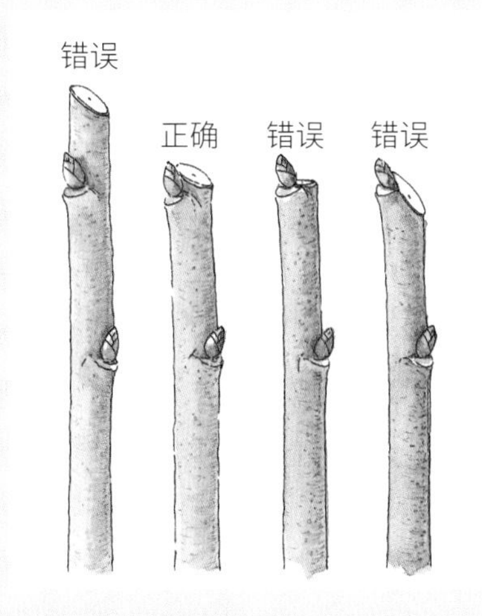


**1. 在萌芽旁修剪**

在一个萌芽上面修剪树枝时，你要斜着绕开萌芽进行修剪。不要留下长的残余树枝，也不要剪到萌芽。你要把空余的手放到萌芽上，直接在萌芽的上面剪。

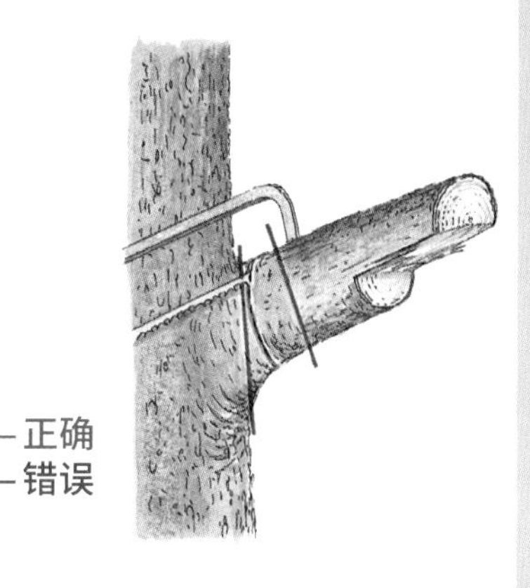


**2. 剪丫枝**

你要分两步剪掉较粗的树枝。首先在原来修剪口的前面从下锯掉一段，然后从上面锯，这个位置上的丫枝就断了，最后你再第三次去掉丫环上的树枝。

**3. 在木桩上的修剪**

如果一定要去掉一根粗枝，伤口就会出现干枯，甚至给主要树枝带来危险。你最好留下一个木桩，为了不使其干枯，还要留下一些它上面的树枝。2 ～ 3 年后的夏天，你再清除整个木桩。

# 修剪支持树木的功能

修剪前，你要弄清楚每种树在你花园里都起着什么作用。像开花的树或结构树——这些树的不同功能是否对树木的修剪方式有着很大的影响。

左：花枝通过它们的花朵和造型发挥作用。

## 修剪目的

正确的修剪能突显许多树和灌木的特征，这些特征在花园里有着特殊的重要性。

### 繁花盛宴

人们种植像连翘、绣线菊或锦带花这些造型树，主要是因为它们开花。这些灌木 2～3 年开花极多，但是之后就很少再开花了。因为这些树不能长出寿命较长的支撑枝。这些植物虽然一直能长出强大的幼长枝，但是占据这些植物大部分的老枝则早衰并且不再开花。每年的修剪能让这些树保持年轻。它能促进新枝的形成并促使其常开花。这同样也适用于常开花的玫瑰。

### 引人注目的生长

像鸡爪槭或金缕梅这些树从粗丫枝上长出牢固的支撑枝，在粗丫枝上开花并且老化的速度很慢。随着年龄的增长，这些树的特征更明显。这一组的品质在幼年的时候不会体现出来，而是在几年后才展现。凭借其独特的外形它们适合作为单独生长的灌木，也就是所谓的独奏者。这些树的花朵常常退居次要地位。比

上：红木樱桃主要是通过它树皮的颜色发挥作用。

左：像白珠树这样的树，在花期后就会结出果实来装饰，一直持续到冬天。

宝塔形山茱萸很少因为它的花朵，而更多的是因为它美丽如画的外形而让人印象深刻。

有着紧密形态的植物要定期修剪，为了使它的结构随时都能清晰可见。

如对于日本枫树或宝塔形山茱萸来说，外形起主导作用，整年都影响着花园。对于这些树来说，每年的修剪是不必要的。只需要每隔几年为它们的生长提供支持并去除病枝即可。

## 果实累累

在夏末的时候，一些开花的树结出引人注目的果实。这些果实如山荆子或常见的荚蒾的果实，装饰花园一直到冬天。除了花朵，修剪也要考虑到促进形成牢固的树枝，使其能承载果实的重量。尽管水果树和浆果树常常也有漂亮的花朵，但是其首要目标还是可口而沉甸甸的果实。这时候相比纯开花的树，更加精心的修剪让果实都露头并且减少花枝有利于收获高质量的果实。

## 修饰树皮

红木樱桃、一些桦树和枫树属有着被染得很漂亮的树皮，它们的颜色一直都会保留。花朵不起主要作用。谨慎的修剪能帮助这些树拥有美丽如画的外形。

## 自然外表或人造形态?

最佳的修剪常常是那种人们第一眼看不出来修剪过的，因为它采纳了植物的自然外形。因此对于开花的树，你要注意，修剪后植物要保持自然形态。修剪得不要太过完美，而是要在灌木上留些小点儿的悬挂的树枝，即使这些对以后开花贡献不大。这些树枝叫不在场树枝。在不开花的时候你可以给它一个协调的形态。然而对树篱和造型树来说，自然外形则不受欢迎。它们是经过严格塑造的艺术形象。如果不修剪它们的外形只一个夏天就走样了。只有定期修剪，使之保持在指定的位置并且展示它们有特色的外形。

对于果树来说，最重要的是收获高质量的果实，因此它的修剪原则不同于造型树。

# 修剪突显典型特征的方式

对一些树的特别修剪可以突显其特征，这些特征不经过修剪就不会这么鲜明地展示出来，比如像圆柱或悬挂形式、引人注目的树叶和树皮的颜色这些外表生长形式。为了有利于展示这些装饰的元素，繁花似锦就不是这些树所追求的了。

## 壮丽的杨柳

把柳树培育成所谓的球状形式不局限于柳枝。这种培育模式之前出现是为制造篮筐而获取长柳枝。现在它首先是有利于促进有着漂亮树皮颜色的一年树枝的生长。因为像黄花柳（*Salix caprea*‘Mas’）或粉枝柳组（*Salix daphnoides*‘Praecox’）这类品种的树枝能开出吸引人的花朵，因此人们在花期过后对其修剪。然而传统的杨柳则在花期前修剪。

杨柳的这种培育修剪持续很多年。首先树干幼枝要剪短到所希望的树干高度。接下来的几年，你几乎要在萌芽抽条位置剪短新的一年枝。这样日积月累形成的顶端就变得越来越浓密。千万不要在顶端本身剪出大的伤口，它们容易腐烂并且部分或整个顶端就会枯萎。相反，幼枝的小切口是无危险的，并且在夏天期间就会愈合。你要把夏天在树干上长出的树枝完全去掉。

## 彩色树皮的红瑞木

西伯利亚红瑞木（*Cornus alba*‘Sibirica’）和金边红瑞木（*Cornus alba*‘Spaethii’）有着红色树皮的时候，山茱萸木姜子（*Cornus sericea* ssp. *sericea*）的树皮发出由亮绿到黄色的光。

然而树枝的颜色只在前3～4年存在。因此你要在春天直接拔掉地面上超过3年的树枝。只有这样，足够吸引人的有色的幼枝才会重新长出来。你要疏剪剩余的树枝。因为山茱萸喜欢蔓生，所以你最好在夏天蔓生出现时拔掉太靠外的基生枝。你要在抽芽不久前对其修剪。这样灌木有颜色的树枝从冬天到晚春才能被保留下来，并且让花园充满鲜艳的颜色。

被掐掉头的黄栌整个夏天抽条长枝并且有着彩色的叶子。

上：对于山茱萸来说，大幅度的修剪促进其长出幼小的彩色树枝。

左：只能略微修剪柳叶梨的低垂形状。

## 炫目多彩的树叶：黄栌

黄栌的一些品种有着夺人眼球的红色（如“皇家紫”）或黄色（“金色心情”）的叶子。因此它常常栽种在亚灌木花坛的旁边。年轻的树叶是最鲜艳的。较老的充分生长了的树叶则在几周后就失去了光泽。你可以通过大幅度的修剪，让树枝整个夏天都能继续生长并且长出颜色鲜艳的新叶子。在之后的一年里，这种生长能达到1.5米。根据灌木在花坛里的高度，你在晚春的时候把在“树干”上年轻灌木的树枝剪短30～100厘米。以后的几年里，你可以像剪杨柳一样修剪灌木。你可以留下三到四个顶端，以达到更好的效果。因为每年的修剪只有小修剪伤口出现，并且很快愈合。你要完全去掉树干树枝。

## 精致的悬挂形式

有很多悬挂形式的树木种类：柳叶梨（*Pyrus salicifolia* ‘Pendula’）、李属（*Prunus subhirtella* ‘Pendula’）、欧洲山毛榉（*Fagus sylvatica* ‘Purpurea Pendula’）等。悬挂的贵重品种大部分都会嫁接到野生品种的树干上。因此在树干上或从根部一直会有野生树枝长出。夏天到来的时候，你要去掉这些野生树枝。你最好拔掉它们。只有当伞状树冠向下垂得太多、过度早衰枯萎或从中间开始变秃的时候，你才能对其修剪。千万不要把树枝剪短。你可以把过长或变秃的树枝转嫁到树冠内侧的侧枝上。最后你再疏剪它们和所有剩余的树枝。你要尽可能地早点把横长在树冠内侧的树枝剪掉。大部分情况下，夏天的修剪是更有利的。一方面，许多植物能更好地经受修剪；另一方面，树冠的厚度比较好被判断并且更能保持均衡。

最受欢迎的黄花柳垂（*Salix caprea* ‘Mas Pendula’）就是个例外。它们只在一年的树枝上开花。像杨柳的树枝一样，这些树枝都要在每年春天花期过后被大幅度地剪短。同时你要保留短的木桩，以刺激新树枝萌芽抽条。

## 让人印象深刻的圆柱形

柳树因为它亮黄色的树枝而备受欢迎——真正的观望者。

山荆子（*Prunus serrulata* ‘Amanogava’）、欧洲鹅耳枥（*Carpinus betulus* ‘Fastigiata’）、柏树（*Cupressus sempervirens* ‘Stricta’）和欧洲刺柏有着有名的圆柱形。这些圆柱大部分都是由很多直的支撑枝组成的，这些支撑枝及它的侧枝占据了外层向阳的一面。因为重量分布不均匀，支撑枝会随着年龄的增长或在积雪的重压下断裂。因此，你从开始就要把一部分的支撑枝嫁接到垂直并尽可能向内生长的侧枝上，使支撑枝层次化。这样支撑枝就会变得更厚实更牢固。同时其他树枝能得到更多的光照，分布更均匀些。你要把伸出的水平生长的树枝转嫁到直的侧枝上。这样你就能一直保持圆柱这个有特色的造型。

在幼年的时候，要减少圆柱形树陡峭的支撑枝，以后只能转嫁过长的树枝。

# 果树的生长形式和树冠形式

不同于造型树，培育和修剪果树相对系统并昂贵。同时首要目标就是使果树能长出牢固的支撑枝，几年后也能承载重重的果实。最终，以已长成的苹果树为例，其一根4厘米长的侧支撑枝可以承载重达100千克的果实。修剪果树的时候还要注重使较老的树和灌木上的果枝保持活力。为了有利于结出高质量的水果，要尽可能放弃结出太多的果实。因为当果树结果过多，每颗果实就不能得到充足的养分。它们的果实常常很小并且香味不足，糖分也少。只有春天的修剪才有助于去掉初夏时结果过盛的树上的一部分果实。剩下的果实质量就会变好。

## 果树的培育形式

对于大部分的水果品种来说，培育树的形式有着不同的可能性。它们的形状可以是带有树干和圆形树冠，也可以是冷杉形式的主轴（纺锤形），还可以是把树平面地拉到墙边的树墙。不同的树冠形状主要涉及那些数十年维持支撑枝的果树。对于有着寿命较短的支撑枝的浆果树来说，培育形式没有那么重要。你确定果树的形式也取决于根基的生长强度（见13页）。你可以决定是把这棵树培育成有高大树干的树还是只是把它培育成纺锤形的树。

## 经典：圆形树冠

对果树的最常见的培育形式是圆形树冠，也叫作金字塔树冠（214页起）。树干高度能改变。人们常常会利用嫁接到强大根基上的树。你需要25～100平方米的空间。培养阶段包含前5～10年。在这段时间里，垂直的中间树枝和3～4根均匀分布的侧枝会形成支撑枝。这些支撑枝会一直存在并且不可替代。在培育阶段剪短一年长出的部分能使这些树枝更强壮，这样它们就可以支撑水果的重量并且可以长到所期望的那么大。从支撑枝平铺的果枝分枝，这些果枝仅仅

**1. 圆形树冠** 圆形树冠由带有一个中间树枝和3～4个侧枝的支撑枝组成。培育的目标就是要让所有的支撑枝同样强大。

**2. 空心树冠** 要去掉空心树冠的中间枝，以让更多的光线到达树木里面。因为中间的液流压很大，会长出陡峭的枝条，一定要清除掉。

**3. 纺锤形** 它们的支撑枝只由一根中间枝组成，它承载着60厘米高树干的侧枝，会长出果枝。如果这些树枝低垂并且枯萎，要对其转嫁。

有利于形成花朵和果实。几年后它们就枯萎并且被接近支撑枝更年轻的树枝替代了。还需要定期实施时间较晚的培育修剪，但是并不是每年都进行。然而修剪得越有规律，耗费就越低。一个圆形树冠 4 ～ 8 年后结出第一批果实，并且可以持续几十年那么久。

果实的重量可能会很重，秋天必要的时候要用支架来支撑树枝，最好定期修剪，这样支撑枝就会变得粗壮。

### 喜温和喜光的品种：空心树冠

原则上空心树冠跟圆形树冠相同。但是在 2 ～ 3 年后要把中间树枝去掉。用多达 4 个侧枝建成支撑枝，这些侧枝呈圆形分布。像桃树或杏树这样的喜温和喜光树种适合培育成空心树冠。

### 占用空间小：纺锤形

纺锤形树（见 230 页）的根基很弱小，只需要不到 4 平方米的生存空间。因此它们很适合种在小花园里。因为根基只能形成小的根，所以这种树的树根竞争不过别的植物。纺锤形树支撑枝只有一个中间树枝，从中间树枝平铺果枝分枝。修剪让纺锤形树保持圆锥形。这样下面的树枝也能得到足够的阳光，不会枯萎。为了保持活力，每年的修剪则是很必要的。纺锤形树枝在 2 年后就可以结果，但是常常只能存活 15 年。

**4. 树墙**　培育成树墙违背了大部分果树的自然生长形状，因为会剪短树木的果枝来给其塑形。

### 树墙

树墙是所有培育形式中最“不自然”的。人们常常在铁丝或木头框架里平面培育果树（238 页起）。在这里要明确区分支撑枝和果枝。树墙的特点是，要在夏天把从支撑枝长出的果枝剪短到木桩，次数是 1 ～ 3 次。春季修剪只起着调整的作用：它只有利于去除枯萎的树枝或刺激生长。

通过每年必需的对树墙的培育，长枝就不会出现，只有短的果枝长出。这样几年下来树墙形式就很明显了。培育良好的树墙能覆盖很大的面积并且能长到宽 6 米、高 5 米。

# 修剪保持树木健康

受到真菌病感染的树篱必须谨慎修剪。

修剪不仅促进开花和结果或树木的生长，而且还可以预防疾病。当修剪生长过于浓密的树枝时，树里的空气就能更好地流通，树叶就干得越快，植物就很少染病。在突染疾病的时候，修剪能去掉病枝并且抑制病原体扩散。基本上生机勃勃的植物比早衰、营养不良或是在错的地方生长的植物要强壮。因此你要注意以下因素：

并不是每棵同一品种的树都对疾病有着相同的抵抗力。在购买树种的时候，你要了解其抗病能力并且只买质量好的树种。

你要把植物种在光线比例、土壤、湿度和气候都适宜的地方。你要注意提供其合适的养料。树根伸展远的大树需要的肥料少。年轻的树或夏天开花的玫瑰需要较多的养料。

## 如何治病？

即使你把树照顾得很好，害虫、霉菌、细菌或病毒也会入侵你的树。马上去除受感染的树枝，对其焚烧或扔到垃圾堆里常常是有益的。不要把病枝或病树叶当肥料，否则害虫或病菌会继续蔓延你的整个花园。

### 叶子树上的病害

当你定期检查树的时候，要及时发现病害并且能迅速采取措施。

**霉菌病** 如果上表面的叶子上覆盖着一层白色苔菌，大部分是因为真菌感染。如果是锈褐色或黑黄色的点，树木则是受锈菌感染。根据受感染程度你要去除受感染的叶子或树枝顶端。如果灌木只有一些叶子受到波及，你把它们摘掉。如果在初夏整个植物都受真菌感染，你就要把它们剪短到地面。会有新的树枝长出，根据品种，大部分的树还是会开花的。

**黄杨树的树枝死亡** 黄杨树中的某些黄杨品种和“蓝色海因茨”品种容易受真菌感染。原因是在过去几年中不断扩散的周刺座霉属和柱枝双胞霉属病原体。年轻的叶子会有暗色边缘的橙棕色的斑点，老点的叶子上是褐色斑点。通过树皮上几乎是黑色的条纹来认出受感染的树枝。要立刻剪掉受感染的树枝并且去掉地面上的叶子和最上面的部分。对分枝多并且有叶子的形态的黄杨树修剪时比较有危险，因为它会慢慢变干。相反，疏松的灌木干得比较快并且很少受到感染。

感染上霉菌病的灌木树枝你要剪短到地面。

**褐腐病** 褐腐病能导致果树树枝顶端干枯。这种病菌也能让整个树枝变干。你要把整个受感染的树枝顶端都去掉，直到长出健康的树枝。

生命树的枯枝大部分都是病菌或蚜虫引起的。

**火疫病** 在家庭花园里没有化学或生物植物保护剂来抵抗细菌病毒。榅桲、山楂、苹果、梨和大叶子的栒子等容易受波及。受感染的树枝顶端会像弯钩一样弯曲。这种病很容易与褐腐混淆。不同的是，在受感染的树枝上常常会出现浅褐色的黏液滴。树叶会干枯但是还在树枝上。当你对诊断不确定的时候，询问专业人士。要及时去除受火疫病感染的树枝。最好焚烧或者把它们扔到垃圾桶里。修剪后用高度数的酒给工具消毒，防止病原体扩散。

**导致玫瑰卷叶的玫瑰叶蜂**

玫瑰叶蜂是导致玫瑰卷叶的原因。这种小黄蜂在玫瑰叶子上产卵。你要摘掉叶子并且清除它们。

**香蕉蛾** 玫瑰或梨树当年枝的顶端枯萎并且凋谢，大部分是香蕉蛾造成的。你可以在凋谢枝下面找到小穿孔。这些都是很多只香蕉蛾造成的，它们在树枝上产卵。这些幼虫会啃噬树枝。你要剪掉这些树枝顶端。你会在修剪口看到钻孔的继续延伸，你要修掉树枝到没有被损坏的地方为止。

### 针叶树的损害

枯萎的树枝对于针叶树来说也是个警示标志。

**真菌病** 生命树、扁柏和欧洲刺柏的一些树枝会变成褐色并且干枯。这常常是不同的真菌病造成的。你要立刻去除死掉的树枝并且清理干净。生命树首先对炎热和长期的干旱无抵抗力。对于树篱来说，紧凑的布局和茂密的防止植物干枯的叶子则有利于病菌的扩散。

**生命树或欧洲刺柏上的甲壳虫** 这种甲壳虫能导致树枝死亡。带有木屑和常常出现树脂的小钻孔会出现在树的根基尤其是树杈上。你要把带有这些特征的树枝剪短到健康树枝的位置。如果粗树枝或支撑枝受到病菌感染，无论如何你必须清除整株植物。

### 根部损害

当整棵树在夏天有凋谢的征兆时，常常是根部受到损害导致的。罪魁祸首可能是干旱、水涝或田鼠。

在它们造成伤害前，你应该防止这种特殊情况的发生。如果根部已经被咬坏，你就要通过小幅度的修剪减小树冠，以降低蒸发量。如果水涝是主要原因，你应该给土壤排水。

玫瑰枯萎的树枝比有活力的树枝更容易感染上病菌。

# 识别和纠正观赏树修剪误区

### 树枝残干

**误区：** 树枝折断了，你不把它修剪整齐或你去掉的不是丫枝圈附近的树枝，而是去掉了上面的一块儿。

**后果：** 丫枝残枝干枯。伤口组织形成一个凸起物但是不能愈合。这个位置就极易受到病菌的侵袭。

**纠正：** 你要在已经形成隆起物的部位附近去掉干枯的残余树枝。在这种情况下有利于深度修剪但容易对活跃组织造成伤害的行为是被允许的。纠正的最佳时间是初夏。然后它就有足够的时间在整个夏天愈合受伤的隆起部位。

### 错误地让生命树变年轻

**误区：** 你尝试对生命树进行恢复性修剪，同时在上部和侧面修剪到没有叶子的区域。

**后果：** 生命树不长针叶的老枝不再萌芽抽条。这些树枝就会干枯，直到主枝长出叶子。

**纠正：** 太大幅度的修剪已经不能再纠正过来了。因此你只需修剪有叶子部分的生命树。如果只有树篱上面的部分是秃的，你可以将有叶的侧枝绑在光秃秃的位置上，以此隐藏枯枝（见 184 页）。

### 从不疏剪

**误区：** 从不拔掉地面上不能长期开花的树枝。

**后果：** 树会慢慢早衰，外部的树枝会分枝，开花数量也会下降。从地面上再也长不出幼枝，阴面的灌木根基会变秃。

**纠正：** 你要清理地面上最老的树枝。如果这些树枝很强壮，你要分两年对其修剪。你把剩余树枝上的扫帚状树枝嫁接到继续向内侧生长的幼枝上，以后几年就对其定期维护修剪。

### 过于频繁地剪短

**误区：** 定期剪短外层的一年树枝。

**后果：** 因为在修剪口产生的液流堆积，使修剪后过长的树枝萌芽抽条。在灌木根基变秃的时候，在树的外部区域长成扫帚形，并停止从地面长出幼枝。

**纠正：** 去掉灌木内侧或地面上分枝的树枝。你要把呈扫帚形的树枝转嫁到靠向内侧的一年或两年的树枝上。再疏剪剩下的树枝。千万不要剪短一年树枝。接下来的几年你就改用维护修剪。

### 不给紫藤塑形

**误区：** 不用支撑枝或侧枝来培育紫藤。不剪短幼枝并且使幼枝缠绕在老枝上。

**后果：** 树枝一团糟，支撑枝和侧枝已区分不开，树枝盖满整个支架。

**纠正：** 纠正较老的紫藤代价是高昂的。首先确定在支架上形成的一到两个支撑枝。在晚春的时候，你去掉所有剩余的树枝，接着把留下的树枝剪短到 10 厘米那么长。

### 砍树

**误区：** 你剪短了很多年的树上的较老的树枝。在修剪口没有留下吸取液流压的幼芽侧枝。

**后果：** 在修剪口形成过长的树枝，它们的主枝不稳且容易断折。修剪口本身容易干枯回到主枝并且枯萎。

**纠正：** 把斜枝作为新枝培育并且对其疏剪。一些平枝也同样保留。不要剪短、去除其他所有的嫩枝。

### 有叶子的树变秃

**误区：** 不分阶段安排树的结构，而是任其非常自由地直接生长到最高高度，然后才进行第一次形态修剪。

**后果：** 由于缺少修剪点，在下面的区域没有液流。那里的侧枝吸取很少的营养物质，它们会早衰并且慢慢地变秃。

**纠正：** 剪去树枝的一半，持续存在的液流堆积能保证下面的树枝恢复活力。接着你就通过每年的修剪安排树的结构（见 182 页）。

### 彻底恢复性修剪

**误区：** 把山樱的强枝转嫁到呈直角分枝的侧枝上。同时去掉大部分的树冠。

**后果：** 树冠和根部的平衡被破坏。春天在修剪口有过长的嫩枝长出，伤口干枯。

**纠正：** 留下一个接受主枝生长方向的新延续树桩，夏天的时候，你去掉斜枝。平枝和弱枝留下，它们会改善伤口状况并且舒缓生长。

# 识别和纠正果树修剪误区

### 剪短幼枝

**误区：**定期修剪外面区域的一年枝。
**后果：**许多的修剪口导致很多的液流堆积。每年都会长出强有力的幼枝，并且随着时间产生扫帚形顶端。因为大部分的果树最早在两年树枝上结果，结果量就会一直很低。
**纠正：**把扫帚形顶端转嫁到向外伸展的树枝上。不要剪断，它们会在第二年长出花骨朵。接下来的几年要去除新的斜枝和过于强大的新枝。然后要留着平枝并且不要剪断它。为了促使其尽可能大幅度地生长，你最好在夏天的时候对其进行修剪。

### 错误的转嫁

**误区：**直立生长的树枝被转嫁到向外和向下生长的侧枝上。这样出现的角度会达到 90 度。
**后果：**在转嫁的位置上会产生液流堆积。这个液流会向上继续流动，在修剪口下面长出斜枝。即使每年对其修剪，也一直会有新枝长出。
**纠正：**在修剪口下方留下一根斜向外向上生长的幼枝。去除剩余的和向下生长的树枝。这样液流就会重新流经转嫁的位置，就会很少再长出新枝，你可以留下一到两根平树枝当果枝。

### 不修剪猕猴桃树

**误区：**不明确支撑枝和所属果枝进行猕猴桃树培育。
**后果：**树枝会纠缠在一起，整株植物都是一团糟。尽管会结出很多果实，但是这些果实都很小。
**纠正：**明确所需的支撑枝，清除所有多余的。为支撑枝选出一些还井然有序的树枝。剪短侧枝到 30 厘米的长度。接着你在支架旁边为树木塑形。最好在夏天纠正，那时它们在修剪口不会流失过多汁液。

## 支撑枝过多

**误区：**一个圆形树冠有 5 个或更多的支撑侧枝。
**后果：**支撑侧枝会相互竞争。它们会为了得到更多的光照而努力向外生长。另外，如果不剪短这些树枝，它们会因为不堪果实的重压而下垂并且早衰。
**纠正：**去除多余的树枝，只留 3 个均匀生长的树枝。向上生长的强枝同样也要去除。剪短幼枝，疏剪老枝，力求支撑侧枝的稳定。

## 不修剪桃树

**误区：**多年来没有修剪过桃树。
**后果：**果枝会枯萎，果实很小。很少再长出新的强有力的幼枝。
**纠正：**夏天丰收后，你要把树变年轻。尽管夏天刺激生长的力度会比春天要弱，但是树是可以承受的。你要把枯萎的分枝和扫帚形顶端转嫁到靠向内侧的向上和向外伸展的幼枝上。要避免直径超过 5 厘米的伤口。接着你就可以每年按照维护修剪的原则对其修剪。

## 浆果灌木早衰

**误区：**多年来既不去除醋栗或鹅莓的接近地面的树枝，也不寻找替代早衰的树枝顶端的树枝。
**后果：**很难再有地面幼枝长出，树的活力和果实产量会下降。醋栗树枝会一直很短，醋栗果实很小。
**纠正：**把挨着地面的支撑枝剪短一半的长度。你把剩余树枝上早衰的树枝顶端转移到内侧的幼枝上。把支撑枝上变老的树枝剪成 2 厘米长的木桩。然后就会有幼小的基生枝组成树的新结构。

## 不去除斜枝

**误区：**侧枝生长在斜着生长或随着年龄生长的平的支撑枝上。多年来不清理。
**后果：**斜枝受益于较高的液流压。预期的分枝的果枝则会早衰。
**纠正：**你要定期清理斜枝。如果它们已经长好多年了，你就要在夏天对其修剪。然后相比春天，会有更少较弱的新枝长出。要留下与平铺分枝呈直角生长的树枝。它们会变成结果的树枝。

## 种太深

**误区：**嫁接的果树在地里种得比在苗圃里种得更深。
**后果：**种植过深的树会凋谢，因为树干的一部分被埋在土壤里。另外如果嫁接位置埋在地底，嫁接的品种就会长出自己的根。根基会枯萎并且死亡，也会失去预期的特征。
**纠正：**如果这树是几年前被种上的，要把它再一次挖出来，以正确的高度种植。要是老点的树，至少要把树干和嫁接点埋住。

# 通过正确的修剪
# 保持观赏树的好状态

无论是灌木还是大树类的造型树都是多种多样的。从观赏性的覆盆子到魁梧的苹果树再到红豆杉，它们都需要个性的修剪。这样它们才会保持健康，开花丰富并且多年都维持一个好的形象。

# 春季开花植物：先开花，再修剪

随着树在春季的第一次开花，花园年也就开始了。大部分树都会开花，也有一些秋天才开花或是结果。一些还因为与众不同的生长而点缀花园。

跟夏天开花的树一样，大部分春天开花的树是因为漂亮的花而被种上的。根据品种或种类，春天开的花朵会持续三周。但是也有春天开花的树剩下的时间还在花园里扮演角色：夏天它们用其吸引人的、多样的叶子形状和颜色装饰花园，冬天它们的树枝向花园展示支撑枝的结构。

在你开始修剪前，你要回忆下，春天开花的树的哪个功能很重要：它是开花丰富，是用五彩的树皮吸引人，还是因为它有特色的生长为花园的美丽做出了贡献？这些不同的功能对修剪有很大的影响。

## 花期过后修剪

许多首批春天开花的花骨朵会开花并且从其他萌芽抽条长出叶子。这是有可能的，因为花骨朵在前一年已经孕育成功（见17页）。连翘就是一个例子。为了不剪掉它们的花骨朵，要在花期过后才能对其修剪。然而也有在晚春才开花的造型树，比如荚蒾（见81页）和山梅花（见78页）。它们先长出短侧枝，五月的时候才有花朵出现在短侧枝末端。乍一看像是它们在当年的短枝上开花。但是它们在前一年就已经孕育了花骨朵，因此也要在花期过后对其进行修剪。正是因为开花晚，修剪时间也会被推迟到六月。

## 修剪春季开花的树

春季开花的树在不同的老枝上孕育自己的花朵(见16页)。一些长不出或长出弱小的支撑枝，它们的枝条老化得快；另一些能形成牢固的支撑枝，几年后也不会早衰。这些对修剪都有影响。

有着短寿命树枝的春季开花的树在一年长枝上很频繁地孕育花朵，如绣线菊（见 60 ～ 61 页）和小榆叶梅（见 64 页）。如果不修剪，这些树会老化得很快并且只长出不能再开花的短枝。要每年对这些树大幅度地修剪。修剪的时候，去除老枝，促使其长出孕育花骨朵的年轻长枝。

像连翘这样春季在一年长枝和其侧枝上开花的树，在第三年的时候，它们的树枝就已经早衰，然后很少再开花。对于它们来说每年修剪有利于促进年轻有活力的树枝长出。

长着长寿命支撑枝的造型树上，花枝也会保持着长久的活力，如唐棣（见 90 ～ 91 页）和金缕梅（见 100 页）。它们很多年后才会衰老并且在老枝上还会开花。你对这种树不要修剪太多。根据花枝和支撑枝的寿命长短以下会一一列举。开始列举的是短寿命的花枝、没有或有着弱小的支撑枝的品种，最后是那些有着长寿命的支撑枝并且在老枝上也能开花的品种。这种顺序也为你对其修剪的频率和强度提供了依据。

你要在花期过后修剪春季开花的树，否则你会剪掉花骨朵。

# 毛茛：金黄色花球

冬天嫩绿色的树枝和金黄色的花球是毛茛的标志（*Kerria japonica*，WHZ 5b）。在我们的花园里，这种也叫作棣棠的修饰灌木几乎全部都是由开花的品种重瓣棣棠花（WHZ 5a）代表。它们对地理位置的要求很低，只要夏天的时候土壤不要长时间缺水。棣棠也可以在阴面生长，但是在那儿开花很少。如果地理位置合适的话，毛茛会长出很多基生枝。这种树不会长出长寿命的支撑枝。因此它们属于树苗灌木（见 20 页）。无论是不开花还是开花的品种都会长到 2 米高。但是所有的棣棠都是匍匐枝。如果不定期把它们扯掉的话，它们在短短的几年内就能占很大的空间。它们的花期是四月到五月。前一年就孕育了花骨朵并且首先是在两年长枝的一年侧枝上。要在花期过后对其修剪。

## 培育

每个基生枝只保持 3～4 年的活力，然后就会死掉。因此支撑枝的结构也会失去。只有当当年枝长到 2 米长的时候，你要到七月底把它们剪掉三分之一到一半，然后就会长成短的侧枝。但是这些侧枝只能在暖和的夏季孕育花骨朵。你要在来年的春天再剪短这些树枝。这样就会大幅度促使其长出过长的枝条，这些枝条不会孕育花骨朵并且会低垂到地面。

花园里看到的大部分都是毛茛灌木的多花品种。

## 维护性修剪

你每年都要清除所有地面附近的三年枝，也就是低垂的弱小的基生枝，尽管它们才长一年。在两年已经分枝的树枝上，你把低垂的枝头转嫁到靠近内侧的一年或当年的侧枝上。对于因为当年分枝的树枝而低垂的一年枝，你要在七月把最上面的枝头转嫁到较低的树枝上。你要扯掉太靠外生长的匍匐枝。

## 恢复性修剪

老的棣棠的树枝常常会一团乱。你要去掉所有死掉和弱小的以及那些超过三年的树枝。要把余下树枝的分枝转嫁到每根侧枝上。如果树枝太乱的话，就把灌木齐根剪掉。你要在第二年对一年树枝进行疏剪并且做维护性修剪。

**1. 维护性修剪**

你要清除所有 3 年和 3 年以上的树枝以及弱小的幼枝，把分枝的头转嫁到下面的一年或两年侧枝上。

**2. 恢复性修剪**

如果不修剪，几年后死掉的树枝和活着的树枝会乱作一团。如果有序修剪很难进行，就要把所有的树枝剪短至地面附近。

# 悬钩子属：风姿优美的枝条

悬钩子属（*Rubus*）以美丽的花或彩色的枝条著称。最有名的是悬钩子（*Rubus odoratus*，WHZ 4），它们六月到八月开出粉红色的花，并且长到 2 米高。鲑莓（*Rubus spectabilis*，WHZ 5）甚至长到 4 米高，四月到六月它们开出玫红色的大花朵。华中悬钩子（*Rubus cockburnianus*，WHZ 6a）和西藏悬钩子（*Rubus thibetanus*，WHZ 6a）虽然在六月开出漂亮的玫红色的花，但是更多的是因为淡白色的枝条，才会在花园里被种植。当它们树皮的颜色继续发亮，在冬天它们作为花坛的背景更有吸引力。这些树种也能长到 2 米高。

**维护性修剪**

对于悬钩子属来说，你要夏天的时候把其枯萎的树枝齐根剪掉。拔掉太靠外生长的幼枝，修剪能刺激其长出新枝。

所有的这些树种喜欢在半成荫到阳光充足的地方和夏季雨水充足的新鲜土壤里生长。因为它们扎根浅，你不要挖它们，要根据需要用铁叉为其松土，用地膜覆盖来保持土壤的水分。悬钩子属于树苗灌木，也就不能形成支撑枝。它们在一年枝上开花，大部分都呈拱形向阳生长。因此从这方面考虑它们需要较多的空间。

像有果实的覆盆子和黑莓等也会形成蔓枝，几年后它们能覆盖更大的面积。

## 培育

悬钩子不需要特别的培育，因为它们的树枝寿命短。春天种上之后，你要去掉接近地面的老树枝。但是要保留一年微分枝的树枝。来年的初夏和夏天时它们会开花。只有当年枝过长的时候，到七月初你要剪掉一半。它们大部分会在夏天分枝并且保持直立。

## 维护性修剪

夏天一部分开败的树枝会死去。至少它们没有了之前的活力，这时候就给了真菌病以可乘之机。你要去掉接近地面的树枝。

西藏悬钩子在冬天有着吸引人的银色树皮。

因为西藏悬钩子和华中悬钩子树枝上的银灰色树皮很受欢迎，你要去掉已经在春天接近地面的前年的树枝，然后就可以促使新枝的萌芽抽条。幼枝就会变得更粗壮，在第一个夏天就已经分枝并且长出漂亮的枝条，装扮下一个冬天。

## 恢复性修剪

如果几年不对悬钩子进行修剪，活着和死掉的树枝就会混成一团。疏剪已不可能改变这种混乱，这种情况下，你在春天的时候要把它剪到与地面平齐的位置。夏天就会有新枝长出。你再对其疏剪，并且来年对其进行维护性修剪。

## 抑制蔓延

悬钩子蔓延很快，因为它们长出太多的蔓枝，你每年都要扯断。可以无土壤在大桶里种植悬钩子，因为它们扎根浅，蔓枝也密密麻麻地蔓延在表面，50 厘米高的容器就足够了。

# 绣线菊：漂亮的花簇

绣线菊的很多单个花朵会形成一个花序。

绣线菊开出散发着芬芳的花簇，预示着春天的到来。当冷天气完全过去的时候，它们才开一次花。因为品种不同，春天开花的时间一直持续到夏天。普遍来说，它们都开白色的花。在夏天开花的品种中也有玫瑰红的花朵（见118页）。绣线菊对土壤和气候要求不多。但是它们还是比较适宜生长在阳光充足的地方。

## 装饰的多样化

在花园里尖绣线菊（*Spiraea* x *arguta*，WHZ 5a）是最流行的品种，根据生长的地方，它开花的时间是四月到五月，有亮绿的小叶子并且能长到2米高。春季珍珠绣线菊只能长到1.5米（*Spiraea thunbergii*，WHZ 5b）。在温暖的地区它们在三月就已经开花了，除此之外它们普遍在四月到五月开花。几乎同一时间灰褐色的绣线菊（*Spiraea* x *cinerea*‘Grefsheim’，WHZ 5a）开出雪白色小伞状的花朵，并且拥有亮绿色树皮，它可以长到2米高。其中比利时绣线菊（*Spiraea* x *vanhouttei*，WHZ 5b）和李叶绣线菊（*Spiraea prunifolia*，WHZ 6b）是最大的，它们能长到3米高。后者在严冬就会被冻住，但是还会重新抽条发芽。鲜为人知的烨叶绣线菊（*Spiraea betulifolia*，WHZ 4）的叶子是圆形的，并且有着近似圆形的花朵。它到七月开花，但是在前一年已经孕育了花骨朵。它只有0.6～1米的高度，属于小绣线菊。跟日本绣线菊一样，它比其他品种在阴面有着更强的适应力。它能长到2.5米高，在五月和六月开花最盛。秋天它们棕色的果实又是一道亮丽的风景。另外，定期修剪的绣线菊肯定会比提到的高度要低。

## 越年轻越漂亮

绣线菊只能长出弱小的支撑枝，但是每年都能从地面萌芽长出新枝。树枝越年轻，树皮就越亮。老点的树枝颜色会由深灰色变成暗褐色。通常它也会被绿色遮盖物覆盖。

春季开花的绣线菊首先在一年长枝上开花。树枝越老，每年的生长就会变弱，开花量也会减少。原则上要在花期过后对其修剪。

大部分品种的每个基生枝3年后就已经枯萎。只有生命力强的品种的树枝能保持生机长达5年。但是它们大部分从树枝根部变秃。因此当它们向外生长的时

**维护性修剪修剪前**

绣线菊在一年长枝上开花，它们由不同大小的基生枝组成，通过每年的修剪，植物保持着活力。

**维护性修剪修剪后**

一般原则上要在花期后修剪绣线菊，剪掉最老树枝的四分之一，转嫁到剩下分枝的顶端。

候，你最好清理接近地面的老枝。

## 培育

你要在花期过后去掉新种的绣线菊上接近地面弱小的树枝，把粗壮和分枝的树枝转嫁到向外生长的侧枝上。不要剪短未分枝的树枝。因为绣线菊形成了持久的支撑枝，就不需要对支撑枝进行多年系统化的培育。

## 维护性修剪

为了让绣线菊不同树龄的树枝保持活力，你每年要在花期过后剪掉树枝的四分之一。为此你要留下相同数量的粗壮的一年基生枝。相反，你要完全剪掉弱小的多余的幼枝。绣线菊只能有 15 根基生枝。对其定期修剪，它们能活 1 ～ 3 年。剩余大部分树枝都会在靠外部分分出新枝或者已经向下低垂。你要把分枝的顶端转嫁到靠内侧但向外生长的侧枝上。如果顶端还在长出更多强壮的侧枝，你要把它们疏剪到一根。这样灌木就会细长并且保持空气流通的特征。如果树枝过度枯萎，你就要去掉整个顶端，只留下内侧有生命力的幼枝。如果没有生命力旺盛的树枝，你就要剪掉地面上的树枝。无论如何千万不要剪短花期过后就开始分枝的一年树枝。只有它们从灌木突出太长的时候，你才需要把它们转嫁到下面的当年侧枝上。

## 恢复性修剪

如果你多年来忽视对绣线菊的修剪，它们就会长成茂盛的灌木。一些树枝已经死掉，从地面长出的幼枝越来越少。首先你要清理死掉的和大幅度枯萎的树枝。只有当你把所有树枝剪掉之后，你才能把这些从这个灌木上扯开，但是不要用蛮力，而是要轻轻摇晃，这样被勾住的树枝才能比较容易地松开。当你把它们与丫枝遮盖物多次分开的时候，你也只能轻轻地清除这些树枝。接着你就把挂在剩下树枝上分杈的顶端转嫁到充满活力的侧枝上。太老的绣线菊很少再需要系统化的修剪。这种情况下，你要去掉所有地面上的树枝。尽管修剪得很彻底，但是很快就会有新的树枝从地面长出来。在来年春天花期过后，你要剪掉这些树枝的一半到三分之一。在第三个年头，你就可以每年一个修剪周期进行维护性修剪。

如果彻底修剪后再也没有地面幼枝长出来，这个灌木就得被替代了。在后续种植时，你应该用新土和腐殖土来使贫瘠的土壤重新肥沃起来。

**1. 维护性修剪** 把老点的树枝剪短到地面附近，用幼枝替代，把低垂的分枝的树枝顶端转嫁到靠向内侧的树枝上。

**2. 一年后的维护性修剪** 通过地面上的树尖，会长出新的幼枝替代老点的树枝，这时的修剪跟前一年的修剪一样。

**3. 恢复性修剪** 没有定期的修剪，绣线菊会很快早衰，你要把所有老化的树枝剪掉，以刺激从根部长出新枝。

# 金雀花：冷艳美

金雀儿属（*Cytisus*）提供一场黄色或彩色的花朵盛宴。在花园里主要有两种品种做代表。金雀儿（*Cytisus scoparius*，WHZ 6b）的高度和宽度能达到 2 米以上。根据高度特点，花期从五月一直到六月。当野生品种开黄色花的时候，在商店有很多能开出更多颜色花的品种。从蜡笔黄到深红色，颜色丰富多样。花瓣常常被称作小船或翅膀，有着不同的颜色。

黄花金雀儿（*Cytisus x praecox*，WHZ 6b）是两个品种的随机杂交。它长成有着悬挂枝的浓密灌木并可长到 2 米高。从四月到五月它开出米黄色的花朵。黄色品种“全金”大约 1.5 米高，有点矮。两个品种都适宜在阳光充足同时渗透性好的弱酸性土壤中生长。这不会让根浅的金雀儿夏天的时候变干。

金雀儿支撑枝弱，黄花金雀儿很少形成支撑枝。这两个品种都在一年长枝上开花并且容易变秃。花期过后每年对其修剪能让灌木长得好并且有活力。

**1. 黄花金雀儿**

如果每年修剪，它能保持很多年的活力并且紧凑生长。当年长枝到秋天就是一年长枝了，在来年春天开花。

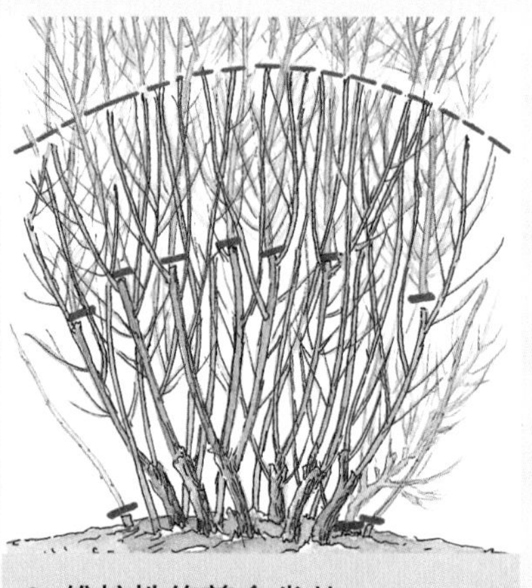

**2. 维护性修剪金雀儿**

如果有足够的幼枝，你要把老点的树枝剪短到地面附近，把剩下的转嫁到下面的侧枝上，然后剪短。

## 培育

种上后当年要实施第一次修剪。你要直接在花期过后修剪，因为花期末期新的枝条就会立刻萌芽抽条。你要把幼枝剪到 10～20 厘米，促进基生枝的分枝。

真正的观望者：金雀儿的红黄色花朵

## 维护性修剪

只有当你从一开始就在花期过后对其每年修剪，维护性修剪才会成功。留下 5～7 根金雀儿的支撑枝培育三年。但是只有当修剪口以下还有幼枝或基生枝的时候，你才能清理接近地面的老枝。你要在 50 厘米的高度把支撑枝转嫁到年轻的侧枝上。最后你要剪短枯萎的一年枝。每年花期过后，你要对黄花金雀儿呈半圆形修剪到大约 20 厘米。这样它们会在地面附近长出幼枝并且不会变秃。

## 恢复性修剪

只有带地面幼枝的金雀儿才能恢复活力。从老枝上大部分都不会再长出新枝。如果灌木变秃了，你要把扫帚形状的顶端转嫁到下面的幼枝上。通过液流压，新枝还能在变秃的树枝中萌芽抽条。但是这也不是必然的。你最好修剪这类植物，只留下幼枝部分或者换掉它们。

# 小金雀：金黄色的花簇

亮黄色的小金雀在每个花园里都是显眼的。它的花朵跟金雀儿的相似，但是小金雀的花要比金雀儿小。染料木（*Genista tinctoria*，WHZ 5a）是最流行的一种。它能长成不浓密的小灌木并且能长到 80 厘米的高度和宽度。染料木从七月到八月在本年树枝上开花，有时候它还在秋季继续开花。要想使其开出大量的花朵，它必须在阳光充足的地方生长。在寒冷的区域，它冬天需要做防护。

经过定期修剪，染料木开出丰富的金黄色花簇。

矮丛小金雀（*Genista lydia*，WHZ 7a）高 50 厘米，比垫状植物宽两倍。喜欢生长在温暖且透水性好的土壤里，耐寒性好。金黄色小金雀从五月到六月在一年枝上开花，并且会被金黄色的花朵覆盖。人们只有从一开始就定期对这两种品种修剪，使其少形成支撑枝，才能保持造型。如果不修剪，它们会长成老枝，老枝会变秃，并且时间久了，会向旁边伸展，失去原有造型。这种情况下您千万不要割伤老枝，否则它们会干枯。

## 培育

种上染料木后，你要在春天花期前把幼枝修剪到 5 ～ 10 厘米。给它一个半圆形的造型，这样它们在夏天就会长得很结实。

不需要对生长矮小的黄色小金雀进行培育。

## 维护性修剪

每年春天在抽条前，你要把染料木的一年枝剪到大约 10 厘米那么长。如果也有两年枝存在，你把它们修剪成短的木桩。不需要给染料木搭建支撑枝，只需促进从地面长出或接近地面的幼枝的生长。

花期过后，你要把黄色小金雀修剪成短的木桩。

**维护性修剪**

在抽条前，你把染料木剪短成 10 厘米，小金雀不能忍受修剪到老枝，因此要每年修剪。

## 恢复性修剪

如果染料木很多年没有修剪，大部分情况下就不会再有地面幼枝存在了。如果这时候修剪老枝，就不会再有新枝长出，未被剪掉的树枝部分也会干枯。因此你只要修剪灌木的幼枝区域的上部，可以通过绿色的树皮来辨认它们。

但是，即使挂在墙上的变秃的植物也可以散发出魅力。对它们你可以把它们绿色的芽苞当成一株单独的植物进行护理，光秃秃的树枝则任其保持原样。但是老点的树枝对霜冻特别敏感。

如果灌木完全老化了，你就要用年轻的植物来替代它。同时你还要用透气好的酸性腐殖土沙混合物来替换旧土。

从根部就变秃的黄金小金雀也就不能再恢复活力了，这种情况下你按需要换掉它。

# 榆叶梅：春天的粉红色信使

只需每年修剪一次，榆叶梅就能开出迷人的花。

这种灌木用它丰盛的花朵盛宴把每个花园变成了粉红色的梦境。榆叶梅（*Prunus triloba*，WHZ 5a）在野生形态下很容易开花。然而在花园主要是重瓣榆叶梅，开花时间是四月到五月初。榆叶梅更喜欢生长在新鲜的土壤里。它形成 1.5～2 米高的支撑枝，并且在一年长枝上开花。每年在花期过后修剪。对于被嫁接到粗壮的根茎上的榆叶梅，同样在夏天你要去掉嫁接位置下面长出的野枝。

## 培育

有小灌木类的榆叶梅，也有高树干的榆叶梅。对于灌木类来说，你把 3～5 根基生枝培育成支撑枝。前 4～5 年里每年都保留树枝新长的 10 厘米来增加支撑枝的长度。这样支撑枝就会有大约 50 厘米高。培育高树干的时候，你保留 1 根中枝和 4 根侧枝作为支撑枝，像培育灌木一样来增加支撑枝的长度（见插图 2）。培育这两种形式，你要修剪支撑枝上的一年侧枝，剪留 3～5 个萌芽。

## 维护性修剪

如果支撑枝最晚 5 年后形成，你在花期过后要在支撑枝的末端和侧枝剪留 3～5 个萌芽。时间久了，就会长成强大的分枝，你把这些顶部分枝转嫁到靠向内侧的在支撑枝附近的幼枝上。接着你可以剪短这个幼枝。

## 恢复性修剪

如果不修剪，树枝最迟 3 年后会枯萎并且很容易受顶端干枯的影响（褐腐病）（见 48 页）。你要剪掉病枝，保留下有活力的分枝，至少要剪 10 厘米。

恢复性修剪之前你要确定新的支撑枝，把支撑枝的顶端转嫁到强有力的幼枝上。然后，你把悬挂的侧枝转嫁到支撑枝附近的幼枝上，把它剪短。对于老化的灌木来说，要分 2 年对其进行恢复性修剪。你要避免造成大的伤口，因为大的伤口不会再愈合。

**1. 培育** 用 3～5 根地面附近的支撑枝把榆叶梅培育成灌木。在前几年每年让它增加 10 厘米，这样它们就会均匀分枝，要剪短侧枝。

**2. 培育高树干** 用一个由 1 根中间枝和多达 4 根侧枝组成的树冠培育高树干的榆叶梅，前几年让它长长，剪短侧枝。

# 互叶醉鱼草：淡紫色花朵

在夏天，最吸引人眼球的就是互叶醉鱼草上的花枝了。这种灌木会长到 3 米高，在冬季暖和的地方能长到 4 米或者更高。它们喜欢在排水性好并且温暖的土壤里生长，形成有很多基生枝的稳固的支撑枝。紫罗兰色散发着芬芳的花朵在一年枝上开花，时间是从六月到七月。

## 培育

培育具有 3 ～ 7 根基生枝的灌木。春天种植后将老化的枝条剪短至 20 厘米，以促进基生枝的生长。这样做有利于促进植株生长，但前提是放弃了开花的机会。

在接下去的几年中，可在开花后再进行修剪。留下 7 根基生枝，剪掉其他生长较弱或多余的枝条。修剪剩下的枝条，在前三年每年可长长 50 厘米。这样可使它们长势旺盛，且在未来仍能保持稳定。在枝条顶端疏剪当年枝。

## 维护性修剪

你把低垂的强有力分枝支撑枝顶端转嫁到每个当年枝上，把向外伸得过远的侧枝转嫁到支撑枝附近的当年枝上。你把支撑枝附近的弱枝剪成短枝。

在下雪较多的地方，树枝不能过度向外生长，这样它们才不会断折。

**1. 维护性修剪** 花期后，你要把低垂的树枝顶端转嫁到靠向内侧的当年侧枝上，把向外伸出的侧枝转嫁到支撑枝附近的当年枝上。

**2. 维护性修剪后抽新枝**
在维护性修剪的时候，把向外低垂的侧枝转嫁到靠向内侧的幼枝上，这样新长出的部分就不会过于低垂，要对其疏剪。

跟喷泉一样，圆锥花序的互叶醉鱼草的花朵低垂着。

## 恢复性修剪

为了让老化的灌木重新恢复活力，你要在春天抽条前修剪。你要剪掉接近地面的早衰的支撑枝的一半，并且疏剪剩余树枝的顶端。如果来年夏天灌木生长过盛，你到七月中要把低垂的当年枝剪掉一半。它们会继续萌芽抽条，但是会更弱小，能很好地融合到整体中。

## 高树干

可以把互叶醉鱼草培育成高树干的树。中间枝和 4 根侧枝形成支撑枝，有 50 ～ 70 厘米长。你每年要把枯萎的侧枝转嫁到支撑枝附近的短枝上。这样新枝就会像瀑布一样向下低垂。如果在树干或从地面长出新枝，你要在夏天枝条还是绿色的时候把它们剪掉。

## 木瓜：明亮的花朵

木瓜有着亮红色的花，是显眼的春季花。

木瓜（*Chaenomeles*，WHZ 5a）提供双重观赏乐趣：花朵和可吃的、散发着芬芳的果实。

日本木瓜（*C. japonica*）高1.5米，砖红色花朵出现在四月到五月。“希多”（Cido）的果实含有丰富的维生素C，它们在十月成熟。中国的木瓜（*C. speciosa*）高和宽达3米。根据不同的品种，它们的花朵颜色从粉红色到暗红色，开花的时间在三月到四月。两个品种都喜欢在新鲜、排水性好的土壤里生长，生长环境不论阳光充足还是半阴面都可以。它们会长出很多基生枝。杂交品种（C. x *superba*）开花的颜色是白色到深红色都有。它们长不高并且很少从地面长出新枝。木瓜很少形成牢固的支撑枝。尽管基生枝很多年都能保持活力，但是不牢固，2～3年后常常都会低垂。木瓜在两年和多年长枝的一年短枝上开花。要在花期过后对其修剪。

### 培育

在种上后的头几年里你要留下10～15根基生枝作为支撑枝，不要修剪。当支撑枝末端大幅度分枝的时候，你要疏剪。每年夏天，你要剪掉过多或弱小的基生枝。

### 维护性修剪

每根基生枝保持活力的时间大约5年，因此你要剪掉接近地面的老的支撑枝。按照需要把剩下的支撑枝转嫁到靠内侧生长的幼小的侧枝上。最后疏剪树枝末端。

### 恢复性修剪

如果木瓜很多年不修剪，就会形成灌木丛。在恢复性修剪的时候，你要剪掉老的基生枝的百分之七十。你把剩下的常常过长的树枝转嫁到下面的侧枝上。然后，你就像上面描述的那样重新塑造它。

### 树墙

可以把木瓜培育成一米高的树墙。4～5根基生枝组成支撑枝。你每年把它们延长大概50厘米，并且把它们按照至少40厘米的间隔绑在树墙上。每2～3年你把侧枝转嫁到支撑枝附近的幼枝上。如果缺少幼枝，你把侧枝修剪成5厘米长的木桩。

**1. 维护性修剪**

你要清除地面上老点的支撑枝，把剩余树枝上的分枝顶端转嫁到靠向内侧的幼枝上，最后疏剪新的顶端。

**2. 恢复性修剪**

如果木瓜很多年没有进行过修剪，常常要把树枝剪掉一半，转嫁剩余过长的树枝。

# 雪果（毛核木）：带有爆裂声效果的豌豆

每个小孩都认得这种灌木：雪果有着圆滚滚的白色的果实，当人们踩上去的时候，会发出吓人的爆裂声。它因为这个原因又被叫作爆裂豆灌木。花朵虽然不明显，但确实是蜜蜂采蜜之处。常见的雪果（*S. albus* var. *albus*，WHZ 3）生长茂密，能长到 2 米高。开花的时间是七月和八月。果实挂到冬天，含有微量的毒素。从六月到七月开花的杂交蝴蝶莓（*S.x chenaultii*，WHZ 4）和只有 1 米高的“汉考克”（Hancock）常常被用来覆盖地面。它们的果实会从白色变成粉红色，最后又变成红色。两个品种对土壤都没有特别的要求。它们只能长出弱小的支撑枝并且长出大量的匍匐枝。花朵和果实都在一年和当年枝上。后者因为开花晚，人们用它们的果实来装饰冬天。然而从地面长出的一年枝要在第二年才开花。为了促进当年枝的生长以及结出数量可观的果实，要在每年春天萌芽抽条前进行修剪。

雪果的白色果实在灌木上一直挂到冬天。

## 培育

在种植幼苗的时候，你要清除接近地面的弱小树枝，强枝则不需要修剪。因为雪果长出很多枝条，想要有根整齐有序的支撑枝很难，所以你简单疏剪树枝顶端并且去除弱小的基生枝就好。

## 维护性修剪

把太靠外的基生枝扯掉，不要修剪地面上的树枝，这样会导致长出更多的基生枝。你再清理掉早衰和弱小的地面附近的树枝。把分枝严重的树枝顶端转嫁到靠向内侧的幼枝上。这会促使当年枝的生长，能结出累累的果实作为装饰。

**维护性修剪**

你要剪掉向外伸展的匍匐枝，把枯萎的和弱小的树枝剪短到地面附近，转嫁枯萎的树枝顶端。

## 恢复性修剪

如果多年来忽视修剪，雪果的基生枝会乱作一团。为了减小灌木的范围，你要用铁锹挖出外围的树枝。疏剪最老的地面附近的树枝的四分之三。你把剩下的枯萎的树枝顶端转嫁到幼枝上。最后你要疏剪新的枝条顶端。最好把“汉考克”整个都埋到土里，这样它们会从根部重新发条抽芽。

## 控制蔓延

为了控制雪果的蔓延，你把它放在无土的容器里并且埋至少 50 厘米那么深。边缘可以用一层覆盖物覆盖。但是“汉考克”埋在土壤里的枝条都能自己生根。你把这些树枝转嫁到离地面远点的侧枝上。

春天连翘黄色的小闹铃花朵在每个花园里都不缺席。

# 连翘：春天的缩影

如果一种灌木能赢得“春天大使”这个头衔，那非金钟连翘（*Forsythia* x *intermedia*，WHZ 5a）莫属。然而这种被称作“金色小闹钟”的树对地理位置没有要求，只要在阳光充足的地方，就可以开花了。其品种众多，它们能长到 1～3 米高。根据不同品种，它们在三月和五月间开出不同黄色调的花朵。不同于其他品种，“碧翠丝·法兰德”（Beatrix Farrand）的花朵尤其吸引昆虫。

遗憾的是，在花园里经常见到的连翘是浓密的灌木形式，只有外侧被修剪。花枝会变少，因为大部分的花枝已经在秋天或冬天的时候就被剪掉了，并且花骨朵也没有了。但是每年在花期过后的正确修剪能使连翘开花。它能形成中度牢固的支撑枝，支撑枝的树枝在 3～4 年里会枯萎。在两年长枝的一年侧枝上开的花最漂亮。只有在暖和的地方，它们才会在一年长枝上开花。

## 培育

对多达 12 根基生枝进行培育。剪掉一年基生枝的一半，让它们变得更强。在以后的几年里，让很少的树枝低垂。夏天的时候，你疏剪在修剪口上的强枝到长出来的那一部分。在来年的春天就不需要再剪短，只需要对其疏剪。

## 维护性修剪

这个时候不能再剪短一年的长枝了，而是要清除从地面长出的超过 3～4 年的树枝，否则枯萎的树枝会越来越多。你把枝条顶端扫帚形的分枝转嫁到下面的一年或当年侧枝上。最后，你要疏剪靠外区域的两年树枝。这样灌木不会那么浓密并且能保持年轻。

**维护性修剪：修剪前**

随着花期结束，当年枝也会长出，除了幼枝也要辨认出老点的基生枝，分枝的树枝顶端容易低垂

**维护性修剪：修剪后**

把最老的树枝齐根剪掉，用粗壮的幼枝来替代，转嫁和疏剪分枝的树枝顶端。

## 一年后的修剪

你去掉地面上老枝的地方，在修剪口就会长出幼枝。这些基生枝直接从根部长出并且是真正的返老还童。你只需留下 3 根强大的年轻树枝。这些树枝应该均匀分布并且向阳生长，但是还能很好地融入灌木的整体形态中。你要清除掉弱小、过长或过于浓密的幼枝。你重新清除超过 3～4 年的接近地面的树枝并且把呈扫帚形的转嫁到一年的侧枝上。你也要注意使每根侧枝跟剩下的主要树枝一样，都朝同一个方向向外生长。剩下的树枝要均匀分配，这样保证灌木中心茂密，但是外面疏松。

## 恢复性修剪

如果连翘老化，必须要对其大幅度修剪。首先你要清除死掉的和在地面上枯萎的树枝。对此你要使用刀锯，因为连翘的基生枝长得很粗壮。你去掉这棵灌木的多少是次要的，但是你清除很多树枝比清除少量树枝要好很多。你把部分枯萎和呈扫帚形并且在内侧还有幼枝的树枝转嫁到这些幼枝上。最后你对枝条末端进行疏剪。剪到这个植物呈椭圆形为止。对于很老又浓密的灌木来说，甚至都不会再有幼枝长出来，你要清除基生枝的一半。如果来年的春天在修剪口有幼枝长出来，你还要剪掉树枝的一半。你要像上面陈述的那样培育年轻的基生枝。如果没有新的树枝长出，你最好换掉这棵植物。

## 剪短当年长枝

有时候连翘长出很长的树枝。为了抑制长度的增长，你要在七月底对其进行夏季修剪，剪掉至少一半的树枝。在同年夏天它还会长出侧枝，但是这些侧枝明显比剪掉的那部分短很多。不要在灌木边缘修剪，而要在灌木内侧，这样就会有新的夏季树枝长出，与整个灌木保持健康的比例关系。

**1. 维护性修剪**

第一次修剪的时候，你要剪掉地面附近最老枝的四分之一到三分之一，留下幼枝代替。接着你要把分枝的树枝顶端转嫁到靠向内侧的侧枝上并疏剪。

**2. 一年后的修剪**

在最近几年的修剪口上从地面长出的幼枝里要留下 3 根粗壮的分布均匀的树枝，不要剪短。你要清除剩余的树枝，接下来的修剪跟前一年的修剪一样。

**3. 恢复性修剪**

对于早衰的连翘，你要持续修剪老化的树枝，把在还有活力的树枝上分枝的顶端转嫁到两年树枝上。如果没有年轻的基生枝替代，你最好分两年进行恢复性修剪。

**4. 剪短当年的长枝**

在夏天会长出过长的嫩枝，你最晚要在七月末把它们剪短，在修剪口上长出的新枝要短些，从而能更好地融合树的整体形态。

# 溲疏属：丰富的花朵云

溲疏的特征是浓密的白色或粉红色的花朵。

溲疏属（*Deutzia*）也叫五月花，用花海点缀着花园。它是春季开花的树，最晚是五月到六月开花。甚至一些品种在六月到七月才开始开花。溲疏属的树枝完完全全被白色或粉红色花朵所占据。细梗溲疏（*D. gracilis*，WHZ 5b）开白色的花，只会长到 0.6 米高。雪球溲疏（WHZ 5b）同样也开白色的花，能长到 1.5 米高。它生长紧凑，适合作苗圃的背景。粗溲疏（*D. scabra*，WHZ 5a）、高溲疏（*D.* x *magnifica*，WHZ 6b）和不同杂交品种则能长到 4 米高。在大部分开白色花的时候，也有一些像溲疏杂交品种蒙特罗斯（*D.* x *hybrida* 'Mont Rose'，WHZ 6b）能开出亮粉红色的花朵，让人出乎意料。所有的溲疏都需要在阳光充足的地方生长，并且要有夏天水分充足的土壤。如果土地变干的话，叶会卷或花朵会掉落。溲疏长成中等强度的支撑枝，在一年长枝上开的花最漂亮。在长枝上能形成带有短的长叶子的树枝，末端会有花簇。然而在一年枝上已经在前一年孕育着花骨朵。它们开花晚，因此应该直接在花期过后就修剪溲疏。

**维护性修剪**

你要把地面附近的老点的支撑枝剪掉四分之一并且留下一年基生枝代替它们，把低垂的扫帚形顶端转嫁到幼枝上。

## 培育

你要清理接近地面的超过 4 年的支撑枝。你可以留下同样数量的一年树枝作为替代。在剩下的支撑枝上，你把悬挂或扫帚形的分枝转嫁到靠内侧的幼枝上。因为树木在修剪点已经萌芽抽条，这也可能是一年枝。你可以用同样的方法处理支撑枝上的侧枝。如果挂着枯萎的树枝，并且可以在顶点看到当年枝，你就把枯萎的树枝转嫁到当年枝上。这样花枝就会比其他春季开花的更集中恢复活力。在靠外区域已经长出当年侧枝，你要去掉它们。最后要疏剪树枝末端，让树木变得疏松并且树枝不会低垂得太厉害。为了保持和谐的造型，你要在中间留下一到两个较高的树枝。

## 恢复性修剪

如果溲疏大幅度枯萎并且不再从地面长出幼枝，你要在春季抽条前使其恢复活力。必须在来年的春天放弃开花的机会，但是会促进其强劲生长。你要完全清除所有死掉和枯萎的树枝。如果这个方法无效，也可以把溲疏剪到根部。留下一些有活力的支撑枝，你把枯萎的扫帚形或悬挂的顶端转嫁到靠内侧的幼枝上。

恢复性修剪后夏天就会形成过长的树枝，你到七月末剪短这些树枝（见 69 页）。接下来你就可以对其做维护性修剪了。

# 锦带花：粉红色花朵

锦带花（*Weigela*-Arten，WHZ 6a）的喇叭状花朵引人注目。锦带花（*W. florida*）下属的品种能达到 1～3 米的高度并且开的花从粉红色到红色。紫红锦带花（*W. florida*‘Purpurea’）还有暗色的树皮，高度是 1 米，是小花园的理想灌木选择。矮生花叶锦带花（*W. florida*‘Nana Variegata’）开着亮粉色的花，也因为有着白黄色的叶子边在整个夏天都具有吸引力。布里斯托红宝石锦带花（*W. florida*‘Bristol Ruby’）和繁花锦带花（*W. florida*‘Eva Rathke’）能长到 3 米高。它们开红宝石色和青紫色的花朵。锦带花形成稳固的支撑枝，能保持七年的活力。不同的品种和杂交品种开花的时间都是从六月到八月。当大部分春季开的花都已经凋谢了，这种典型夏季开的花才开始盛开。但是锦带花也在一年枝上开花并且在前一年已经孕育了花骨朵。因为很多品种在盛夏的时候先后开花，所以似乎它们也在一年枝上开花。这种年轻的树枝从较老的树枝上抽条。当年长枝或基生枝不开花。因为花期晚，所以不是在花期过后修剪它们，而是在春季抽条前。

### 培育

培育锦带花的 7～12 根支撑枝。要清除过多或弱小的基生枝。如果年轻的基生枝已经在第一年分枝，你就疏剪树枝顶端的分枝。

**1. 维护性修剪**

你要把老的树枝换成从地面长出的幼枝，这样树木会保持疏松和活力，你把枯萎的树枝顶端转嫁到靠向内侧的幼枝上。

**2. 恢复性修剪**

如果老化的锦带花已经长出很多头，你要在头部以上剪掉衰老的支撑枝，这种方法能刺激从根部长出幼枝。

跟喷泉一样，圆锥花序的锦带花的花朵低垂着。

### 维护性修剪

你要清除地面上超过四年的支撑枝并且留下幼枝代替。你把剩下的转嫁到靠内侧的一年侧枝上。因为在花期前进行修剪，所以你也会剪掉花朵。因此修剪锦带花的时候需要比修剪其他春季花谨慎得多。

### 恢复性修剪

你要清除老化的锦带花上接近地面的衰老的支撑枝，然后就像维护性修剪的做法一样处理。如果支撑枝不是从地面而是在稍微靠上的位置被剪掉的话，有时会形成顶端。如果你不马上除掉这些树枝，伤口就会干到根茎的地方，你要剪掉顶端上部枯萎的树枝。以后的几年里锦带花能够开花的时间很长，它们的花期能持续到秋天。

促进从地面长出新枝。只有当足够多的年轻的基生枝存在时，你才能去掉顶端。只有当直接能从地面去掉支撑枝的时候，才能进行真正的恢复性修剪。

# 小檗：美丽的叶子

小檗有着漂亮的果实，能形成稳固的支撑枝。

小檗（*Berberis*）从五月到六月开着不同黄色调的花朵，它们大部分结红色的果实。一些有着五彩树叶，树皮上长着鲜亮的一直都是绿色的叶子。它们用刺划分了花园的边界。它们对土壤没有特别的要求。其中紫叶小檗（*B. thunbergii*，WHZ 4）是最有名的，它有很多品种。桃红小檗（Atropurpurea）的叶子是红色的，并且能长到3米高，深紫矮生日本小檗（Atropurpurea Nana，WHZ 5a）同样也有着红色树叶，但是只有0.6米高。生长矮小品种"小精灵"和栎叶小檗（*B. buxifolia* 'Nana'，WHZ 5a）适合代替易受真菌侵袭的黄杨树篱，不修剪的话它们的高度不会超过0.5米。虎克小檗（*B. hookeri*，WHZ 6a）、豪猪刺（*B. julianae*，WHZ 6b）和狭叶小檗（*B. stenophylla*，WHZ 7a）是冬青品种。跟夏绿品种相反的是，它们也能在半阴的地方存活。除了刺檗（*B. vulgaris*，WHZ 4）的果实能吃之外，大部分品种的果实都是有微量毒素的。小檗有着牢固的支撑枝。花朵在一年和多年树枝上，最好在花期过后修剪。因为有刺，应该对其定期修剪，这样灌木才会疏松，大大减轻修剪工作。

## 培育

用10～12根基生枝培育小檗的支撑枝。这些基生枝应该是不同年龄的。定期修剪基生枝，从根部就会有新枝长出。对于冬青的品种来说5～7根基生枝培育成支撑枝就足够了。这样就有足够的光线照进灌木的内部，灌木就不会从下面开始变秃。

## 维护性修剪

每根支撑枝可以保持长达10年的活力，但是要在5～7年后用幼枝代替，这样灌木就会更有条理，更好维护。你要把悬挂的扫帚形顶端转嫁到靠向内侧的幼枝上。你要疏剪新的树枝顶端。冬青的小檗要谨慎修剪。它们形成一个很稳固的支撑枝，定期去除过多的地面幼枝就很有意义。

## 恢复性修剪

如果多年未修剪过，小檗会形成一个灌木丛，恢复性修剪就会很难实现。你最好在春天抽条之前把植物剪到基部，再在来年的时候清理新长出来的基生枝。以后的几年，你就进行维护性修剪。

## 修剪彩色叶子

小檗常常被用来做路边的树篱，可以像修剪有叶灌木一样修剪小檗（见180页）。每年春天要把为苗圃增添色彩的红叶或黄叶品种剪到根基处。整个夏天液流压促进其生长旺盛，并且一直会有大量色彩艳丽的幼叶长出（见45页）。

**维护性修剪**

小檗的支撑枝能保持10年的活力，但是你要定期用幼枝替换老点的基生枝，这样灌木就会疏松，更容易维护。

# 紫珠：紫色的爱的珍珠

**维护性修剪**

多达 9 根基生枝形成紫珠的支撑枝，你要定期用幼枝替换最老的树枝，保持灌木的疏松。

紫珠（*Callicarpa bodinieri*，WHZ 6a）之所以被种在花园里就是因为它美丽的果实。最引人注目的就是它秋天漂亮的果实，九月它醒目的紫红色让人眼前一亮。它的第二个名字“爱的珍珠”也因此而来。因为有直立的树枝，它能长到高达 3 米，但是只有 2 米宽。它们喜欢在阳光充足并且有着水分均匀的土壤的地方生长。夏季炎热干旱的地方则不行。紫珠有弱小的支撑枝，不起眼的花朵出现在两年和多年长枝的一年侧枝上，开花时间是七月。因为漂亮的果实是亮点，所以不要在花期过后而是要在花期前对其修剪。定期谨慎的修剪一方面保证它的活力，另一方面也能保证你不用放弃果实。

很少有像“爱的珍珠”这么引人注目的秋天的果实。

## 培育

7～8 根新的基生枝足够搭起支撑枝。你要去掉接近地面的弱小幼枝。不要剪短一年支撑枝，否则会促进其过度生长。你需在来年花力气疏剪树枝顶端。

## 维护性修剪

支撑枝保持活力长达 10 年之久，但是它们大概 5 年后在顶端长头并且从下面开始变秃。因此你要每年完全清除掉 1～2 个基生枝并且保留强大的幼枝来代替。这样灌木会保持疏松。你把剩余支撑枝上分枝严重的顶端转嫁到下面的一年到两年幼枝上。要疏剪新长出的部分并且新长出的部分要和谐地顺应整体树枝的生长方向。同样你要疏剪过长或分枝严重的侧枝，或者你把它们转嫁到支撑枝附近的幼枝上。

## 恢复性修剪

修剪太老的灌木时，要剪掉地面附近支撑枝的 50%，并用强大的幼枝来代替。第二年你继续对其进行恢复性修剪。如果这棵树有很多基生枝，但是又一直向外围生长，你要适度使其年轻化。然后可以把恢复性修剪分三年进行，以避免长出过多瘦长的幼枝。

## 收获美丽的果实

果实在灌木上维持数周。即使没有给花冠和花束供水，它们也能保持形状和颜色。

当你剪掉果实的时候，不要剪掉直的支撑枝的顶端。最好考虑好你要剪掉哪根基生枝并且能在它的侧枝上收获果实。这样就能保持灌木的形状。

传统的球状绣球是田园花园里特征明显的树。

# 球状和盘状绣球花：花园里的怀旧

绣球花（*Hydrangea macrophylla，H. serrata*，WHZ 6b）有很多品种，是浪漫花园的体现。它们在六月和九月之间开花，花朵的颜色有白色、粉红色、红色、蓝色和紫色。一些品种在富含白垩的土壤里开出粉红色的花，在没有白垩的土壤里则开出蓝色的花。特殊的肥料能让绣球开出蓝色花朵。二月底进行第一次施肥，当出现绿色花骨朵的时候进行第二次施肥。绣球喜欢生长在排水性好的夏季多水的土壤里，并且喜欢半阴的环境。它们有中等强度的支撑枝，前一年已经在一年长枝和老枝的短枝上孕育了花骨朵。因此它们在寒冬不会被冻坏，你要保留旧的花朵的伞状花序，它们保护下面的萌芽。因为它们开花晚，所以要在抽条前对其修剪。如果花期过后再修剪，幼枝就不会完全成熟。一些较新的品种也在当年枝上开花（见 116 页）。

## 培育

用 10 ～ 15 根不同的地面老枝培育球状和盘状绣球。不要修剪不再开花的一年基生枝，它们在顶端还承载着高品质的花骨朵。

## 维护性修剪

每根基生枝都能保持 4 年的活力。然后它们会一直分枝，花朵很小，并且开始垂向地面。因此你要每年修剪掉地面附近最老的支撑枝的四分之一。不要剪短粗壮的一年基生枝，把弱小的全部清除。你把剩下多年基生枝的分枝的顶端转嫁到下面粗壮的一年侧枝上。最后你要把前一年的花头剪到第一个厚的萌芽的位置。这些新的花骨朵在萌芽前就很好认出来了。

## 恢复性修剪

即使很少再有树枝长出，你也要清理掉所有老灌木上接近地面的枯萎的树枝。接着你要大量用混合肥料肥沃土壤，以此促进灌木的生长。在来年夏天你要保持土壤的湿度。接下来的一年进行维护性修剪。如果不再有幼枝长出来，这棵树已经耗尽生命，应该换掉。这种情况下，彻底地更新土壤能促进新植物的生长。

**1. 维护性修剪** 你要把枯萎的树枝剪短到地面附近，留下粗壮的一年基生枝，彻底清除弱小的。你把多年的基生枝的分枝转嫁到粗壮的一年侧枝上。

**2. 恢复性修剪** 你把老化植物上枯萎或低垂的基生枝彻底剪掉，留下幼枝。如果没有，你就用肥料肥沃土壤，以刺激其生长。

# 芍药：敏感的女主角

灌木芍药柔嫩的花有着丝绸般的光泽。

芍药（*Paeonia suffruticosa*，WHZ 5b）有很多品种和颜色。它们有持久的支撑枝，能长到2米高。它们一般在四月和五月开花，在温暖的地方常常三月末就已经开花了。因此它们需要生长在特定的地理位置。但是南风不是最佳的，因为冬季的温暖促使其萌芽得早，这样萌芽可能会被冻坏。

芍药适宜在渗透性强但养分不会流失的土壤里生长。但是腐殖土含量过高或干旱的土壤是不行的，这样会导致根部竞争力不强。大部分的芍药都是嫁接的。嫁接的根基充当“奶妈”的角色。因为嫁接品种需要很多年去生根，因此你在购买之后要把看得见的嫁接位置埋进土里至少10厘米深。只有这样，植物才能以最佳状态生长。

**维护性修剪**

花期过后，你要清除变秃和死掉的树枝，把凋谢的剪留发育良好的和外侧的萌芽，把变秃的树枝转嫁到下面的侧枝上。

芍药形成持久的支撑枝。花骨朵在前一年已经在一年侧枝和老枝上孕育着了。要直接在花期过后对其修剪。

## 培育

如果幼小植物只有一根树枝，你要轻轻地修剪，这样能促使地面附近分枝。如果已经有很多树枝长出来，这就不需要了。你在种植前只清除弱小或者死掉的树枝。如果已经种上的芍药的嫁接点在地面以上，你要在九月中旬或九月末把它重新挖出来并且再种深一些。你做这些的同时，要用掩埋用的长柄叉，以防止伤害到根部或把根部挖出来。移植之后，你要大量浇水。

## 维护性修剪

在开花初期，你只要清除死掉的树枝或树枝顶端。花期过后你要把枯萎的树枝剪到强有力的萌芽的位置。萌芽要向外侧生长，这样能促进形成均匀的外形。你要把过长的变秃的树枝转嫁到靠下的有生命力的侧枝上。同时你要留下短的木桩，它们能促使修剪口处长出新的枝条。它们会变干，你要清除它们。老点的树枝在花期过后会枯萎，你要修剪它们，直到健康的侧枝位置。

如果根基长出野枝，你要小心地挖开土壤并且从根部清除这些野枝。

## 恢复性修剪

如果灌木变秃，对它适度地进行恢复性修剪是必要的。当它开始生长时，你要在花期过后对其进行恢复性修剪。把在分叉位置以上的枯萎或变秃的树枝剪短成3～5厘米的木桩。如果1～2年后在修剪口长出新的树枝，你可以把每个分叉位置的第二个树枝剪短，不过要避免造成大的伤口。恢复性修剪最好分2～3年进行。夏天恢复性修剪后要注意给树浇足水。

# 美国蜡梅：异国风情

来自北美的客人：美国蜡梅拥有着异国风情的芬芳的花朵。

纯正的美国蜡梅（*Calycanthus floridus*，WHZ 6b）特征明显，高达 3 米。随着年龄的增加，它一直能保持直立的生长，并形成稳固的支撑枝。在温暖区域根据修剪情况，支撑枝长成小树干，能存活 10 年并且更有活力。这种灌木喜欢生长在富含营养、腐殖土充足和夏季湿润的土壤里。在偏冷的区域，生长的地方要避免受干燥风的影响。深红棕色和异国色彩的花朵出现在七月到九月之间。它散发出草莓的香味，特别是在晚上，并且能在灌木上萦绕很久。它在从一年枝上萌芽抽条的当年枝短末端开花。因为开花晚，要在春天抽条前修剪。

像丁香一样，由于有对称的萌芽，美国蜡梅常常从两个生长强度相同的树枝分枝。修剪的时候，你要去掉向内或向上生长的树枝，这样就会产生条缕清晰并且细长的树枝顶端。

## 培育

你在培育支撑枝的时候，只需留下 5～6 根均匀分布的基生枝。如果你挑选过多的基生枝，灌木就会被遮住，很快就会从下面变秃。你要彻底清除弱小的基生枝。要疏剪剩余树枝的顶端。

## 维护性修剪

如果你想要把美国蜡梅培育成与众不同的结构树，就要每年修剪幼小的基生枝。要把分枝的树枝顶端转嫁到单独的树枝上并且根据需要对其疏剪。如果灌木一直长不大，你就要每年用一年幼枝来代替最老的基生枝。要疏剪剩余的地面幼枝。要把多年支撑枝上分枝的顶端转嫁到靠下面的幼枝上。它要适应主干树枝的生长方向并且根据需要对其另外疏剪。你可以用同样的方法来处理支撑枝上过长或分枝严重的侧枝。要保持疏松的形态，你最好勤于修剪。中间的树枝要一直略高于侧枝，这样树才长得更自然。

## 恢复性修剪

枯萎的或大幅度变秃的美国蜡梅可以很好地恢复活力。对于过于矮小的树来说，你最好分 2 年对其进行恢复性修剪，这样能够避免过度刺激其生长。你要疏剪接近地面的最老或最粗的树枝。如果有足够的幼枝，你就留下想要数量的树枝，不要剪短。如果缺少从地面长出的新枝，你要等到下一年在修剪口长出新枝的时候。如果树枝过长，你要在七月末剪短树枝的一半。同一年夏天就可以在修剪口以下长出侧枝，并且这些侧枝会更和谐地融入树的整个形象。在来年的春天，你要对其修剪，但是不要再剪短了。

**维护性修剪**

5～7 根基生枝足够支撑整棵树。大约 7 年后，你要用一根幼枝代替最老的树枝，转嫁分枝的树枝顶端。

# 忍冬：鸟和昆虫的偏爱

金焰忍冬是蝴蝶和鸟类的食物来源。

常见的金焰忍冬（*Lonicera xylosteum*，WHZ 3）属于花朵不起眼的野生树。但是它有着突出的技能，在第二眼才展示出来。黄白色的花朵跟近亲忍冬的花朵相似,开花的时间是从五月到六月。散发出芬芳的花朵酝酿出大量的花蜜，因此它对于蝴蝶来说是重要的食物来源。因为它能吸引不同夜间活动的物种，也值得夜间欣赏。对于人类有毒的红色果实在秋天就成了鸟类的食物。忍冬高达3米，同样宽3米，它对土壤没有要求，在半阴面和几乎每种土壤里都能生长得很好。它们适宜自由生长成野生树篱和定形的树篱。花朵在当年侧枝上的叶子旁边。这些侧枝又在一年和多年的树枝上。花期过后对其修剪。

**维护性修剪**

你要把老点的树枝剪短到地面附近，然后你再把扫帚形顶端转嫁到靠向内侧的幼枝上，疏剪新的树枝顶端，清除横向生长的树枝。

## 培育

用7～9根新的基生枝培育忍冬的支撑枝。只能使用年轻强壮的树枝，要清除弱小的树枝。第一年的时候，3根粗壮的基生枝就已足够。接下来的2年里，你再培育剩下的几根基生枝。如果使用弱小的树枝来培育支撑枝，它们很快就会低垂。

## 维护性修剪

花期过后你要每年都剪掉基生枝的五分之一到四分之一。你可以只用强大的基生枝替代，彻底清除弱小的基生枝。接着你把剩下的支撑枝分枝的顶端转嫁到每根靠内侧的幼枝上。忍冬常常长出横跨灌木的长枝。你最好每年都清理这些树枝，这样灌木才能保持清晰明显的结构，根部随时都能获得足够的光照。如果在灌木根基之外的分枝长出相似的树枝，你要在夏天枝条还是绿色时扯掉这些树枝。

## 恢复性修剪

早衰的忍冬恢复活力不是不可能的。你要剪掉接近地面的最老树枝的一半。留下一些幼枝来替代老枝。你把剩下的支撑枝上过多的分枝或头转嫁到下面的幼枝上。最后你要疏剪新的树枝顶端。你要注意，不要从地面上直接拔掉被卡住的树枝。最好多次剪断这些树枝，轻轻地摇晃着把它们扯开。这样被卡住的树枝会比较轻松地分开。

较长时间不进行维护性修剪的忍冬可能会很浓密。当你种上这种植物的时候，会长出过长和细长的树枝。你要在七月底至少剪掉这些树枝的一半。在同一个夏天它们就会适度分枝，要在来年对其疏剪。而且只有你在以后的几年里小心地进行后续维护，这种修剪才有用。

你可以用同样的方法修剪其他夏季常青和灌木类的忍冬。你可以在短图中找到冬季开花的忍冬（见204页）。

# 山梅花：迷人的香味

山梅花在初夏开出白色、常散发香味的花朵。

山梅花（*Philadelphus*-Arten）因为常常被误认为茉莉花、山茱萸或夏季茉莉而出名。它们适宜在有着富含营养和湿度均匀的土壤的阳光充足或半阴的环境下生长。几乎所有的品种都直立生长。山梅花因白色的花而引人注目。开花的时间是从五月到六月。一些品种香味很浓郁，如长得结实的 1.5 米高的“白绒”（Dame Blanche，WHZ 5b）是香雪山梅花品种。疏松直立的太平花系（*P.* x *virginalis*，WHZ 5a）高达 3 米，同样散发香味。

山梅花长着稳固的支撑枝，每根支撑枝都能保持 8 年的活力，但是在顶端会严重分枝。灌木从地面重新焕发活力并且在两年到多年长枝的一年侧枝上开花。要在花期过后对其不断修剪。

## 培育

用 7～12 根支撑枝培育山梅花。你要彻底去除弱小的基生枝，因为它们多年后就会变得不坚固。千万不要修剪支撑枝，因为这会促进扫帚形顶端的生长。根据需要最好对分枝进行疏剪。

## 维护性修剪

你要定期清除 2～3 根接近地面的 6 年或更久的支撑枝。留下相同数量的一年基生枝来替代，清除剩余的树枝，不保留地面以上的木桩。它们会重新发芽抽条并且会阻止幼枝从地面长出。你把剩余支撑枝上的扫帚形顶端转嫁到向外生长的年轻侧枝上。最后你要疏剪新的顶端和侧枝。如果每根树枝都很长，不要剪短，最好是全部清除。在夏天要拔掉所有生长在灌木以外的基生枝。

## 恢复性修剪

在春天抽条之前对其进行恢复性修剪。在这一年放弃开花的机会。尽管几乎没有年轻的基生枝，你也要把所有衰老的支撑枝清除。你把剩下的支撑枝转嫁到幼枝上，并且对其进行疏剪。

**1. 维护性修剪**

你要修剪最老的支撑枝，保留幼枝替代，清除剩余树枝。把剩余支撑枝上的扫帚形顶端转嫁到幼枝上。

**2. 恢复性修剪**

你最好在春天使枯萎的灌木恢复活力，以刺激其大幅度的生长。剪掉枯萎的基生枝，培育幼枝用来替换。

# 多花醋栗：红色花朵

多花醋栗的亮红色花簇。

多花醋栗（*Ribes sanguineum*，WHZ 5b）用它的花簇点燃了一场春天的红色焰火。“爱德华七世国王”（King Edward VII）有 8 厘米长的花簇，开出纯红色的花朵。开花的时间是从四月到五月初并且高和宽都达到 2 米。它们偏好排水性好、不太干燥和富含营养的土壤。阳光充足的地方保证其开出丰富的花朵。如果摘下叶子，它们花朵的香味有点像黑色醋栗花朵的香味。有时花期过后会结出黑色无毒的果实。醋栗有稳固的支撑枝并且定期长出新的基生枝，但是它对支撑枝上大的修剪伤口很敏感。整个树枝常常变干，一直到地面部分。它们在两年和更久的长枝的一年和 20 厘米长的短侧枝上开花。直接在花期过后对其修剪。

**！注意**

高山醋栗（*R. alpinum*，WHZ 3）开黄色的花，高 2 米，在树下也能长得很好。金色醋栗（*R. aureum*，WHZ 3）高 3 米，有黄色芬芳的花簇。它们可以做醋栗的高树干的根基。这两种的修剪方式跟多花醋栗一样。

## 培育

保留多达 12 根支撑枝。如果在种植的时候只有很少的树枝，你每年要补充 3 根树枝。要选择强有力的一年基生枝，每年要清除弱小和过多的树枝。不要剪短一年支撑枝。

## 维护性修剪

你要在 4～5 年后疏剪地面上衰老的支撑枝。同时要清除早期修剪的干枯掉的木桩。你要用从地面长出的年轻树枝代替支撑枝。只选粗壮的树枝，尽管没有足够的树枝来替代，你也要完全清除掉平枝，你把剩余支撑枝的分枝的扫帚形顶端转嫁到下面的 1 年到 2 年侧枝上。同时要避免造成大的伤口。根据需要疏剪新枝，把分枝严重的侧枝转嫁到支撑枝附近的幼枝上。如果缺少幼枝，你就把支撑枝附近的侧枝剪成 2 厘米短的木桩。尽管夏天木桩会干枯，直到长出靠近支撑枝的幼枝。没有木桩，伤口会直接干枯到整棵树，不会再有新枝长出。

## 恢复性修剪

要对地面附近衰老的支撑枝进行整齐干净的修剪。修剪大幅度干枯的灌木时，你要分 3 年对其进行恢复性修剪。第一年的幼枝在第二年的时候就能让树木恢复生命力。接下来，你就用维护性修剪方法对其继续修剪。在恢复性修剪的时候，你要给它施肥并且在夏天保持湿度。

**维护性修剪**

修剪地面附近的支撑枝，用幼枝替代之，你把分枝的树枝顶端转嫁到下面的幼枝上，要避免造成大的伤口。

# 荚蒾：散发着香味的春天的问候

荚蒾的两个品种每年开花早，并且香味浓郁。

招人喜欢的形态和芬芳的花朵让荚蒾（*Viburnum*-Arten）成为受欢迎的装饰灌木。这个名字是由两个品种概括总结得出的。它们在暖和的地方开花的时间是二月，并且花朵一直持续到三月底。香荚蒾（*V. farreri*，WHZ 6b）有亮粉色的萌芽，开着白色的花并且高达 2 米。博德荚蒾（*V.* x *bodnantense*，WHZ 6b）是其中的一种。它的花骨朵和花朵都是粉红色，并且生长更旺盛。两个品种都散发着浓郁的香味并且都偏好排水性好和夏季湿润的土壤。然而它们不太适应炎热的环境。它们有着牢固的持久的支撑枝，在一年和更久的树枝短侧枝上的顶端开花。要在花期过后对其修剪。

## 培育

用 7～10 根强有力的基生枝培育这两个品种的支撑枝。头一年你要把过长的树枝剪短一半。第二年要疏剪强有力的新枝。

## 维护性修剪

基生枝能保持 8 年或更久的活力。然而从第五年开始老一些的树枝就会一直分枝。你要每年剪掉 1～2 根最老的基生枝，用强大的幼枝代替。你要把剩余支撑枝分枝的顶端转嫁到靠内侧的幼枝上。在分叉的地方你要清除向内生长的树枝。如果灌木内侧长出长的斜枝，你要清除，过多的地面幼枝也是如此。在夏天要拔除太靠外的树枝。

## 恢复性修剪

荚蒾可以很好地恢复活力。为了避免过度刺激新基生枝的生长，你要分两年对其进行恢复性修剪，然后是维护性修剪。

**1. 维护性修剪：修剪前**

目前只是转嫁了靠外的树枝，树枝顶端已长出扫帚形顶端，尽管幼枝还在生长，但是灌木基部变秃。

**2. 维护性修剪：修剪后**

把两根较老的支撑枝剪短到地面附近，把剩下的转嫁到幼枝上并且进行疏剪，保留幼小的基生枝来替换。

**3. 维护性修剪**

你要疏剪老点的支撑枝，留下幼枝做替换。你把剩余支撑枝上分枝的顶端转嫁到幼枝上，疏剪分叉的地方。

# 粉团：失重的雅致

粉团（*Viburnum plicatum* 'Mariesii'，WHZ 5a）不仅繁花似锦，而且是风姿优雅的结构树。它长成牢固的支撑枝和达 2 米高的直立树枝，直立树枝上的侧枝分层分布。

粉团侧枝上的花朵似乎在摇曳

它的花朵跟绣球花一样是盘状花朵，在一年侧枝上开花。长势最好的是“圣凯弗恩”（St Keverne），达 4 米高。开花的时间从五月持续到六月。只有瓦塔纳雪球荚蒾（Watanabe）在一年枝上开花并且开花时间从五月一直到秋天，生长力较弱。所有的品种都喜欢在夏季湿润而营养丰富的土壤之中，在阳光充足、最好半阴的环境里生长。支撑枝在很多年后才枯萎。要定期对其修剪，但是要在花期过后谨慎修剪。

## 培育

培育粉团的 4～7 根的支撑枝。支撑枝的数量越多，它们之间就会相互遮挡，这样时间久了，它们就会从下往上变秃。要保证根部得到足够的光照，这样低处的侧枝才能保持活力。不要修剪一年基生枝，而要疏剪两年的基生枝。

**维护性修剪**

只有在有很少支撑枝的时候，分层生长的侧枝才最好地发挥作用。你要谨慎修剪支撑枝。

## 维护性修剪

很多年以后，支撑枝才会枯萎。你只需注意要留下足够的间距。如果灌木过大，你要清除最长的支撑枝，以保证较年轻的基生枝的生长。如果层次感不那么明显了，你就要清除灌木内侧一些支撑枝附近的树枝。如果上面部分过宽，你就把它嫁接到每个分布均匀的、向外生长的树枝上。最后你要疏剪低处侧枝的末端，这样就突显出了这种树的优雅。在修剪有活力的荚蒾的时候，你要在夏天拔掉多余的树枝。

**! 注意事项**

红蕾荚蒾（*V. carlesii*，WHZ 5b）和刺荚蒾（*V.* x *burkwoodii*，WHZ 6b）在一年枝的末端开花，花期后修剪。绵毛荚蒾（*V. lantana*，WHZ 4）长出寿命长的支撑枝，在一年枝上开花，只需要修剪地面上枯萎的树枝，叶子上的毛会引起瘙痒。

## 恢复性修剪

要小心地让已经枯萎的粉团重现活力。你要清除掉地面附近的 1～2 根最老的支撑枝。如果存在幼枝，你要留下 2 根最强的幼枝来代替。如果没有年轻的基生枝，要疏剪以促进新树枝的萌芽抽条。以后的几年你要继续对其适度地进行恢复性修剪。同时不要取代整个支撑枝，而是一直修剪外面的部分，以促使其重现活力。

田园花园的梦想：多花荚蒾的多花球

# 多花荚蒾：大地的美

在三月和六月，多花荚蒾（*Vibunum opulus* 'Roseum'，WHZ 4）开出散发出香味的大花球。它也被称作“大雪球”，高达4米并且适宜在阳光到半阴的环境下生长，喜欢夏季湿润的土壤。

多花荚蒾有牢固的支撑枝。花骨朵出现在一年长枝和短枝上。从灌木或从地面长出的过长的树枝则大部分都没有花骨朵。要在花期过后对其修剪。

## 培育

你要用5～7根基生枝培育多花荚蒾的支撑枝。当种植有一年长枝的裸根灌木时，要剪短这些长枝的一半，清除弱枝，这样支撑枝才更强有力，更稳固。但是你要在第二年的夏天疏剪新树枝的顶端。当你种植带有根球的灌木时，你只需清除弱枝，不要剪短剩下的树枝。

**维护性修剪**

你要用幼枝代替稳固的支撑枝。当它们6～8年后枯萎的时候，你要把低垂的枯萎的树枝顶端转嫁到幼枝上。

## 维护性修剪

这种荚蒾的支撑枝能保持6～8年活力，有些甚至更久。随着树龄的增加，树枝顶端会分枝并且常常会低垂。因此你要每年用从地面长出的幼枝代替最老的树枝，不要剪短。你把剩余支撑枝上分枝的顶端转嫁到下面的幼枝上，也就是一年枝转嫁到当年枝上。后者会因此生长得很长。你要疏剪新树枝的顶端。最后要全部清除横向或斜着生长的树枝。

## 恢复性修剪

为了更好地促进其生长，你要在春天抽芽前对其进行恢复性修剪。要剪掉接近地面的支撑枝的一半，夏天就会有新的幼枝从根部长出来。如果幼枝过长，你要在七月中旬剪掉一半，这样它们会更稳固。当你继续进行恢复性修剪并且剪掉支撑枝的一半的时候，你要在来年春天疏剪这些新枝。

## 害虫的侵袭

多花荚蒾常常受到蚜虫的侵袭，尤其与通风很好的地方相比，在不通风的地方更容易受到侵害。大幅度修剪长出嫩长枝的灌木，因为它们比那些疏松适度的灌木更容易受波及。荚蒾叶子上的甲壳虫在三月份的时候会把叶子咬出孔。轻轻一碰它们就会落地，因此很难收集。然而可以用生物药物控制住这些讨厌鬼。

## ！其他品种

欧洲荚蒾（*Viburnum opulus*，WHZ 4）是野生品种。它的生长和环境要求都跟荚蒾一样，但是有着盘状花朵和一直能持续到冬天的红色浆果。它有着漂亮的红色的叶子。修剪它的方法跟荚蒾一样。强壮的欧洲荚蒾（*V. o.* 'Compactum'）开花和结果都符合野生品种的特性。高1.5米但是很小，并且对它要更谨慎地修剪。

# 无毛风箱果：鲜明的对比

明显的对比：有着奶白色的花朵和暗红色树皮的“空竹”。

无毛风箱果（*Physocarpus opulifolius*，WHZ 4）第一眼看去很容易跟欧洲荚蒾搞混。它们的叶子极为相似并且在秋天颜色会由黄色变成米色。两种灌木都有直立的支撑枝，并且随着年龄的增长会长出侧枝。但是它六月的花朵又跟绣线菊（见 60 页）的伞状花序很像。紧接着就是结出被它们引以为傲的带有异国风情的果实。在花园里它们因为两个品种的吸引人的有色叶子而受到重视：“响铃”（Diabolo）有着红色的叶子和乳白色的花朵，“金叶”（Darts Gold）的看点则是它那黄色的叶子和白色的花朵。无毛风箱果高达 4 米并且在大部分的土壤里都能长得很好。它们有着稳固的支撑枝。它们在一年枝上开花，因此你要在花期过后对其修剪。

**维护性修剪**

定期替换最老的支撑枝，把剩余的低垂的树枝顶端转嫁到幼小的侧枝上并且进行疏剪。

## 培育

培育无毛风箱果 5～7 根支撑枝。一般不要修剪一年基生枝。但是如果一次性长出的树枝过长，你就在七月中旬剪掉一半并且在同一年夏天疏剪新枝。这样变短的树枝顶端就能和谐地融入树的整体形象中。

## 维护性修剪

支撑树枝保持 5～7 年的活力。你每年用地面长出的新枝代替最老和最强壮的支撑枝，这就足够了。不要对其修剪。修剪过长的树枝时，你要像培育时所描述的那样处理。你要把剩余树枝分枝的顶端转嫁到斜着向外生长的一年侧枝上。你要彻底清除在灌木中斜向或横向生长的树枝。最后你要清除多余的幼小的基生枝。

## 恢复性修剪

无毛风箱果不会很快枯萎。但是如果发生这种情况，你要在春天抽芽前剪掉地面附近枯萎树枝的三分之一。接下来的两年里你就继续进行恢复性修剪。这样你就能避免树木长出过长和脆弱的基生枝。如果定期把树枝顶端转嫁到幼枝上，支撑枝就不会失去活力，能存活 10 年或者更久。

如果灌木长不到 2 米高，你最晚 4 年后就要用年轻的基生枝代替支撑枝，这样灌木会更稳固并且有一个疏松的形态。

## 通过掐头使长出彩色树叶

如果你想整个夏天都能观赏到彩色叶子，你就应该掐掉有色叶子品种树的头。你不要为其培育支撑枝，而是从一开始就要在每年春天抽条前把树枝剪到 10 厘米长。然后灌木就会长出长枝条，整个夏天都在生长，但是不会开花。因为年轻的树叶颜色最鲜亮，因此灌木整个季节都是红色或黄色的。如果树枝在夏天较脆弱，你就在六月中旬剪掉一半，它们会重新长出更多较弱的树枝并且分枝，这样灌木会更加强壮。

# 女贞：常青

常见女贞的花朵很受昆虫的欢迎。

大部分常见的女贞（*Ligustrum vulgare*，WHZ 5a）都是常用观赏树种。但是它作为灌木也很漂亮，其高度通常可达 5 米。它对土壤和地理位置要求不严格。女贞六月到七月开白色的花朵，黑色的果实有微毒。一部分的常见女贞是冬青并且只有抽新枝的时候才会掉叶子。深绿欧洲女贞（Atrovirens）在冬天还有叶子并且能长到 3～4 米高。女贞很坚韧并且喜欢长出匍匐枝。垂枝和接近地面的树枝很快能生根。它形成结实的支撑枝，支撑树枝保持 8 年的活力。它在一年侧枝上开花，大部分的长枝不开花。因为开花晚，所以要在春天抽条前修剪。

相似的修剪方式

| | |
|---|---|
| 椭圆形叶子的女贞<br>*L.ovalifolium*，WHZ 7a | 叶子一部分冬青，有光泽，比女贞的叶子要大；幼小植物对寒冷敏感；修剪方式跟常见的女贞一样。 |
| 金黄色女贞<br>*L.ovalifolium* 'Aureum'，WHZ 7a | 叶子冬青，有光泽，黄色边缘；受保护的环境；修剪方式跟常见的女贞一样。 |
| 球形女贞<br>*L.delavayanum*，WHZ 7b | 常青的叶子；球形高树干；不太抗冬寒；修剪方式详见形态修剪（见 188 页）。 |

## 培育

用 7～12 根支撑枝培育女贞。年轻的裸根植物常常只有 1～2 根大幅度被剪短的基生枝。从这些基生枝长出 5～10 根一年枝条。你要剪掉强枝的一半，清除弱枝。这样它们会更稳固，也可以被促使长出新枝。来年夏天你要疏剪当年新枝，不要再剪短了。购买之后就清除植物的分枝。去掉弱枝，疏剪剩余的树枝。

## 维护性修剪

5 年后你要清除最老的支撑枝并且用幼枝代替它们。树越矮，你就越要替换支撑枝。清除多余的年轻的基生枝。你要拔掉当年枝上的匍匐枝，把剩下树枝分枝的顶端转嫁到斜向上生长的一年枝上。要把过长的一年或者横向生长的树枝全部拔掉。

## 恢复性修剪

你要修剪老树所有接近地面的衰老的支撑枝，挖出太靠外的树枝。如果植物长得太稠密，你可以把它剪到根部。如果从地面长出过长的细枝，你要在六月底把它剪掉三分之一。这样它们会更稳固，在同一年的夏天还会分枝，你可以对其进行疏剪。下一年的时候，你就可以进行维护性修剪。

**维护性修剪**

你把老点的支撑枝剪短到地面附近，疏剪剩余树枝的树枝顶端。要清除多余的基生枝并且拔掉匍匐枝。

# 猬实：娇小的花朵装饰

粉白色花朵装饰着每个花园，也是蜜蜂采蜜的地方。开花的时间是从五月底到六月初。猬实在任何土壤中几乎都能长得很好，并且也能适应稍微半阴的环境。它能长到 2 ～ 3 米高，老枝的树皮会脱落。在更大范围内老树会长出基生枝，要对其定期修剪。如果不修剪，灌木就会从根部开始变秃，因为垂下来的树枝会遮挡住根部。

猬实春季开粉白色的花朵。

猬实有牢固的支撑枝。最漂亮的花枝在两年和三年长枝的一年侧枝上。一年长枝不开花。因此除了恢复性修剪外，都要在花期过后对其修剪。

## 培育

要培育猬实的支撑枝，这根支撑枝由 7 ～ 12 根基生枝组成。为此你要挑选从地面长出的强大幼枝。不要剪短，而是要根据需要疏剪。要清除弱小的基生枝。如果种植的时候树木已经很老了，你要在花期过后剪掉弱枝并且疏剪剩下的树枝。

**维护性修剪**

你要把老点的支撑枝剪短到地面附近，把剩余的树枝转嫁到幼枝上并且进行疏剪，维持其有特征的生长。

## 维护性修剪

支撑枝保持 5 ～ 6 年的活力。你每年要剪掉 2 根基生枝并且用从地面长出的幼枝代替。清除所有多余的基生枝，拔除靠外的基生枝。你必须经常给老枝松土，以便能彻底地清除树枝。在剩余的支撑枝上，你要引导低垂或分枝严重的树枝顶端。新的树枝顶端可以来自一年的树枝，也可以来自当年枝，同时树枝顶端必须斜着向外或向上生长。猬实常常会有过长的幼枝，它们不适合继续生长，要尽可能地把它们完全清除掉。如果在支撑枝的上面长出长枝，并且这些长枝向内侧生长，你要清除它们。你要把轻微低垂的侧枝根据需求引导到支撑枝附近。

## 恢复性修剪

如果猬实开始老化并且从下面开始变秃，它们就需要恢复活力。你要在春天抽芽前剪掉支撑枝的一半，这种做法要比在花期过后对其修剪更有利于新的基生枝的生长。你要保留 4 ～ 6 根新的基生枝，清除掉剩余的树枝。来年春天，你要剪掉老的支撑枝的一半，然后进行维护性修剪。如果当年枝过长，你要在六月底剪掉三分之二。在来年春天你要把顶端的枝条分到一根树枝上。它应该斜着向外和向上生长。

马桑绣球的花盘被一些漂亮而吸引人的不结果的花朵围绕着。

# 马桑绣球和大叶子绣球：雅致的花盘

马桑绣球（*Hydrangea aspera* subsp. *sargentiana*，WHZ 6a）有着大花盘，开花的时间在七月和九月之间。花朵内部由小的亮紫色的花朵组成，边缘是不能结果的白色花朵，与内侧能结果的花朵形成鲜明的对比。大叶子绣球（*H. asperea* subsp. *strigosa*，WHZ 6a）几乎在同一时间开花。它的内侧的颜色比第一种亮些。两个品种都喜欢夏季湿润但是排水性又好的土壤。营养成分过高会让它们一直生长到秋天，而没长大的树枝在冬天会被冻坏。跟复合肥或者树皮腐殖土组成的土壤作用一样，半阴、凉快一些的地理位置也有利于它们的生长。

**维护性修剪**

你要疏剪老点的支撑枝并且用幼枝替代，把分枝的树枝顶端转嫁到一年枝上，清除干枯的花朵。

大叶子绣球和马桑绣球会长出粗壮的直立基生枝，它们大部分长得都不壮实。把它们埋深能遮掩住光秃秃的根部。在幼枝长出叶子的时候，老一些的树枝开始掉叶，露出显眼的亮褐色树皮，突显其独特的魅力。两个品种都有着牢固的支撑枝。尽管它们开花晚，但是它们在一年枝顶端孕育花骨朵，因此不要修剪。一个有活力的花骨朵开出多达 4～5 朵旋涡状的花朵。

花期前它们长出长达 30 厘米有叶子的树枝，在这些树枝顶端会有花伞。在冬天的时候，树枝一直干枯到主枝。因为花期晚，你要在春天抽条前修剪。

## 培育

你在培育这两个品种的时候，要留 7～10 根支撑枝。一年基生枝的顶端会有生机勃勃的花骨朵，因此千万不要剪短这些基生枝。基生枝之间应该留有足够的间距，否则这些灌木会长得特别严密。

## 维护性修剪

支撑枝保持 5～7 年的活力，有一些甚至会更久。每年春天你要剪掉地面附近的一根支撑枝，留下一根强大的幼枝代替。你要把分枝严重的树枝顶端转嫁到下面向外生长的一年枝上。如果有利于塑造形状，也可以同时在灌木内侧转嫁。两个品种的灌木都会长出匍匐枝。跟其他树木相比，这些蔓枝比较难拔。因此你要挖开土，把它们从根部去掉。

最后你要去除干枯的花序和花梗，直到主枝。同时不要伤害花序间清晰可见的花骨朵。

## 恢复性修剪

如果这些绣球树变老了，它们不会像其他树一样垂向地面，而是一直保持直立。但是，当富有活力的树枝和萌芽能开出多达 5 朵花朵的时候，它们只能开出 1～2 朵花朵。为了恢复其活力，你要剪掉地面附近的最老支撑枝的一半，在来年的春天剪掉剩下的部分。如果已经从地面长出幼枝，你只能留下强枝，把弱枝全部去掉。第三年的时候，你要进行维护性修剪。

# 栎叶绣球：白绿色的金字塔

如名字所示，栎叶绣球（*Hydrangea quercifolia*，WHZ 7a）的叶子是醒目的大橡树叶子。在秋季它们先是橙色的，然后逐渐变为持续很久的深红色。在圆锥形的花序上，除了不结果的大白花之外，还有着能结果的小花朵。

栎叶绣球形成白色和绿色花朵的圆锥花序。

“雪皇后”（Snow Queen）上的不能结果的花朵几乎覆盖住了能结果的花朵。“雪花”（Snow Flake）有着多花花序。“和谐”（Harmony）有着大花球，在花球上不能结果的花朵并肩挨着。二者中稍重的花序都会垂向地面，需要被支撑着。

栎叶绣球喜半阴并且喜欢在凉爽的夏季湿润的土壤里生长。相比球状绣球，它承受的干旱期要短些，有着牢固的支撑枝。花朵长在一年枝的顶端上，因此你千万不要剪短这些一年枝。因为花期较晚（六月到八月），所以要在春天抽条前修剪。

## 培育

培育 5～7 根基生枝形成支撑枝。不要剪短，清除弱枝。

## 维护性修剪

每根支撑枝会保持长达 10 年的活力，但是会一直分枝。因此你要一直把老一些的树枝剪成 2 厘米短的木桩。以后它们会干枯，然后要清除它们。但是在木桩下面会重新长出新的基生枝。

你要把剩下树枝的分枝转嫁到下面新的强枝上。这个幼枝应该斜向外生长并且跟整体的树枝生长方向一致。你要完全清除掉太靠外生长的基生枝。

## 恢复性修剪

栎叶绣球很多年才会恢复活力。你要把枯萎的树枝剪到地面上的短木桩位置。把分枝严重的树枝顶端转嫁到幼小的树枝上。要施混合肥料或有机肥料来覆盖住根部。

**1. 维护性修剪：修剪前** 上部寿命长的支撑枝会一直分枝，从支撑枝或地面上长出粗壮的幼枝。

**2. 维护性修剪：修剪后** 保留有活力的支撑枝，把分枝的顶端转嫁到幼枝上并且对其疏剪，把弱小的侧枝剪成木桩。

**3. 维护性修剪** 春天你要清除老的花朵孕育处，同时千万不要剪短幼小的树枝顶端，因为它们会长出新的花序。

# 多花山茱萸：印象深刻的繁花似锦

日本的山茱萸有着纯白色的高叶子和花伞。

德国的多花山茱萸有很多品种，它们的花由不显眼的小头组成。围绕在花朵周围的是4片白色或粉红色的苞片，也被称作“发光花”。它们大部分在晚夏的时候会结出红色的果实，这种果实类似于大的覆盆子结出的果，并且有着红色的树叶。山茱萸（*Cornus florida*，WHZ 6a）能长到6米高并且在有着夏季湿润土壤的半阴地带生长。日本的山茱萸（*C. kousa* var. *kousa*，WHZ 6a）和中国的山茱萸（*C. kousa* var. *chinensis*，WHZ 6a）在生长、花朵以及对地理位置的要求方面都是相似的，但是更能耐旱。山茱萸藻（*Cornus nuttallii*，WHZ 7a）能长出10厘米大的花朵。因为它们常常由6片苞片组成，因此它们的远程效果比其他品种更强。“维纳斯”（Venus）有着13厘米直径长的花伞，对叶斑病有抵抗力。

## ！注意土壤要求

多花山茱萸只有在夏季湿润的土壤里长势很好，潮湿的和干旱的都不行，富含石灰钙的土壤也不适宜其生长。在种植的时候，你要根据品种用沙土或土壤改良剂来改良，或者用树皮来肥沃土壤。因为腐烂的时候会有氮气，会影响到植物，因此你要施角粉肥料。

多花山茱萸有根持久的支撑枝并有多树干的小型树木的特征。开花期是从五月到六月，在两年或更老树枝上的一年短枝顶端开花。你要尽可能对其少修剪，并且修剪的时间是在花期过后，这样幼枝才会长大并且形成花骨朵。

## 培育

你要去掉它的弱枝，在叶子展开的时候继续对其修剪。在培育有着很多支撑枝的灌木时，你千万不要使用斜枝。当你用侧面支撑枝培育中间枝时，树木会长期保持稳固。然后，培育灌木的方法就跟培育树木的方法一样（见142页），但是它们没有或只有短的树干。

## 维护性修剪

如果小的侧枝干枯了，你要剪掉它们。如果一株灌木生长非常茂密并且侧枝下垂，你要疏剪其顶端。要把分枝转嫁到一个向外伸展的树枝上，根据需求对其疏剪。修剪口应该保持最宽3厘米的直径。随着树龄的增长，多花山茱萸的造型会更明显，你要注意保持其特点。

## 恢复性修剪

多花山茱萸支撑枝上的较大的修剪口常常会干枯，要尽量避免。如果树木枯萎了，你只能在靠外的区域通过小规模的修剪来刺激其生长。

**维护性修剪**

只有在必要的时候，你才能把支撑枝剪短到地面附近。最好疏剪支撑枝顶端并且在初夏清除靠向内侧生长或过长的树枝。

# 灯台树：来自亚洲的与众不同的客人

在花园里，灯台树（*Cornus controversa*，WHZ 7a）的造型引人注目。它能长成 8 米高的灌木或多树干的小型树木。侧枝几乎呈水平宝塔状长在直立的支撑枝上。由带着芬芳的小花朵组成

灯台树除了有着漂亮的花朵还有着迷人的外形。

的白色花伞出现在六月，以数量取胜。花叶灯台树（Variegata）的叶子有着白色的边。相比其他品种，这个品种对霜冻更敏感些，因此需要一个受保护的种植区域，在那里树在黑暗的背景下发光并且能高达 6 米。互叶梾木（*C. alternifolia*，WHZ 6b）在生长上与之类似，但是叶子要小些，同样能长到 6 米高。但是银粉灯台树（Argentea）有着白色斑斓的叶子，只能长到 4 米高。

两个品种都不宜在过热的地带生长。土壤要凉爽并且夏季湿润，但是透水性要好。叶子或树皮的地膜层能让土壤湿度保持得更久些。种上后的头五年里要注意这些。

灯台树能长出一根稳固的支撑枝，在一年侧枝上开花，一年长枝上则开不出花。两个品种都有着较好的适应性，你在花期以后或七月和八月间对其修剪。你要避免大的修剪口，否则这些树枝的一部分或整个都会枯萎。

## 培育

你最好用不多于 3 根的直立的支撑枝来培育灯台树。这些支撑枝要相互连生在一起。你不要挑选裂开的丫枝构造支撑枝（见 143 页）。当你培育 20 ～ 40 厘米短的树干的时候，这棵树会更稳固。它会长出直立的主枝和斜着生长的侧支撑枝。

## 维护性修剪

根据需求，你要疏剪支撑枝和侧枝的顶端。如果每层都低垂，它有特色的造型就会部分消失。你要把低垂严重的树枝转嫁到靠内侧的平侧枝上。根据需求对其疏剪。你要剪掉从树木上耸立出的侧枝。

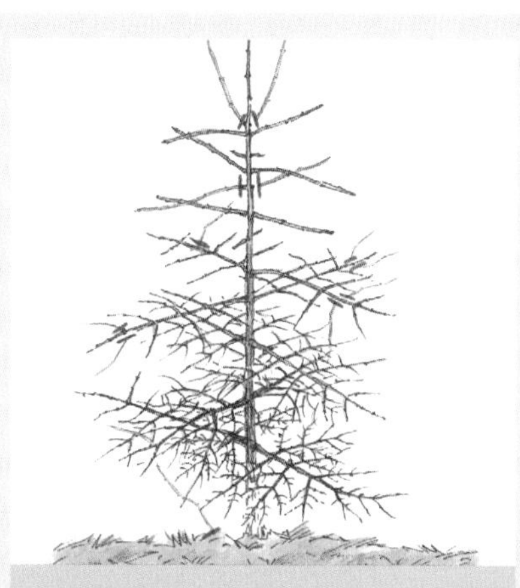

**维护性修剪**

你要疏剪支撑枝和侧枝的顶端。避免大的修剪，这种树的耐剪性差并且常常会干枯。

对于杂交品种，在嫁接位置下面会长出绿叶野枝。在夏天枝条还是绿色时，你要及时把它们剪掉。

## 恢复性修剪

你要把树枝顶端有着小修剪口的早衰的树枝转嫁到幼枝上。你要用垂直的幼枝代替支撑枝顶端上的分枝，用水平的幼枝代替侧面的分枝。在层与层之间要留有空隙，这样树木有特色的造型就能变得更明显。同样你要在夏天花期过后对其实施修剪。

# 唐棣：有天赋的树

唐棣（*Amelanchier*- Arten）是个名副其实的多能手。不同于其他树，它的开花量和结构间的比例是和谐平衡的。白色花簇出现在五月和六月间，七月结出可食的果实，秋季它的叶子又被染成橘色。

根据修剪的不同，唐棣看起来也完全不同。比如，你既可以让拉马克唐棣（*A. lamarckii*，WHZ 4）保持为 3 米高的小灌木，也可以让其长成有着很多稳固支撑枝的 6 米高的树。或者你培育它成为有着树干和小树冠的树，装饰门前的花园。它的树冠直径最大能达到 4 米。平滑唐棣（*A. laevis*，WHZ 5b）生长力旺盛并用它们的侧枝形成吸引人的分层。卵圆叶唐棣（*A. ovalis*，WHZ 5a）只能长到 3 米高。

唐棣喜欢温暖、排水性好的土壤，太热、干旱或冷的土壤则不适宜其生长。它们形成一根稳固的支撑枝，在 2～4 年的老枝上开出的花最漂亮。它们的花枝保持活力的时间比绣线菊或连翘长。花骨朵在前一年已经孕育成，因此你要在花期过后对其修剪。

## 培育

理想状态下，唐棣拥有一根由 7～10 根不同的老基生枝形成的支撑枝。这里你要选用强基生枝，疏剪弱基生枝。支撑枝要被均匀分配，它们之间不能相互触碰或者平行地紧挨着。

**维护性修剪：修剪前**

如果没有定期地修剪，灌木会变秃。尽管会长出新的基生枝，树枝顶端也会分枝，容易低垂。

**维护性修剪：修剪后**

疏剪支撑枝，只留下两根幼枝替代。把扫帚形顶端转嫁到靠向内侧的树枝上，清除陡峭的枝条。

唐棣在春天的时候会被芬芳的白色花朵形成的伞覆盖。

## 维护性修剪

为了保持唐棣的稳固性，你每年都要剪掉最老基生枝的五分之一，用幼枝上的相同部分来代替。你要清除地面上多余的幼枝。把剩余树枝上的分枝转嫁到幼枝上，疏剪新的树枝顶端。你修剪的时候要比修剪连翘和绣线菊时更谨慎一点，决不要剪短一年长枝。你要把灌木上过长或靠内侧的幼枝完全剪掉。

## 恢复性修剪

如果挨近地面的基生枝较长时间没有被替换，它们会长得更浓密并且在上部长出扫帚形顶端。结果就是灌木内侧枯萎。不会再有幼枝长出，花枝的活力会慢慢减弱。你要用锯子锯掉这些灌木上挨着地面的老枝的四分之三，以促使新枝从根部长出。你要转嫁灌木外部区域的扫帚形顶端并且疏剪这些树枝。为了使其更有层次感，并促使其生长，你要在抽条前对其实施恢复性修剪。接下来的几年，对其进行定期的维护性修剪。同时你要在夏季疏剪从地面长出的幼枝。

## 单独培育

如果你想要把唐棣培育成有着强大支撑枝的结构树，你就只留下 3 ～ 7 根基生枝。它们能保持 10 ～ 15 年的活力。你每年都要剪掉所有新长出的基生枝和陡峭或是靠内侧生长的树枝。你通过疏剪上部长出的枝头的方式，来维持下面侧枝的生长。把它修剪成单独一株需要比把它修剪成成组开花的灌木谨慎得多。

## 修正剪短

为了限制唐棣的高度，一年枝常被剪短。结果就是它们年复一年长得更快并且会产生扫帚形顶端，和谐或自然的造型不复存在。你要去掉灌木上一些接近地面的支撑枝，这样就会刺激新的基生枝长出并且也给灌木内侧带来光照。然后，你要疏剪上部的扫帚形顶端并把它们转嫁到侧枝上。这些侧枝应该指向主枝的生长方向。如果你十分频繁地修正剪短，树木就会重新拥有疏松和自然的外形。2 ～ 3 年后，你再对其进行维护性修剪。

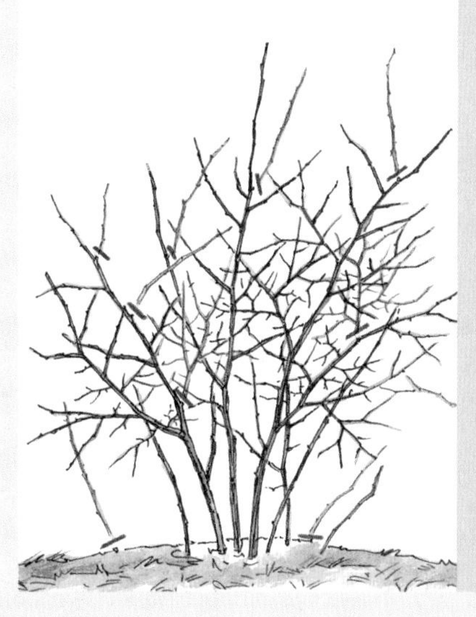

**1. 培育**

你要为支撑枝选择 7 ～ 10 根分布均匀的基生枝，不要剪短支撑枝及其侧枝，而是根据需要只对其疏剪。彻底清除弱小的和多余的基生枝。

**2. 维护性修剪**

在把唐棣培育成有着 10 根支撑枝的花灌木的时候，你每年都要用幼枝替换 2 根老点的支撑枝。彻底清除剩余幼小的基生枝，把分枝的树枝顶端转嫁到幼枝上，疏剪新的树枝顶端。

**3. 恢复性修剪**

如果不修剪，很多年后唐棣会变秃。你要把 3 个老点的树枝剪短到地面附近。转嫁外部区域的扫帚形顶端并且疏剪，接下来的几年你就对其进行维护性修剪。

# 欧丁香：珍贵的花朵香水

欧丁香（*Syringa vulgaris*，WHZ 4）在每个花园都是不可或缺的，最好同时种上更多的灌木，因为丁香的很多有花或无花的品种都可以买到。颜色有白色、淡黄色、紫色和粉红色。花簇盛开在五月到六月。丁香最适宜生长在温暖的土壤里。虽然也有很强的适应力，但是在炎热和干旱的地方，它的叶子在夏天则会失去鲜亮。因此在少雨的夏季需要对其彻底地浇灌。由于它密集交织的根部，在深植时要挑选有竞争力的植物。丁香形成一个很稳固的支撑枝，也可以把它培育成树，它能高达 6 米。因为它有着对称的萌芽，因此常常在顶端会有两根均衡的树枝长出。为了使支撑协调，要去掉分枝处靠内侧或向上陡峭生长的树枝。丁香的花枝寿命很长，但是，每隔一些年你就要促使其有新的增长。它在一年枝的顶端开花。强枝常常有多达 4 个花骨朵，它们在大的圆锥花序里开花。相反，一年弱枝只会开出一些小的花朵。

**相似的修剪方法**

| | |
|---|---|
| 蓝丁香<br>*S. meyeri* 'Palibin'，WHZ 5b | 亮紫色花朵，六月；香味浓郁；像修剪唐棣一样修剪（见 90 页） |
| 小叶巧玲花<br>*S. microphylla* 'Superba'，WHZ 6a | 紫红色花朵，五月；3 米高；当年枝上持续开花；比修剪唐棣要谨慎些 |
| 垂丝丁香<br>*S. reflexa*，WHZ 4 | 低垂的粉红色花序；4 米高；像修剪唐棣一样修剪 |
| 丁香<br>*S. x swegiflexa*，WHZ 5b | 30 厘米长的粉红色花序，六月；4 米高；像修剪唐棣一样修剪 |

## 花期前或后修剪？

丁香花开花的同时花朵和枝条也在生长，包括为来年孕育花骨朵，大部分都是同时结束。花期以后的修剪常常导致大部分的丁香都不再长出新的枝条。因此花期前或后修剪都无关紧要。花期前修剪就意味着放弃当年春天的花朵，花期以后的修剪你则会剪掉来年的花骨朵。

## 嫁接的丁香

杂交品种常常被嫁接到野生品种的根茎上。这种情况下要早点儿剪掉野枝。它们比杂交品种生长得更快，会使其枯萎。最迟当出现除了这个种类有特色的颜色，还有亮紫色的花朵出现时，

有很多品种的丁香是春天香味和浪漫的集合体。

一根野枝继续生长。但是也有不是嫁接的丁香，其用自己的根部生长。你在购买时，要询问哪些是嫁接的品种，哪些不是。

## 培育

你用 5 ～ 6 根接近地面的树枝培育嫁接的灌木。不要剪短，而是只疏剪顶端的分枝。嫁接位置以下的树枝你要在夏天拔掉。在自己根上的品种也这样培育，不过你也可以使用基生枝构造支撑枝。

用树干、直的中树枝和 4 根侧支撑枝培育丁香树。为使其有个协调的造型，中树枝要一直高于侧支撑枝。支撑的树枝顶端你要定期疏剪。要彻底剪掉靠内侧或陡峭的树枝。

## 维护性修剪

丁香大部分会形成许多基生枝。夏天你在枝条还是绿色时拔掉多余的。丁香的支撑枝可以保持 20 年或更久的活力。但是如

果支撑枝枯萎或变秃，你要在春天它们抽条前连根拔掉它们。如果接近地面的幼枝已经长出，你要留下一根来代替。其他情况下，如果在修剪处长出新枝，你要为接下来的构造留下其中的一枝。你在修剪嫁接的丁香时，要一直在嫁接位置上面对其修剪。不是嫁接的品种你要在地面附近对其疏剪。你要把剩下支撑枝上低垂的扫帚形顶端转嫁到向外生长的富有活力的幼枝上。你要定期修剪树木内侧的嫩枝，以保持形状的协调性。

你应该在花期后剪掉第一个绿色侧枝上开过花的花序。这样就不会因为种子的形成而失去活力。

## 恢复性修剪

当丁香衰老枯萎时，你可以使它恢复活力。为了促使其生长，你应该在春天开花前对其修剪。同时你至少要剪掉枯萎的基生枝的三分之一。你把剩下树枝上变秃的或扫帚形树枝转嫁到下面的幼枝上，这些幼枝能很好地融入整个灌木中。

## 1 年后的修剪

接下来的一年，会在修剪口长出部分强有力的幼枝。你要挑选斜着向外生长的树枝，用它们替代下一年要去掉的树枝。要剪掉所有多余的树枝。若必要，你要在第二年继续进行恢复性修剪。恢复性修剪过程可以持续三年。

## 修剪花朵

当你修剪花瓶里的丁香时，你不要去掉支撑枝的顶端。要修剪侧枝或那些肯定要被剪掉的斜枝。你要剪掉花梗上所有的叶子，以降低水分蒸发，并且，你要用纯叶枝填满花束。用刀和长剪刀剪掉根茎，通过这些大的修剪面，可以很好地汲取水分。

剪掉丁香枯萎的树枝，会有更多能量提供给幼小萌芽。

**1. 培育** 你用 5 ～ 7 根基生枝培育，它们能保持很多年活力，但是如果它们枯萎，你要对其疏剪，拔掉多余的幼小基生枝。

**2. 恢复性修剪** 对于老化的丁香，你把最老的树枝剪短到地面附近，对于嫁接的丁香，要一直在修剪口上面修剪，把变秃的长枝和扫帚形顶端转嫁到幼小的侧枝上。

**3. 一年后的修剪** 你要疏剪修剪口长出来的幼枝，如果它们能很好地融入整株树或者成为新的支撑枝，你要保留，根据需要继续进行恢复性修剪。

# 接骨木花：传统的花园树

树枝越有活力，开出的花盘越大。

接骨木花是花园里的经典。欧洲接骨木（*Sambucus nigra*，WHZ 5a）因为黑色的浆果而备受欢迎。它不能生吃，但是煮着吃很可口。它能长到 7 米高，开花时间是从六月到七月并且喜欢在夏季湿润的土壤里生长。红色的葡萄接骨木或金叶接骨木（*S. racemosa*，WHZ 4）喜欢夏季湿润的酸性土壤和凉快的环境，只能长到 4 米高。开花时间是四月到五月，红色的果实在七月成熟，可以煮着吃。因为种子有毒，所以要做成果酱或是煮成果汁冻。接骨木有一个稳固的支撑，最漂亮的花朵在一年长枝上（见插图 1），葡萄接骨木则是在侧枝上。在分杈处常常长出新枝。你要疏剪靠内侧生长的和斜的树枝，要在春天抽条前对其修剪。

## 培育

用大概 5 根基生枝培育支撑枝。你要剪短长的并且常常低垂的一年基生枝。接下来的几年就不要再剪短了，而是要疏剪顶端并且去掉靠内侧生长的侧枝。

## 维护性修剪

春天你要疏剪接近地面变秃的支撑枝。去掉靠内侧或长得陡峭的树枝。你要把低垂的分杈的支撑枝顶端和侧枝转嫁到靠向内侧的一年侧枝上。在被疏剪的支撑枝上的修剪口来年会长出一部分强有力的幼枝。你只需保留一根斜向外生长的树枝，把它构建成新的支撑枝。

夏天你要在枝条还是绿色时拔掉多余的基生枝。

## 恢复性修剪

为使其恢复活力，你要剪掉接近地面的支撑枝的一半，第二年剪掉三分之二。你要把基生幼枝剪掉剩下 3～5 根，去掉过长的。然后，你就可以进行维护性修剪。

### ！其他品种

欧洲接骨木开着伞状花序，结果实；裂叶接骨木（Laciniata）有着锯齿状的叶子；黑美人（Black Beauty）红色的叶子令人着迷。后者开着粉红色的花，跟红叶和有叶裂的品种黑色蕾丝（Black Lace）一样。

葡萄接骨木：金叶接骨木（Plumosa Aurea）迷人的黄色叶子有着明显的叶裂，种子有毒。

**1. 保持花枝的活力**

欧洲接骨木在一年长枝上有着最漂亮的花枝，你把已经分枝的较老的树枝转嫁到幼枝上。

**2. 维护性修剪**

你把分枝的树枝顶端转嫁到靠向内侧的幼枝上，彻底剪掉向内侧生长的树枝和多余的基生枝。

# 花楸树：不只是鸟的维生素

花楸树（*Sorbus aucuparia*，WHZ 3）形成大的灌木或树。它能长 6～12 米高，宽度是高度的一半，喜欢透水性好、湿润和中性的土壤。在五月和六月之间会开出大朵的白色花。九月初果实成熟，可吃，只有在煮熟的情况下果实才可口。有很多个品种，“爱都”花楸树（Edulis）也被称作“摩拉维亚”花楸树。“塔形”花楸树（Fastigiata）长得很纤细，能达到 8 米高。

花楸树形成稳固的支撑枝，在一年侧枝上的顶端萌芽上开花。但是它一般结出太多的果实，以至于树枝会折断。如果果实是次要的，那你在花期过后对其修剪，否则就在春天抽条前对其修剪。

**维护性修剪**

你把分枝和低垂的顶端转嫁到下面的树枝上并且疏剪新的顶端，清除幼小的基生枝。

## 培育

对于灌木和高树来说，用 1 根中间枝和大概 4 根侧枝构建支撑枝。在头 4 年里要剪短这些树枝。要去掉让树枝顶端低垂的果实。每个夏天要疏剪支撑枝长出的部分。不要选斜枝来构成支撑枝（见 142 页）。对于一些树枝来说存在着危险性，即使有很少的果枝，几年后这些树枝还是会折断。

## 维护性修剪

培育很好的花楸树不需要过多的修剪。你把所有低垂或分枝的顶端转嫁到靠内侧和斜着直立生长的幼枝上。根据需要疏剪新的树枝顶端。如果果实位置很高，树枝低垂会很严重，你要在夏天去掉每个果序。对于“塔形”花楸树你要根据需要把向外低垂的树枝顶端转嫁到斜着的侧枝上。

## 恢复性修剪

你要把扫帚状分杈的支撑枝转嫁到幼枝上并且对其进行疏剪。如果支撑枝纤细或者每根支撑枝过长，你要把它们转嫁到继续靠向内侧的多年侧枝上。新长出的部分应该跟主枝的生长方向一致。你要把老化的结果枝转嫁到支撑枝附近的幼枝上。

花楸树的红色果实很迷人并且招引鸟。

**相似的修剪方式**

| | |
|---|---|
| 山楂<br>*S. aria*，WHZ 5a | 大型灌木，小型树，12 米高；跟修剪花楸树一样 |
| 瑞典山楂<br>*S. intermedia*，WHZ 5a | 10～12 米，生长比花楸树疏松；跟修剪花楸树一样 |
| 图林根山楂<br>*S.thuringiaca*‘Fastigiata’，WHZ 5b | 大型灌木，小型树，5～7米高，球形灌木；跟修剪花楸树一样 |
| 山梨<br>*S. torminalis*，WHZ 6a | 10～12米，小型树木，耐旱，很少需要修剪 |

李属的花朵很透明，几乎是丝状的。

# 李属：粉红色花簇

当李属树木（*Prunus*，WHZ 6a–6b）把花园点缀成粉红色海洋时，花园里每年最漂亮的几周就开始了。日本李属（*P. serrulata*）的许多品种都非常著名，开花的时间是四月末到五月。“关山”樱（Kanzan）有着大的多瓣粉红色花，向外伸展，几乎呈喇叭的形状生长，能长到7米高。“菊”樱（Kikushidare-zakura）则呈拱形生长，同样也开多瓣粉红色花并且能长到5米高。“银河”樱（Amanogawa）一直是支柱形状并且能长到7米高。它瓷粉色的花朵在黑暗的背景下才更显美丽。红色叶子的“皇家勃艮第”樱（Royal Burgundy）不仅有着紧密深粉红色的花朵，而且也因为它深红色的叶子而引人注意，并且它暗红色的叶子在秋天会变成橘红色。

冬季樱树（*P. subhirtella*）中“十月”樱（Autumnalis）因为它5米的高度而显眼。它淡粉红色的花朵常常在秋季已经开放。但是主要花朵开放时间则是在三月到四月。低垂品种“垂枝”樱（Pendula）长出由简单花朵组成的嫩粉红色花伞，根据树干高度能长到3～4米高。杂交品种“褒奖”樱（Accolade）由多瓣的粉红色花朵装扮，四月开花。它能长成7米高的疏松大灌木。所有提到的灌木都喜欢干净而富有营养但是又排水性好的土壤。空气含量少的潮湿土壤则不利于其根部生长。植物会很快早衰并且长出野枝。你可以用沙土来改善土壤的排水性。

## 避免大的伤口

李属形成一个稳固的支撑枝，在两年或更老的树枝上的一年短枝上开花。它们的花枝保持长久活力，从较老的树枝上长出的树枝，以能够得到足够光照为前提，可以长成花枝。因为李属在上一年已经孕育了花骨朵，因此要在花期以后对其修剪。如果要剪掉较强的树枝，夏天修剪则是最恰当的（见插图1）。然而你要避免造成大的伤口，它们会干枯或是引发流胶病。同时在压力的作用下会长出胶体块，它流过伤口边缘，妨碍伤口愈合。

## 培育

用3～5根分布均匀的支撑枝培育李属成灌木，但是绝不能用斜枝来培育（见142页）。它们可能几年后会因为自己的重量

**1. 夏季修剪**

李属对修剪有点敏感，如果有必要对其恢复性修剪、剪枝或疏剪树枝顶端，你最好在夏天进行修剪。

**2. 修剪螺旋形树枝**

如果李属的树枝顶端有很多萌芽并且树枝呈螺旋形，你要疏剪最粗壮的侧枝，让顶端保持细长。

而折断。根据需求你只能在第一年剪短支撑枝，以此促进中间枝长得更高些。接下来的一年你只需疏剪树枝顶端，不需要再剪短。因为李属在树枝顶端常常长出呈螺旋状的树枝，所以你要定期修剪这些树枝（见插图 2）。你要每年夏天剪掉嫁接位置以下长出的野枝。像培育阔叶树一样你可以把李属培育成树（见 140 页）。可以把圆柱形或悬挂形李属剪成其他圆柱形或悬挂形的形状（见 45 页）。

## 维护性修剪

李属在老枝上也可以孕育花骨朵。根据需求你要疏剪树枝顶端，以保证多年后都能够有足够的光线达到灌木内侧。如果分枝的顶端低垂严重，你要把它们转嫁到靠向内侧斜向外生长的幼枝上。在树冠内侧会长出长嫩枝，你要在夏天把它们全部剪掉，向内侧生长的树枝也是如此。你要拔掉嫁接位置以下的野枝。如果多年后还会长出野枝，通常是嫁接位置生长不够充分，那里会产生持续的液流堆积。但是你也要检查一下过于潮湿的土壤是不是长出野枝的原因。

## 恢复性修剪

如果李属老化，你可以细心地让它恢复活力。你把早衰的支撑枝转嫁到靠向内侧的多年幼枝上。这些树枝不应该跟去掉的树枝一样粗。如果树枝较弱，你要保留 10 ～ 20 厘米长的木桩（41 页）。当新的主枝长到一定的厚度时，在 2 ～ 3 年后的夏天要把这根树枝剪掉。要避免伤口干枯到整个支撑枝。原则上修剪李属时，伤口的直径不应超过 10 厘米，否则伤口不能保证会完全愈合。为了让树有更好的适应性，你要在六月和九月初对其实施恢复性修剪。早期的夏天修剪能促使长出新的树枝，晚期的则不行。

## 一年后的恢复性修剪

在转嫁支撑枝的修剪口上会有一根或更多的幼枝长出。你要剪掉其中的斜枝，平枝保留。这些平枝的生长能够让伤口愈合得更快。恢复性修剪后因为液流压的增加，在树上会长出很多斜枝，你要剪掉这些斜枝。疏剪支撑枝的顶端，根据需要夏天可以大规模地继续进行恢复性修剪。

**3. 培育**

用 3 ～ 5 根地面附近的树枝培育李属，去掉多余的树枝或陡峭的枝条，为了保持其协调的形态，你要促使中间枝长得更高。

**4. 恢复性修剪**

如果李属早衰或树枝顶端低垂并且变秃，你要在夏天适当对其修剪，把支撑枝转嫁到靠向内侧的有活力的侧枝上。

**5. 一年后的恢复性修剪**

夏天你剪掉修剪口上长出的陡峭的枝条，清除掉灌木里面的陡峭的枝条并且根据需要继续进行恢复性修剪。

# 山荆子：小果实

山荆子上持续数周的果实尤其吸引人。

山荆子（*Malus*，WHZ 3–5）不仅开出丰富的白色、淡粉红色或红色花朵，而且在春天也能结出黄色、橘色或红色的小果子。它们是秋季漂亮的装饰品。山荆子喜欢向阳的地方，偏爱营养丰富、空气流通和湿度均匀的土壤。根据不同的品种，它们作为灌木可以长到 4 ～ 7 米高。挑选可以持久装饰秋天的品种，它们的果实可以在树上悬挂很长时间。因为相比黄色小果子鸟更偏爱红色的，所以人们可以更长时间地欣赏到“黄油球”(Butterball)或“冬金”（Wintergold）这些品种结出的黄色果实。“红色哨兵”(Red Sentinel）是个例外，它的红色果实长久地挂在树上。山荆子是典型的春季开花的树，因此你要在花期过后对其修剪。它能形成稳固的支撑枝，在 2 ～ 4 年枝上开出的花最漂亮。但是因为花枝能长久地保持活力，所以为了保持协调的外形，你要对其谨慎地修剪。但是山荆子能结出丰硕的果实，其重量常常把树枝顶端压弯。根据需要减轻重量，因此你要对其疏剪。

## 多样的外形

你可以像培育唐棣一样把山荆子培育成疏松通风的灌木。每隔几年你要替换地面附近、在嫁接位置以上的主枝。但是如果你像结构树一样给山荆子塑形，山荆子也能长出自己的特点。结构树的支撑枝能保持终身的造型。几年后在你的花园里它就会独领风骚。像高树干一样维护它，像修剪树木一样对其修剪。

## 培育

用 3 ～ 5 根地面附近、分配均匀的树枝构建山荆子的支撑枝。你要剪掉下面部分的强枝，保留弱枝和平枝培育为花枝。不要剪短树枝顶端，只需疏剪。前几年里，在嫁接位置或从地面会长出野枝。在枝条还是绿色时，你要在夏天把它们剪掉。

## 维护性修剪

接下来几年你要定期疏剪斜枝或靠内侧生长的树枝。如果树枝有过多分枝，你要疏剪。如果它们已经早衰并且低垂，你就要把它们转嫁到向外生长的幼枝上。

如果山荆子很小，但是保持疏松状态，那你每隔 2 ～ 3 年疏剪下支撑枝。来年夏天就会在修剪位置处长出新枝。你要挑选斜向上和向外生长的树枝作为新的支撑枝，剩余的要剪掉。

## 恢复性修剪

如果山荆子早衰，整个支撑枝的活力就会下降。会长出扫帚形顶端，只能开出很少的花。一方面为了保持外形，另一方面为了促使灌木生长旺盛，你要破例在花期前对其修剪。你要把早衰严重的主枝转嫁到下面的侧枝上。这样就会在灌木内部形成液流堆积，它会促进新枝的生长。最后你要把主

### ! 粗壮的山荆子

你优先选择的，应该是对黑星病有较强抵抗力的品种，合适的品种有：有着淡粉红色花朵和黄色果实的“黄油球”；有着深红色的花朵和深红色果实的“红衣主教”；有着粉白色花朵和橙色果实的“珠穆朗玛峰”；有着白色花朵，向阳面是红色的橙色果实的“红色哨兵”；有着粉红色花和橙色果实的“鲁道夫”；有着白色花朵和紫红色果实的“街道游行”。

枝的新顶端疏剪到一根树枝上。这根树枝应该尽可能跟主枝的生长方向保持一致。

### 1 年后的修剪

在前一年大幅度修剪后，现在的修剪就仅限于维护新树枝的生长。较大树枝转嫁的地方就会在修剪位置处长出幼枝。你要去掉斜枝或向内侧发展的树枝，留下平枝或向外生长的树枝，来年它们就会孕育出花骨朵。无论如何都不要剪短这些树枝。你可以在靠外的部分把低垂的树枝转嫁到较年轻的树枝上并且疏剪树枝顶端，但是要谨慎。

### 以后几年的修剪

两年幼枝上第一次开出丰富的花朵。你要疏剪一年树枝的生长部分。如果在修剪位置处重新长出幼枝，你要疏剪。根据需要你要把早衰的树枝转嫁到幼枝上。你要保留嫁接位置以上的 1～2 根幼枝，进行疏剪。它们成为来年的支撑枝。第三年生长基本稳定，三年枝汲取整个液流。根据它们的功能你要分配：一部分会成为新的支撑枝，你需要对其疏剪，最大部分就是花枝，你要持续对其更新；要一直持续保留一些一年枝，不要修剪，把它们作为未来的花枝；你要把早衰的顶端转嫁到斜向上生长的幼枝上。

**1. 培育**

你只需用 3～5 根支撑枝培育山荆子，这样即使很多年后灌木还会很疏松。在前几年里，你要疏剪树枝顶端。不能让果实的重量使支撑枝下垂，根据需要剪掉果实。

**2. 恢复性修剪**

如果很多年后树枝顶端分枝越来越多，它们会低垂并且枯萎，灌木内侧也会变秃，你把衰老的支撑枝顶端转嫁到靠向内侧有活力的树枝上并且疏剪新的树枝顶端。

**3. 一年后的修剪**

在被转嫁的修剪口上已经长出幼枝，你要清除掉斜枝，保留向外生长的平枝，疏剪树枝顶端，清除掉灌木陡峭的枝条和多余的基生枝。

**4. 接下来的几年**

你要剪掉多余的幼枝和陡峭的幼枝，疏剪两年平侧枝和树枝顶端。根据需要培育树冠，用 1～2 根地面附近的树枝来代替老化的支撑枝。

# 金缕梅：芬芳的冬花

金缕梅（*Hamamelis*）是宝贵的冬花，不同的品种和种类，它们在十月和五月间用芬芳的花朵装饰花园。它们喜欢营养丰富、渗透性好和弱酸到中性的土壤。它们不能承受太多的石灰质和严重的夏季干旱。

北美金缕梅（*H. virginiana*，WHZ 5b）在十月和十一月开出亮黄色的花朵，能长到 6 米高并长成强大的支撑枝。大部分的品种都属于杂交金缕梅（*H. x intermedia*，WHZ 6a），是日本金缕梅（*H. japonica*，WHZ 6b）和中国金缕梅（*H. mollis*，WHZ 6b）的杂交品种。它们都能长到 4 米高。硫黄色的“淡紫”金缕梅（Pallida）十一月开花，香味浓郁。“火魔法”（Feuerzauber）开出酒红色的花朵，在亮的背景下显得更漂亮。“繁花之春”（Primavera）有着亮黄色的大花朵并且散发出芬芳的花香。很多品种都开黄色或红色花朵。

金缕梅呈喇叭形生长并且形成疏松的灌木。及时培育较高的中间树枝，有利于灌木保持协调性的圆形造型。支撑枝和花枝能保持长久的活力，很多年后金缕梅才展现其特点。要小心修剪并且在花期过后修剪，因为金缕梅在前一年已经孕育了花骨朵。

## 培育

你用 5～6 根接近地面的支撑枝培育金缕梅，要培养较长的中枝。这样就可以多少避免天然呈喇叭形的生长。只能疏剪支撑枝，千万不要剪短。这些品种几乎都是嫁接的。你要去掉嫁接位置以下的野枝，夏天拔掉根部附近的基生枝。

金缕梅开花早，大部分都散发着芬芳，给人一种独特的享受。

## 维护性修剪

把支撑枝上横向或被遮挡的侧枝剪成 2 厘米的木桩。疏剪支撑枝顶端（见插图 2）。你要注意野枝并在枝条还是绿色时剪掉它们。

## 恢复性修剪

因为支撑枝和花枝能保持很多年的活力，所以很少需要对其进行恢复性修剪。如果金缕梅早衰，你要把支撑枝顶端转嫁到靠向内侧并且顺应主枝生长方向的幼枝上，把早衰的侧枝转嫁到支撑枝附近的侧枝上。如果没有，你就把支撑枝剪短成木桩。恢复性修剪和偶尔浇水后，要施复合肥和肥料，以在来年夏季促使其有活力地生长。

**1. 维护性修剪**

把支撑枝上横向或向灌木内侧生长的侧枝剪成一个短的木桩，根据需要疏剪支撑枝的顶端。

**2. 疏剪树枝末端**

即使很少需要修剪，你也要偶尔疏剪树枝末端，灌木会更舒适并且内侧能获得更多的光照。

# 蜡瓣花：黄色嫩花

蜡瓣花（*Corylopsis*）与金缕梅是近亲，它在五月和八月间用娇小的花朵来装饰花园。它喜欢渗透性好、营养不过于丰富的土壤，在半阴地区生长旺盛。闹铃形状的或开花少的蜡瓣花（*C. pauciflora*，WHZ 7a）三月开着亮黄色钟状的花朵，组成花穗，闻着像樱花草的花香，因此也被称作樱花草灌木。它能长到 2 米高。因为它很早发芽抽条，因此它需要生长在免受晚冬严寒侵袭的地方。冬季蜡瓣花（*C. spicata*，WHZ 7a）在三月底开花，高达 3 米。它的花朵也是亮黄色并且散发出芬芳。

蜡瓣花多年来构建成一根稳固的支撑枝。但是支撑枝要比金缕梅细长得多，因此容易因为分枝的树枝顶端而低垂。同时它也会定期长出幼小的基生枝。

**维护性修剪**

为了不让它们低垂并且使足够的光线到达树冠内侧，你要疏剪树枝顶端，清除多余和弱小的基生枝。

蜡瓣花在前一年形成花骨朵，因此要在花期过后对其修剪。不同于金缕梅，它既在一年长枝也在短点的侧枝上开花。一年的基生枝上常常不开花。修剪要谨慎，要支持它自然的形态。

## 培育

用 7 ～ 12 根支撑枝培育蜡瓣花，要彻底剪掉弱小的基生枝。头几年里在花期过后只疏剪支撑枝的顶端。要完全剪掉多余的基生枝。

## 维护性修剪

你要去掉弱小和多余的基生枝。虽然蜡瓣花不会长出分枝，但是会一直在灌木外面长出幼枝。如果地方足够，你可以保留。否则就在夏天拔掉太靠外的基生枝。根据需求你要疏剪支撑枝的顶端。你要疏剪在灌木中横向生长的树枝。修剪不能破坏灌木的外形，也不能过于刺激其生长。

蜡瓣花的亮黄色柔嫩的花在春天是一大亮点。

## 恢复性修剪

老化的蜡瓣花需要经过很多个阶段来恢复活力。你要剪掉地面上最老支撑枝的四分之一，剪成短木桩。如果长出幼小的基生枝，你要留下最强大的来替代支撑枝。要疏剪剩余支撑枝的分枝顶端。以后几年里你要继续进行恢复性修剪，如果不成功，你要用新的幼苗来替代这棵树。在种植前，你要用富含肥料的基质来替换损耗的土壤。

**！ 相似，但不同**

金缕梅和蜡瓣花属于同一个植物科，对地理位置和土壤有着相似的要求。金缕梅长成非常稳固的支撑枝，它很少低垂，几年后很少长出基生枝。但是蜡瓣花的树枝纤细，大部分的树枝会在几年后变得较为低垂，并且会定期长出幼小的基生枝。

# 枫树：时髦的结构树

红色叶子品种的枫树点缀着整个夏天。

枫灌木和枫树（*Acer*）是非常漂亮和时髦的结构树。鸡爪槭（*A. palmatum*，WHZ 6b）属于灌木类的品种，在花园里经常见到，能长到 7 米高，而红叶品种日本红枫（Atropurpureum）只能长到 5 米高。同样也是红叶子的“火焰”（Fireglow）在秋季就变成鲜红色。绿叶子的“红灯笼”（Osakazuki）在秋季就变成了橘色的海洋。两个品种都能长到 6 米高。

有叶裂的品种随着年龄的增长容易低垂，但是比其他正常的叶子树要稍微轻些。绿羽毛枫（*A. p.* ‘Dissectum’）能达到 2 米高，红羽毛枫（*A. p.* ‘Ornatum’）能达到 3 米高。有着暗红色叶子的“加奈特”（*A. p.* ‘Garnet’）和叶裂非常严重的“稻叶垂枝”（*A. p.* ‘Inabeshidare’）一直都在 2 米以下，也适合生长在小花园里。羽扇槭（*A. japonicum*，WHZ 5a）同样也有着深色的叶子。

枫树喜欢干净、夏季湿润但是渗透性好的土壤。湿重和不透气的土壤会造成其生长困难，容易染上真菌病。在这里应该免受风和正午太阳的影响。在炎热处叶子会干枯。

枫树长出一个稳固的支撑枝，在两年和更老的树枝上开花。花朵不是太鲜艳，一些品种会飞的种子更有趣。因为枫树对修剪反应敏感，只能在夏季对其修剪，并要避免大的伤口（见插图 1）。

## 培育

用多达 5 根接近地面的支撑枝培育枫灌木。大部分情况下幼小的植物不需要修剪。根据需要你要在夏季剪掉过长的当年枝的一半。要剪掉在嫁接位置以下或从地面长出的野枝。

## 维护性修剪

维护性修剪仅限于疏剪树枝顶端，目的是让足够的光线到达灌木的内侧。如果上面的树枝遮挡住下面的，你要把长枝转嫁到靠向内侧的侧枝上。

## 恢复性修剪

不可能让枫树恢复活力，你夏季要把老化的枫树上的树枝顶端适当地转嫁到靠向内侧的树枝上。你要避免造成大的修剪口，要把伤口边缘抹平，防止其干枯。

**1. 夏季修剪**

你只能在夏天修剪枫树，应该有利于展示灌木的特征。要避免大的伤口，只清除小的树枝。

**2. 维护性修剪**

你要在树枝还年轻的时候清除灌木上横向生长的树枝，把伸出很远的树枝转嫁到靠向内侧的树枝上，疏剪树枝顶端。

# 卫矛属：秋天的颜色盛宴

卫矛（*Euonymus alatus*，WHZ 4）是向外延伸很广的灌木，能长到 3 米高，“火焰卫矛”（Compactus）只能长到 1 米高。这种灌木既可以在太阳下也可以在半阴的地方生长。但是前提要有营养丰富的、排水性好和夏季不干旱的土壤。开出不显眼的花朵，秋季结出橙色但是同样也不明显的果实。更为壮观的是秋季亮红色的颜色，根据年份会持续几周。冬天，被毛果占满的树枝充满异域风情。欧洲卫矛（*E. europaeus*，WHZ 4）比卫矛生长得疏松些，它能长到 6 米高，喜欢含有石灰质、夏季湿润并且排水性好的土壤。秋天叶子会变成黄色。大果实的欧洲卫矛也被称作短翅卫矛（*E. planipes*，WHZ 5b），生长相似，但是能长到 4 米高。跟卫矛一样，短翅卫矛也有着不显眼的花朵，但是它那有着橘红色且有毒种子的红色果实弥补了这点。卫矛和短翅卫矛长成稳固的支撑枝。在春天抽条前对其修剪。为了保持树木的特征，要谨慎地修剪。

卫矛灌木亮红色的叶子装饰着秋天，格外富有情趣。

## 培育

你要定期疏剪在灌木中横向生长或相互交错的树枝，把从灌木中伸出的树枝转嫁到下面的侧枝上。最后你要疏剪树枝顶端，随着年龄的增长，卫矛的特征就越明显。适度的修剪有利于突显其特征。

## 恢复性修剪

如果支撑枝枯萎或大幅度低垂在地面上，你要在抽条前把它们剪成接近地面的短木桩。这就会促使其长出幼小的基生枝。在第二年春天你要保留一根作为替代，剪掉其他的和木桩。你要把恢复性修剪分成几年进行，这样会最小限度地损害树的外形。

**维护性修剪**

要谨慎地修剪卫矛，剪掉在灌木中横向生长的树枝，最后根据需要疏剪树枝顶端。

## 短翅卫矛

你可以像修剪唐棣那样修剪这两个品种（见 90 页），保留 7 ～ 10 根基生枝培育成支撑枝。对其不要剪短，而是要疏剪。跟卫矛一样，以后只需谨慎地进行维护性修剪就足够了。如果 10 年后支撑枝衰老或者灌木长得太大，你要把接近地面的 1 ～ 2 根支撑枝剪成木桩。在下一年你要培育幼枝替换支撑枝并剪掉所有剩余的支撑枝。

# 亚灌木和夏季开花植物

当它们开花的时候，就不再有质疑：夏天展示出它最美丽的一面。夏季开花的装饰灌木和它们的同类——地中海的亚灌木，它们共同影响着花园的旺季。

夏季开花的树和亚灌木都装饰着夏季的花园。无论是像薰衣草（见 106 页）这种别有风致的地中海植物，或是像夏季开花的绣球花这种茂密的美丽灌木（见 116 页），它们整个夏天都会生长，并且在当年枝上开花。大部分的花朵盛宴甚至会延续到秋天。

## 花期前修剪

在生长阶段修剪这些夏季开花的树和亚灌木时，会剪掉持续长出的孕育花朵的地方。因此要在春季花期前对其修剪。为了促使其迅速生长、长出当年枝并有一个较长的花期，需要对所有这些灌木进行大幅度修剪。相反，如果修剪过少或甚至不修剪，生长会减速并且在夏天过到一半的时候，花期就已经结束。

## 敏感的亚灌木

亚灌木主要是地中海植物，它们在家乡长成雄伟的灌木，然而在我们这里，它们的一部分或者全部冬天都常常受冻。薰衣草、鼠尾草或蓝花莸在我们这个地区虽然根部可以木质化，但是随着树木年龄的增长，树枝冻死的危险性会增加。因此从幼小时就要每年对其大幅度修剪，这会促进长出新的基生枝并且避免植物过度的木质化。亚灌木喜阳，喜欢较为贫瘠的排水性好的土壤。只有这样它们才能很早结束生长，幼枝到冬天能长成。这样根部在冬天不会太潮湿，很少会冻伤（见25页）。

## 茂密的夏季开花树

这组最著名的代表就是木槿花（见112页）和大叶醉鱼草（见114页），还有就是金露梅（见205页）和夏季开花的绣线菊（见118页）。像木槿花这类主要是沿着新长出的叶柄上的树枝开花，像圆锥花序这类的长出有叶子的树枝。盛夏的时候，在这些树枝末端会有花朵开放。如果为了使其开出大量的花修剪这些树，它们常常看起来会像被砍了头似的。因此，修剪时不仅要考虑开花量，也不能忽略保持树的协调造型。最好保留其中的一根或其他小的树枝，不要修剪。这些不在场树枝（见43页）尽管在第二年的夏天不会开花，但是有利于保持灌木自然的造型。

一些夏天开花的树随着树龄的增长会对寒冷更敏感，每年大幅度的修剪会有利于及时用更抗寒的年轻基生枝来代替老枝。

在这个章节会首先介绍亚灌木，然后再介绍夏季开花的树。你可以在特别的章节中找到同样在当年枝开花的一些品种，包括经常开花的玫瑰（见148页）、夏季开花的铁线莲（见167页）、凌霄（见172页）、银环藤（见177页）和所有在夏天开花的盆栽植物（见282页）。

## 夏季护理修剪

一些夏季开花的树受益于夏季的护理修剪。如果定期剪掉大叶醉鱼草或经常开花的玫瑰凋谢的花，它们会开出更丰富的花朵。在神圣亚麻或薰衣草花期过后剪掉不漂亮的孕育种子的位置，给植物一个紧凑的造型。

如果定期并在合适的时间修剪的话，丁香花会开出丰富的花。

# 薰衣草：南方的信使

“蓝色希德寇特”薰衣草开着深色的花朵，是薰衣草品种中最漂亮的。

薰衣草（*Lavandula*）是花园里地中海特征的缩影。提供给我们的大部分品种都属于狭叶薰衣草（*L. angustifolia*，WHZ 5）。它的开花时间是从六月到八月且耐寒，“蓝色希德寇特”薰衣草（Hidcote Blue）是其中最漂亮的一种，开出典型的薰衣草蓝的花朵，能长到50厘米高。但是也有更低和更高的品种。你要注意种类中已给出的高度，定期的修剪也不一定能达到预期的高度。英国的薰衣草（*L. x intermedia*，WHZ 5）也同样耐寒，开花的时间是从六月到七月。法国薰衣草（*L. stoechas*，WHZ 8）从六月到十月开花，齿叶薰衣草（*L. dentata*，WHZ 9）则是在六月和七月。这两个品种虽然常常是耐寒的，但是它们即使有着保护措施，也不能在户外度过中欧的冬天。它们只有作为桶装植物在0°C左右才能过冬。

**塑形修剪**

抽条时，每年要把薰衣草剪到地面，它会长成球形。它会一整年都保持造型，但是不会开花。

薰衣草喜阳并且喜欢透气性好的土壤。在密封或寒冷的土壤里它会枯萎。

薰衣草在当年枝上开花，最佳修剪时间是八月初薰衣草刚萌芽抽条的时候。它不能承受秋天的修剪，大部分情况下植物会因此死去。

## 培育

在我们的这种气候下不能用一个多年的支撑枝来培育薰衣草，更多的目标是让它尽可能少地木质化，最佳的种植时间是从四月到八月初。然后保证植物能扎根，这样能够更好地过冬。春天种植时，你要呈半圆形剪掉幼小的薰衣草的三分之二。七月末花期过后，你要剪掉孕育花朵的部分，同时剪掉下面树枝的2～3厘米，要剪成个半圆。

## 维护性修剪：春季修剪

你应该最迟在春天修剪薰衣草和其他地中海亚灌木。当第一批萌芽抽条时，植物已经处于生长阶段，修剪后就又会继续萌芽抽条，修剪树枝干枯的危险性会降低。你要在种植后的第二年起，每年把薰衣草剪短到10～15厘米，剩下的树枝还会长出叶子。剪成半圆时，薰衣草会变得紧凑和吸引人。通过你适当的修剪，会促进地面附近或地面上树枝和萌芽的活力。但是当你从开始和以后每年修剪时，这种修剪方式也会带来所期待的效果。如果树枝开始变秃（见恢复性修剪），你应该在有叶子的区域进行修剪。

## 维护性修剪：夏季修剪

花期后你要剪掉枯萎的茎。你也要把树枝顶端剪短到5厘米，同时保持植物半圆形的外形，使它们秋冬时都能吸引人。

修剪应该在七月底结束。如果晚点修剪，新长出的树枝到冬天还没有长成就会干枯。对于开花晚的品种，你在八月最好只剪花朵。因此，在寒冷的地区，你应该种植开花早的品种。

## 恢复性修剪

如果很多年不对薰衣草进行修剪，它大部分会早衰。它不再从根部长出幼枝，老一些的树枝会变秃，会倒向一边，并且在末端呈扫帚形。生长会减慢，开花会很少。如果不修剪，植物经历过寒冬后就不会再长出新枝。你要在抽条时剪掉早衰的薰衣草。但是你要注意只能在长叶子的区域进行修剪。不要修剪木质化和没有叶子的部分（见插图4）。你要剪掉绿色扫帚形树枝的一半。整个夏天的时间因为液流堆积，变秃的部分会长出新枝。你可以在来年把扫帚形顶端转嫁到这些新枝上。但是这种措施很少用在年轻的植物上。

## 按照形状修剪

人们也可以把它修剪成这样的形状，即它到地面形成一个绿色球形。你可以从开始在抽条的时候就把它剪成2～3厘米短的木桩。它不会木质化并且会大幅度抽条。在五月末就可以长成一个球形，直到下次修剪的时候还能保持清晰的形状。

夏季修剪就属于这种修剪方式。但是通过这种修剪方式，开出的花都是分开的。

## 收获花朵

当你收获花朵做香包时，要在全开前剪掉花朵，这样它们就会汲取大部分的香气。如果几乎所有的叶柄都已经开花，你在摘花的工作中可以完成夏季修剪，把整个植物都剪掉。但是除了开花的叶柄还有许多花骨朵，你最好用刀单个切掉叶柄。这可能需要更多的采摘步骤，但是你也因此保留了一棵有吸引力的植物。要把薰衣草花朵放在一个通风好的地方，把花朵晾干。以夏天的温度，两到三天后花朵就已经变干。如果你想编织花环，要使用易弯曲的绿色树枝。

**1. 春季修剪** 抽条时，你要呈半球形剪短所有的一年枝，只能在有叶的区域修剪！

**2. 夏季修剪** 首先你要剪掉枯萎的树枝，给植物塑形，同时剪短树枝顶端。

**3. 恢复性修剪** 对于枯萎的薰衣草，你只能在有叶区域剪短每个头。在老枝修剪时，树枝会干枯。

**4. 恢复性修剪后长出新枝** 这种薰衣草恢复性修剪要一直剪到老枝上。许多树枝已经干枯，只有一些萌芽发芽抽条。

鼠尾草的蓝紫色花朵对于昆虫来说价值很高。

# 鼠尾草：花园和厨房

调味鼠尾草（*Salvia officinalis*，WHZ 6）不仅是花园里有吸引力的客人，而且也被用到地中海风情的菜肴里。它喜欢有太阳的地方和排水性好的温暖土壤。定期修剪能让它长到 0.6 米高。在南部国家它能长成真正的树木，在我们这里一般把它培育成亚灌木。它在六月到八月间开出蓝紫色的花朵。在商店里有很多彩色叶子的品种（WHZ 7）。“紫色鼠尾草”（Purpurascens）有着红色的叶子，“三色鼠尾草”有着白色边缘的叶子并且会长出粉红色的树枝。“黄斑鼠尾草”（Icterina）有着带黄边的叶子。这些品种生长力较弱，在寒冷地区需要做好防寒措施。但是有着宽大叶子的“巴格旦鼠尾草”（Berggarten，WHZ 6）很强壮并且生长力很强。西班牙鼠尾草（*S. lavandulifolia*，WHZ 6）跟调味鼠尾草很像，但是小叶子细长并且只有 0.4 米高或者更低。

你只能摘取嫩叶并且尽可能地把修剪和摘叶子结合起来，相互配合。调味鼠尾草在当年枝上开花。当植物随着年龄的增长木质化时，它的寒冷敏感度会提高。老点的树枝或整株植物会死亡。因此为了促使一直有接近地面的幼枝长出，每年都要对其修剪。为了不让修剪口干枯，你要在抽条时才能修剪鼠尾草，也就是幼芽不再长出小叶子时。

**1. 维护性修剪**

你每年把老点的树枝转嫁到幼小的侧枝上，这样就可以避免构建一个木质化的支撑枝，同时也刺激长出地面附近的幼枝。

**2. 在萌芽上修剪**

你要弯着树枝，为了更好地认出下面有活力的萌芽。把老枝转嫁到这个幼小的侧枝上。

## 培育

为了促进更好地分枝和地面附近树枝的长出，你种上后要掐掉所有树枝的头。在夏天到七月底你要重新剪短幼枝。

## 维护性修剪

你要把地面附近的老一些的树枝转嫁到年轻的侧枝或抽条的萌芽上。只有在修剪口下面看到年轻富有活力的萌芽时，你才能修剪老树。夏季，你要在七月底把地面附近开过花的树枝转嫁到年轻的侧枝上。

## 恢复性修剪

如果不定期修剪，调味鼠尾草会木质化并且变秃。只有在植物内侧还能看到幼枝或有活力的萌芽时，恢复性修剪才是成功的。要把早衰的树枝转嫁到内侧有活力的侧枝或幼小萌芽上。如果看不到地面附近的萌芽，你要把老枝转嫁到最靠向内侧的萌芽上。如果来年地面附近会长出幼枝，你要向中间的方向继续进行恢复性修剪。

# 百里香：来自地中海的芬芳

在炎热的夏天，百里香（*Thymus*）用浓郁的香味点缀着花园，哪个地方的天气越热，它的香味就越浓郁。根据品种，它会长成草垫（指植株长成垫子状）或呈球形生长。所有品种都喜阳，喜欢透水性好的土壤。银斑百里香（*T. vulgaris*，WHZ 6b）是球形，能长到 30 厘米高。“密穗百里香”（Compactus）生长得很稠密。银斑百里香（*T. vulgaris* ssp. *fragrantissimus*，WHZ 7a）长成 20 厘米厚的垫状松软植物。柠檬百里香（*T.* x *citriodorus*，WHZ 7a）散发着柠檬味，只有 15 厘米那么小并且匍匐生长。“金色矮株”（Golden Dwarf）有着亮绿色的叶子，“银色国王”（Silver King）有着漂亮的银灰色叶子。不同的品种在六月和九月之间开花。百里香修剪不是为了开花，而是为了使其紧凑生长并且促进地面上未木质化的树枝的生长。百里香生长时，有着较好的忍受力，因此你首先要在夏天对其修剪。春天修剪可能会导致树枝干枯。

## 培育

多年培育不会发生在百里香身上。夏天种植以后，你要把顶端剪成半圆形。这样植物就会长得很紧凑并且会密集地分枝。

**1. 维护性修剪**

夏天到七月底，你要剪掉整株植物的一半到三分之二，要让百里香有着半球形的外形。

**2. 恢复性修剪**

对于一株树枝变秃的老化的百里香来说，适度的修剪已经不可能，夏天只能在有叶区域剪短单独的头。

百里香的花朵和叶子都散发着香草味。

## 维护性修剪

每年要剪掉百里香的一半到三分之二。如果你在五月末和七月末之间修剪，植物会很快抽条长出新枝，幼枝有足够的时间到秋天长成。

## 恢复性修剪

如果不定期修剪，百里香会长出带有绿头的秃枝。你只能对这种百里香进行有限的恢复性修剪。夏天你要剪短每株植物的每个绿头。千万不要剪木质化的变秃的部分，否则会干枯。幸运的话会从地面长出幼枝，来年你可以用幼枝适度地恢复植物的活力。

## 其他品种的修剪

浓香百里香（*T. longicaulis*，WHZ 5）有着最长 30 厘米的树枝，其中一部分的树枝能生根。你只能修剪耸起的树枝，把在墙边低垂的树枝剪短成 10 厘米长。较低的品种，如只有 5 厘米高的铺地香（*T. serpyllum*，WHZ 5），则不需要修剪。

# 蓝花莸：蓝色的光

整个夏天，“碧蓝”蓝花莸深蓝色的花朵都光彩照人。

蓝花莸（*Caryopteris* x *clandonensis*，WHZ 6a）花期为八月到九月，是杂交的夏季花。“天堂蓝”（Heavenly Blue）是亮蓝色，高达 1 米。“丘园蓝”（Kew Blue）和“碧蓝”（Grand Bleu）开着深蓝色的花，生长得紧凑些。

蓝花莸喜欢排水性好和温暖的土壤，喜阳，忍受不了寒冷的土壤。你可以用大量的沙土来改善下湿重的土壤，不要用有机地膜。它能保湿，但亚灌木特别是在冬天不喜欢潮湿的“围脖”。你最好用地膜更好地分割覆盖。尽管蓝花莸能长成真正的灌木，但是它们常常被冻坏。头两年，在寒冷的环境或严寒时，你要用冷杉枝覆盖保温。通过每年的修剪，你可以阻止其过多地木质化并且促进从地面长出幼枝。蓝花莸在当年枝上开花。你要在刚开始萌芽抽条时对其修剪。

## 培育

不用为蓝花莸构建有序的支撑枝。春天种上后，你只能疏剪地面附近的弱枝。保留强大的基生枝，并且把它们剪到大概 5 厘米长。

## 维护性修剪

你要疏剪接近地面的两年和更老的树枝。你要把上一年从地面或地面附近长出的一年树枝剪短到 5 ～ 10 厘米长。常常在地面会长出木质化的小头，你要一直修剪这个头，不要剪掉它，否则植物会干枯。但是如果你从开始就持续修剪，这些头就不会长出来，也能促使植物长出新的基生枝。

## 恢复性修剪

如果不定期修剪，蓝花莸就会木质化并且变秃，只长出弱小的幼枝，花期会缩短。你要疏剪这些植物上死掉的树枝，剪掉较老树枝的一半，剪到最下面抽条的萌芽位置。来年春天再剪掉余下的一半，把在上一年修剪口长出的幼枝剪短到 5 厘米。如果没有长出幼枝，你就要替换植物了，用些许腐殖土和丰富的沙土来更新土壤。

**1. 培育**

在种上的时候，要大幅度地剪短蓝花莸，只有这样才能刺激地面附近的萌芽抽条。如果不这样修剪，植物会木质化并且对寒冷更敏感。

**2. 维护性修剪**

你每年要把地面附近老一些的树枝剪成木桩，把一年枝剪成 5 ～ 10 厘米长的木桩，植物就会很少木质化并且保持活力。

# 神圣亚麻：常绿的太阳问候

神圣亚麻（*Santolina*）在花园里是南地中海风格的典型植物，喜阳，喜欢排水性好的温暖土壤。只有这样它才能够耐寒，但是它不适宜在湿重或潮湿的土壤里生长。因此种植时你要用大量沙土改善土壤，用地膜更好地分割覆盖同样可以起到排水的作用。

灰色神圣亚麻（*S. chamaecyparissus*，WHZ 7）适合做围栏和装饰砾石花园。整个冬天它都有着灰色的叶子，花期是七月和八月间，开着黄色的花朵，高达 40 厘米，但是也有像"美丽珊瑚"(Pretty Coral）或"娜娜"（Nana）这种更密集的品种。绿色神圣亚麻（*S. rosmarinifolia* ssp. *rosmarinifolia*，WHZ 7）有着绿色叶子和亮黄色的花朵，高40 厘米。

木质化严重的神圣亚麻活不久，因此要像其他亚灌木一样，定期大幅度对其修剪。这样植物能够很多年保持半球形和紧凑的造型，长新枝。它在当年枝上开花。一般要在晚春，也就是开始抽条时，才能对神圣亚麻进行修剪。对其修剪过早可能会导致树枝干枯。

## 培育

春天种上后，你要呈半球形把神圣亚麻剪到三分之一，以促使地面附近的新枝长出。夏天花期过后你要把整株植物呈半球形剪短。

**1. 春季维护性修剪**

当抽条开始的时候，你要每年大幅度修剪，幼小的萌芽很快就会发芽抽条。

**2. 夏季维护性修剪**

夏天花期后，你要把呈半球形神圣亚麻剪短。为了紧凑的形态，你要剪短当年枝。

黄色的小花朵跟灰色树皮形成鲜明的对比。

## 维护性修剪

春天你要把有叶子部分的植物呈半球形剪短成 10 ～ 15 厘米（见插图 1）。夏天到七月末花期过后要把它修剪成型（见插图 2）。同时要把当年枝剪短 2 ～ 4 厘米。到八月底晚期修剪，你只能剪掉黄色的花苞。不要大幅度修剪，否则长出的幼枝到冬天还没有长大。

## 恢复性修剪

如果不修剪，神圣亚麻会早衰。基生枝会木质化，并且随着时间大面积变秃。在抽条时你要恢复神圣亚麻的活力。这样植物就会生长，暖和的温度有利于其萌芽抽条。你只要修剪有叶的区域。当长出地面附近的幼小萌芽时，是可以转嫁变秃的树枝的。如果缺少这种萌芽或从地面长出的幼枝，木质化和被剪断的树枝会干枯。这种情况下，你最好换掉变秃的植物并且同时换土以及改善土壤的质量。

# 木槿花：持久的花朵

木槿花在当年枝的叶柄上开出漂亮的花。

木槿花（*Hibiscus syriacus*，WHZ 7a）是典型的夏季花。跟大叶醉鱼草（见 114 页）一样，它喜欢温暖、排水性好的土壤。在湿重的土壤里它会枯萎并且不会开花。木槿花直立生长，能长成 2 米高的灌木，在温暖地区甚至能长到 3 米高。拥有了它，你的花园里就有了长期持续开花的植物。适当修剪的话，它开花时间能从夏天一直到晚秋。种类的多样性——从单花到球形多花——使其有着很多有趣颜色的花朵。老一些的品种或种子大部分在花朵中间有黑点，但是较新的品种一般都拥有统一的色调。

木槿花形成一个稳固的支撑枝。跟大叶醉鱼草一样，它在当年枝上开花。与之不同的是，它不是在树枝顶端开花。它在生长的树枝的叶柄上孕育花朵。因此只要它在生长，就会开花。你要在每年的晚春抽条前大幅度修剪木槿花，也就是再也没有霜冻威胁的时候。虽然即使不修剪它也很漂亮迷人，但是它只会长出短的新枝，开花时间也短（见插图 4）。

## 培育

木槿花的支撑枝常常只由一根树枝和它接近地面的侧分枝构成。如果在灌木根基上有损伤，整株灌木立马就会受到牵连。你最好用由很多根基生枝组成的支撑枝来培育木槿花，这样失去一根树枝不会影响到其他支撑枝的活力。你要挑选 4～7 根分配均匀的基生枝和 1 根较高的中间树枝作为支撑枝，把多余的基生枝和地面附近或弱小的树枝完全去掉。要剪掉支撑枝的一半，至少剪掉前一年生长的部分的三分之一。在靠外的支撑枝上的萌芽应靠向外侧。这样接下来长出的树枝就会向外生长，灌木也就可以有个好的外形。你要去掉与支撑枝竞争的树枝。剪短中间枝，但是要让它比其他支撑枝高10～20 厘米。为了促使长出强大的新树枝，要把年轻木槿花上支撑枝的侧枝剪短到 5 厘米。

## 维护性修剪

当你每年把支撑枝，如上所述，延长 15～20 厘米，几年后支撑枝就会长到 1.5 米或者更高。维护性修剪时，你要一直疏剪过于稠密或向内侧生长的树枝。如果支撑枝长到了最终的高度，你就要把前一年长长的部分剪成 10 厘米短的木桩。如果支撑枝长得很陡峭，你要把它转嫁到较下面的向外生长的侧枝上，以作为新的支撑枝顶端，这样灌木就会长得疏松些。你要把支撑枝的侧枝剪短到最长 10 厘米，靠外的部分剪短到 5 厘米长，这样灌木在来年的夏天长势会很好，开花时间能持续到秋季。

## 恢复性修剪

尽管定期地维护修剪，某些木槿树枝也可能会早衰。树的年龄越大，就越容易受到冬天的侵害。如果主枝已经有了干枯的部分，长出的树枝就会少，甚至它会从上面开始死掉。你要把接近地面的树枝剪短成 5 厘米长的木桩，来年再剪掉它。要选择年轻的基生枝作替代，把它培育成支撑枝。如果没有长出幼枝，你要等到下一个夏天，在修剪口以下长出新枝，然后再选择。你把剩下的支撑枝转嫁到下面的有活力的侧枝上，作为新的顶端，把它们剪短。

## 高树干

当你想要高树干时，就培养一根粗壮的树枝作为树干。第一年不要剪短，去掉其他所有的树枝。如果已经达到最终高度，你要在春季剪短这根树枝，以促使其长出侧枝为树冠。留下一根直的中间树枝和4～5根侧支撑枝。每年长长10厘米，最后不要让它们超过30～40厘米。每年把侧枝剪短到5厘米，这样树冠就会逐年健壮并且紧凑结实。夏天时要剪掉高树干上的树干树枝或基生枝。但是重点修剪主要在晚春。

你应该在冬天用冷杉枝保护树干不受冬日阳光直射，防止其干枯。

## 阻止幼苗

在贫瘠的土壤和暖和的气候下，木槿花会长出幼苗，这些幼苗会很麻烦。你可以在夏天去掉种子外壳，但是这会很费力。你最好在秋天把每根树枝上的所有种子外壳用手从下往上捋下来，保留外壳。不要把外壳扔到混合肥料里，要把它们扔到垃圾桶里或者焚烧掉。

**1. 培育**

你要挑选5～6根分布均匀的支撑枝，把它们一年枝上长出的部分剪短成15～20厘米，彻底剪掉多余的和弱小的树枝，把在灌木外侧的侧枝剪短到5厘米，内侧的树枝剪短成10厘米。

**2. 维护性修剪**

你要剪掉生长过于稠密或向内侧生长的支撑枝，如果支撑枝较陡峭，你把它们转嫁到下面靠外生长的侧枝上。最后你把支撑枝剪短到10厘米，外部的侧枝剪短成5厘米，内部的剪成10厘米。

**3. 恢复性修剪**

如果支撑枝枯萎，你要把它们剪成地面上一个短的木桩，夏天剪掉这个木桩，把剩余的支撑枝转嫁到下面有活力的侧枝上，再次把侧枝剪到5～10厘米。

**4. 不修剪**

如果不修剪，木槿花只会长出短的当年枝。如果植物在花期后开始发芽，生长就会受限制，花期四周后就会结束。大幅度的修剪会刺激这些植物较快生长。

# 大叶醉鱼草：吸引昆虫

大叶醉鱼草的大花序一直开到秋天。

花序有着一定的相似性。常见的丁香被命名为大叶醉鱼草（*Buddleja davidii*，WHZ 6b）。由于渔民常采其花、叶用来醉鱼，因而得名醉鱼草，花期为七月到十月。大叶醉鱼草喜暖，即使它不是从地中海地区而是从中国来到我们这。它适宜生长在排水性好、温暖和干燥的土壤里。它不仅能展示出它的美，而且树枝能更好地木质化。树木比在湿重和寒冷的土壤里更抗寒。以定期修剪为前提，流行的品种的高度不能超过 2 ～ 3 米。但是也有较新的品种，只能长到 1.5 米高，因此很适合小花园（见小贴示）。花的颜色有白色、粉红色、红色、蓝色和紫罗兰色。紫罗兰色的“紫花醉鱼草”（Lochinch）有着不结果的花朵。这也是优势，因为大叶醉鱼草喜欢散播种子，能不受控制地疯长。因此，在瑞士它们已经被列到“外来物种”的黑名单中，不能再被种植了。

当你不间断地修剪紫丁香时，会促使其保持活力，拥有长久的花期并能开出很多的花。跟所有对寒冷敏感的树木一样，要在晚春时才能对其修剪。大叶醉鱼草在当年枝上开花。树枝先生长，然后才会孕育花朵，最后在树枝顶端开出第一批花。之后在生长茂盛时，会继续有更小的花朵出现在侧枝上。你要每年大幅度地修剪大叶醉鱼草，以促使强大的当年枝长出。弱枝只能开出更小的顶端花，然后在生长过程中能量消耗殆尽。

互叶醉鱼草有着不同的花朵周期，修剪也不同（见 65 页）。

## 培育

你只能用短的支撑枝培育大叶醉鱼草。老一些的树枝抗寒能力明显更弱，因此你要通过修剪促使新的基生枝长出。在前三年里，你要保留 3 ～ 5 根基生枝作为支撑。它们在修剪之后不应高于 30 厘米。接下来的 3 ～ 4 年，你要每年把支撑枝延长 15 ～ 20 厘米。接着你要把上一年留在支撑枝上的树枝剪成短的木桩，并且留 2 ～ 3 个萌芽。把幼小的一年基生枝剪成 30 厘米高。

## 维护性修剪

你要每年把老一些的大叶醉鱼草剪短一半，但要保留至少 1 米。如果已经长出幼小的基生枝，你要把它们剪成 30 厘米，把地面附近的较老的树枝剪短成 10 厘米长的木桩。它们以后会干枯，在来年夏天可以无损害地剪掉。但是之前已经有新的生长枝长出。如果不剪成木桩，修剪的位置可能会干枯到老枝，不会长新枝。你要把支撑枝的侧枝剪留 2 ～ 3 个萌芽。当经过专业修剪

**1. 培育**

最多挑选 5 根基生枝作为支撑枝，把它们剪短，剪掉多余的和弱小的基生枝，把侧枝剪成短木桩。

后，大叶醉鱼草春天只留下带有一年枝末端的支撑枝。

如果在盛夏，树枝顶端的大花伞开败，在侧枝上会继续有花开放。为了保留所有的力量，你要疏剪开败的花伞直到下一根侧枝（见插图4），否则它们会继续散播种子，消耗能量。对于非常有活力的大叶醉鱼草，值得在晚夏去掉开败的树枝。如果灌木单根树枝低垂过长，你要把它转嫁到灌木内侧短点的侧枝上。

### 恢复性修剪

你把大叶醉鱼草的老枝整齐地剪掉，把它剪成短木桩，不用考虑幼枝是否从地面长出。灌木越早衰，长不出幼枝的危险性越大。你要通过定期修剪避免这种风险。如果看到在早衰支撑枝的下面长出有活力的幼枝，你要把主枝转嫁到指向外侧的树枝上，把它剪短到 30 厘米，剩下的剪留 2～3 个萌芽。

### 外形和花朵

如果修剪大叶醉鱼草只是为了使其开出较多的花朵，那它从春天到早夏对你就不再有吸引力。它会向外伸展。另外这个时候它没有视觉保护，因为它最高 1 米。如果灌木也要有个合适的造型，你就要修剪得谨慎些。但是这样花期会变更短，你要放弃最大的开花量。不依赖于修剪，有些品种晚夏的侧枝的叶子能持续到春天。如果叶子还是银色调，大叶醉鱼草在冬天也是一道风景。

### ！ 小型侏儒品种

一些年来出现了很多矮小的大叶醉鱼草系列。它们只能长到 1.5 米高，适合于小型花园。每个系列都有着不同颜色的花朵。人们可以通过名字的组成部分来识别它们，如“南湖醉鱼草”（Nanho）、“蜂鸣醉鱼草”（BUZZ）或“基普系列醉鱼草”(keep)。“蝴蝶系列”(Butterfly)有着不结果实的花朵，因此它也不会散播种子。

### 防止太大的积雪

在面对被雪压断的危险时，你把植物与自然材料如编织椰子或麻绳般松松地绑在一起。在雪量不同的地方，你用绳子把它们绑在木桩上，这样灌木就不用独自承受。

**2. 维护性修剪**

剪掉生长过于稠密或向内侧生长的树枝，根据需要用幼小的基生枝代替较老的支撑枝，然后再剪短支撑枝和侧枝。

**3. 恢复性修剪**

把早衰的支撑枝剪成地面上的木桩，留下幼枝代替支撑枝。你把剩余的支撑枝转嫁到下面的幼枝上，并剪短侧枝。

**4. 清除凋谢的**

你要剪掉凋谢的树枝顶端，这样就会有更多的能量使侧枝上开出新的花朵。这样长出的幼苗数量也会下降。

# 夏季开花的绣球花：开到秋天的花

夏季开花的绣球花形成支撑枝，能保持很多年活力。它在当年枝上开花，因此与其他绣球花的修剪方式不一样（见 74 页、86 页）。应在春季抽条前对其修剪。

## 圆锥绣球

圆锥绣球（*Hydrangea paniculata*，WHZ 5a）有着迷人的宝塔形的花序。开花期是七月底到十月，它喜欢富有腐殖质和夏季湿润的土壤。喜欢半阴，不喜欢炎热的地方。如果不定期修剪，一些品种能长到 3 米高。“红锦带”（Burgundy Lace）（1.3m）、“圆锥八仙绣球”（Grandiflora）（1.5m）、“石灰灯”（Limelight）（1.2m）、“大珍珠”（Mega Perl）（1.4m）和“幽灵”（Phantom）（1.4m），它们长得尤其吸引人并且结实。标明的高度是要以定期修剪为前提的。

只有强大的树枝能承受得起大的花序。如果不修剪，虽然也能开出更多的花，但是这些花会很小。

**培育** 用 5～7 根从地面长出或地面附近的树枝培育圆锥绣球花。第一年的时候，你要把它们剪成最高 20 厘米，接下来的 3 年里，你要把支撑枝延长 10 厘米，把侧枝剪留 2 个萌芽。

**维护性修剪** 3 年后支撑枝会形成，你要在春天剪掉所有的侧枝，留下 2～4 个萌芽。如果几年后长成分枝严重的头，你要把整个头转嫁到支撑枝附近的侧枝上，把这个侧枝剪留 4 个萌芽，也就是两对萌芽组。你要把幼小的基生枝剪成 20 厘米，让它以后替代支撑枝，要把弱枝全部剪掉。

**恢复性修剪** 如果单根支撑枝早衰，你要把它剪成接近地面的木桩。整个夏天它会干枯，但是会从地面长出幼枝。你要把强大的幼枝培育成新的支撑枝。如果只有支撑枝的顶端早衰，你要把它们转嫁到下面的有活力的幼枝上，接着给它施混合肥。

**绣球花的维护性修剪** 你要把早衰的支撑枝剪短到地面附近，把剩余支撑枝上的一年枝剪成最多两对萌芽组，把一年基生枝剪短成最长 30 厘米。

绣球花开出的部分花朵一直持续到秋天。

## 绣球花“安娜贝尔”

“安娜贝尔”这个品种在乔木绣球（*H. arborescens*，WHZ 6a）中很有名气。“安娜贝尔”的花球大约有 25 厘米那么长，开始是绿色的，当它开花时就变成了乳白色。花期为七月末到九月初。乔木绣球喜欢富含腐殖质、夏季湿润并且不是太偏石灰质的土壤。生长的地点应该是半阴并且免受风吹的地区。在有风的地方，稍重的花球可能被压倒到地面；在阳光强烈的地方，它们会很快开败。

乔木绣球有丰富的盘状花朵储量，它们由小的不结果的和大的结果的花一起组成。“粉红

### ! 夏季开花的绣球花

“无尽的夏天”是第一个在市场上拿来卖的多次开花的球状绣球花。这个名字代表了一种系列花，这种系列花里也有盘状的开着白色花的品种。另外比较吸引人的品种就是“双星”（Double Star）、“永恒”（Forever & Ever）和“常盛”（Everbloom）。它们包含有单花、多花和盘状的品种。

色安娜贝尔”（Pink Annabelle）开着粉红色的花，“玉兰奶油色”（Grandiflora）和“羊云”（Sheep Cloud）是纯白色。这三个品种的花要比“安娜贝尔”的花小。

如果不修剪，植物会在几年后早衰，花球越来越小。如果定期修剪，植物就会保持活力并且开出大的花朵。

**培育** 种植时留下所有强劲有力的基生枝并且把它们剪到20～30厘米，去掉弱枝。

**维护性修剪** 你疏剪接近地面的2年及2年以上的树枝，把一年基生枝剪成30厘米。如果花朵过大过重，你要在来年把一年枝剪成40厘米长。

**恢复性修剪** 你要疏剪地面附近枯萎的树枝，为了促使树枝从地面长出。你要把树枝剪到20厘米。

## 绣球花

绣球花（*H. macrophylla*，WHZ 6b）中也有像“无尽的夏天”（Endless Summer）这种品种，不仅在一年枝而且在当年枝上也开花（见小贴士）。它们适宜生长在较冷的地区，在那里一年的萌芽常常会冻伤。在夏季开花时它们常常耗尽所有能量，这样就很少会再长出强枝，因此它们比只开一次花的品种要矮。为了使其夏天开出大量的花，你修剪这些品种的力度要比修剪开一次花的品种的力度大些（见74页）。

**培育** 你要用7～10根基生枝培育夏季开花的绣球花，剪掉这些树枝的三分之一，去除弱枝。

**维护性修剪** 3年后，你要疏剪地面附近的支撑枝，留下一年基生枝作替代。你把两年枝上分枝的顶端转嫁到下面强大的幼枝上，去掉地面附近的弱枝。第一次开花后，剪留凋谢的树枝的第一个强壮的靠下的萌芽。把低垂的树枝剪到最高点，这样就可以避免接下来的花朵垂向地面。

**恢复性修剪** 你要修剪所有地面附近的枯萎树枝，剪掉剩余树枝的三分之一，弱枝的三分之二。施肥激发其活力，夏天和来年的春天它们就会跟对它们进行维护性修剪的时候一样生长。

**1.“安娜贝尔”** 有着大的花球并且几乎整个夏天都在开花。要免受风的侵袭。

**2.“安娜贝尔”的维护性修剪** 你要把较老的树枝剪短到地面附近，把一年枝剪短到30厘米，对于承载过重的花朵的树枝，剪短到40厘米。

**3.“无尽的夏天”** 夏季开花的绣球也在当年枝上开花，为了促使其后续开花，你要清除掉枯萎的树枝。

**4.“无尽的夏天”的维护性修剪** 你要剪掉较老的支撑枝，把剩余的树枝转嫁到侧枝上，把枯萎的树枝剪成萌芽。

# 夏季盛开的绣线菊：多样的颜色和形状

夏季开花的绣线菊造型多样并且开花丰富：从白色的只有 25 厘米高的绣线菊品种（*Spiraea decumbens*，WHZ 6a）到 2 米高的大花绣线菊（*S.* x *billardii*，WHZ 5a），它们展现着丰富的色彩和形态。最著名的应该就是有着锦葵色大花盘的粉色夏季绣线菊“浇花的安东尼”（*S. japonica*，WHZ 5a）了，高约 0.8 米。白色日本绣线菊（*S. japonica* ‘Albiflora’，WHZ 5b）跟它一样高，然而粉紫色花朵的“小公主”则只有 0.6 米高。

夏季开花的绣线菊适宜在大部分的土壤里生长，但是在营养丰富的土壤里生长茂盛，最好不要种在温度过高的土壤里。部分在七月开花并且持续到九月。第一批花朵出现在一年枝上，但所有品种主要在当年枝上开花。如果大幅度修剪，第一次的开花量会少些，但是主要的花朵会持续更久。当人们在春季花期过后修剪开放的绣线菊时，夏季的花要在春天抽条前修剪。每年修剪保持其持久的活力，如果不修剪，这些品种很快就会枯萎。

## 培育

夏季开花的绣线菊只有一个较矮的支撑结构，大部分情况下会保留 15 根基生枝。你要疏剪年轻植物上地面附近的弱小一年枝，把强枝剪短到 10 厘米。

**1. 培育**

在种植年轻的夏季绣线菊“浇花的安东尼”的时候，要把它剪短到地面附近。来年夏天的时候，它会长出粗壮的基生枝。

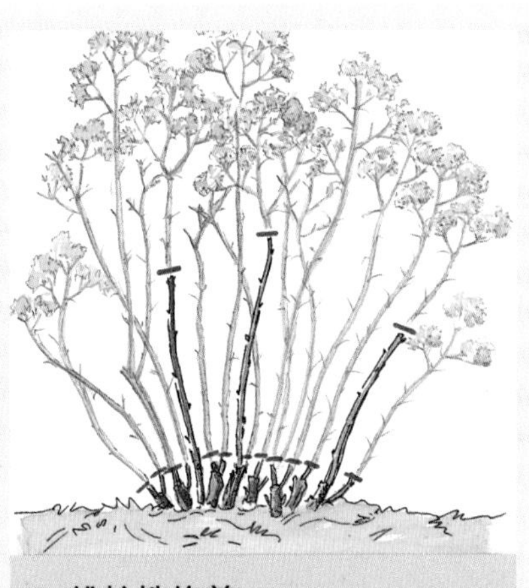

**2. 维护性修剪**

抽条前，你要把所有的较老的树枝和地面附近的一年枝的至少一半剪成木桩，把剩下的一年枝剪掉一半。

正确修剪的话，红色的夏季绣线菊“浇花的安东尼”会一直开花。

## 维护性修剪

你要把接近地面的一年枝和所有更老的树枝剪成短的木桩，剪掉 6 ～ 7 根一年枝的一半，这样树木生长会更旺盛。这对也在一年枝上开花的初夏开花的树作用不大，你只能疏剪 2 年和 2 年以上的树枝。

你要把向外伸展太远的基生枝拔掉，只留下核心部分。因为这些树枝大部分已经有了自己的根，你可以把它们再次种上或者做成盆栽。

你每年都可以很轻松地用绿篱剪剪短绣线菊，使其接近地面。

## 恢复性修剪

老化的夏季开花的绣线菊能很好地恢复活力，你在夏天从地面发芽前剪短所有的树枝。夏天会长出很多幼小的基生枝，下一个春天你就对其进行维护性修剪。如果树枝和根茎都老化，就不能再恢复其活力了，你要替换植物并且更新土壤。

# 夏季开花的石楠花：来自荒漠的经典

这组夏季开花的石楠有不同的品种。未修剪的石楠花（*Erica cinerea*，WHZ 7a） 高 0.6 米，常青，花期是六月和八月间。不同品种的颜色有白色、粉红色和紫红色。漂泊欧石楠（*Erica vagans*，WHZ 7a）有着显眼的从

在草地花园里都会有石楠花和它的很多品种。

白色到深粉红色的花簇，它喜欢高湿润度的环境，但是不抗热。这个品种在中欧没有那么抗寒，应该用冷杉枝遮挡，使其不受冬阳直射。帚石楠（*Calluna vulgaris*，WHZ 6a）是典型的荒漠植物，高达 0.8 米，根据品种，花期从八月到十月。有不同品种，色彩范围很广，从白色、粉红色到紫红色，最后是紫蓝色调。以色列石楠花（*Daboecia cantabrica*，WHZ 7a）有着显眼的各种荒原色调的花铃。它喜欢夏季潮湿的地方，冬天需要采取防护。

所有荒原品种需要排水性好的酸性土壤，这里提到的石楠都在当年枝上开花。如果不修剪，树枝从根部开始变秃，会因过长而倾倒。大部分情况下，在倒下的树枝上又会从根部长出侧枝，但是它们大部分会变秃。只有通过春天的定期修剪，夏季开花的荒原品种才能更紧凑并且保持活力。这也适用于欧石楠（见 200 页）。为了防止植物被冻坏，要在抽条前修剪这些品种。

## 培育

春季种上后，你要剪掉整株植物的三分之二，使其呈半球形。自此就不再需要进一步的培育了。

## 维护性修剪

每年在抽条前，你要剪掉所有一年枝的三分之二，同时只能修剪有叶的部分。平面种植时，你可以很轻松地用绿篱剪进行修剪。

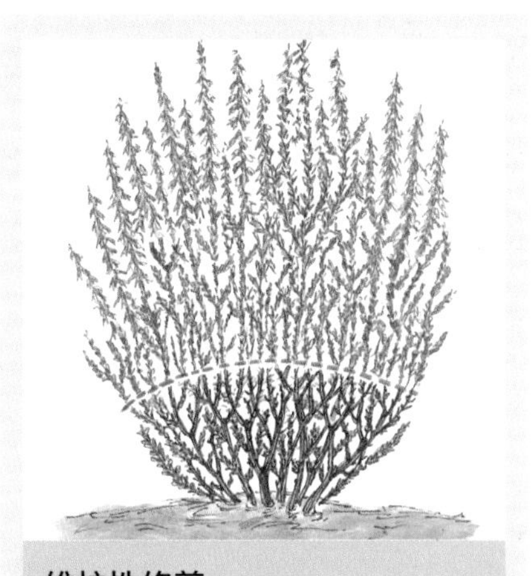

**维护性修剪**

每年春天你要在有叶的区域把夏季开花的石楠花剪掉三分之二，要避免修剪到老枝。

## 恢复性修剪

让老化的已经秃掉的树恢复活力的可能性是不大的，因为石楠常常不再抽条长出新枝。如果一定要修剪，你就把有叶区域的树枝剪掉四分之三，这样产生的液流压会促使无叶的部分长出新枝，但是这并不确定。

### ! 维护性修剪木质化的石楠花

在修剪秃掉的石楠花的时候，你也可以把长枝向内侧弯向变秃的根基上，以此来隐藏。你用 U 形的金属丝在地面固定树枝，接着在每根树枝上面撒些复合肥。这样只要有足够水分的话，以后几年就会生出新根。

# 常绿和覆盖地被的阔叶树

常绿阔叶树首先会通过叶子来发挥作用。当其他树落叶子的时候，它们在冬天发挥其作用。另外一些如杜鹃或十大功劳还开出非常漂亮的花朵。

根据花园规则，花园里最多只能有五分之一的树可以是常青的，这样一年四季的自然魅力才不会消失。常青树在秋天不会落下阔叶或针叶（见 130 页），它们2～3年在灌木上的叶子都能得到足够的光照。阴面树叶常常脱落很快，因为它们不储备养分（见 10 页）。与之相反，也有些树虽然整个冬天它们都能保留叶子，但是在开始抽条长新枝的时候，老叶子就会脱落。一些女贞属（见 84 页和 182 页）或常青的胡颓子（见 200 页）就属于这种树。

## 预防冻枯

常青树冬天在太阳的照耀下常常蒸发水分，它们又必须要通过根部汲取水分。如果地面被冻住，它们就不可能从地下汲取水分。树叶、树枝或整株植物都可能干枯，这就是所谓的冻枯。因此要在霜冻期和土壤干涸时，给常青树灌溉。同时，也应避免种在朝南的墙边，因为这些地方即便在严冬也会有强烈的日照，导致环境温度升高，加剧蒸腾作用。理想的情况下，你可以借助建筑、墙或阔叶树的阴面，使常青树的生长地点免受冬天正午的太阳照射。

早春时，霜冻造成的伤害常常不容易辨认。至于在抽条时，也就是暖和的天气引起更多水分蒸发的时候，霜冻对叶子或树枝造成的伤害就明显了。你要把这些叶子或树枝直接剪到没有被冻坏的地方。

## 合适的修剪时间

这组树大部分都对修剪有着很大忍耐力——前提是要在正确的时间修剪。在三月末再对常青阔叶树进行修剪，稍冷的地方甚至要到四月初。修剪和抽条之间只相差很短的时间，这样产生的伤口不会干枯。

所有的修剪行为都要在七月末结束。之后就不能再对其修剪了，否则幼枝就没有足够的时间成熟。重要的是，尤其是在夏天，要选择多云的天气进行修剪。这样修剪后在阴面的树叶能够适应更多的光照，不会灼伤。

## 只有必要的时候才能修剪

一般情况下，自由生长的常青阔叶树不需要每年修剪。但是如果它们生长过大或某些树枝长得过长，就要对其修剪。同时要把过长的树枝转嫁到靠向内侧的短点的树枝上，留下大约 1 厘米长的木桩，这个木桩能促使其长出新枝。如果上面的树枝分枝严重，要疏剪，只留下 1 根或 2 根树枝。这样灌木就会有个疏松的造型，修剪留下的秃的痕迹也不会太明显。

桂樱有着亮绿色的树叶，很耐剪。

## 常绿的地被植物

像矮生栒子（见 128 页）或常青的蕊帽忍冬（见 129 页）这些有名的地被植物也同样属于常青树。这些树也不用每年修剪。只有当它们长得过高或生长在下面的树枝死亡时，才对其进行修剪。

# 杜鹃：常青的奇迹花

杜鹃（*Rhododendron*）用它美丽的色彩短暂地装饰着花园。种类的多样性使其有很多色彩品种。然而杜鹃作为结构树也备受追捧，许多有着大叶子的杜鹃最后都长成了占满空间的灌木。但是一些仍旧很矮小。高山杜鹃（*R. catawbiense*，WHZ 5b）能长 6 米高，“雾少女”杂交种（WHZ 6a）和圆叶杂交杜鹃（WHZ 6b）有 2 米高，匍枝杂交杜鹃（WHZ 6b）则只有 0.7 米高。粉紫杜鹃（*R. impeditum*，WHZ 6a，b）不高于 1 米。

除了杂交品种，也有很多有吸引力的野生品种，它们的花朵很小很纤弱并且生长力相对较弱。根据品种或种类，杜鹃的花期从三月延续到六月。

## 合适的生长环境

几乎所有的杜鹃都需要腐殖质丰富的酸性土壤，喜欢空气湿润的地方。如果土壤很湿重，其中空气含量少，你应该在种植前用沙土改善。要想在石灰质的土壤里成功种植，特殊的土壤准备工作是必要的。同时要用环绕的土地薄膜控制根部生长范围，把植物种在腐殖质丰富的酸性的基质里。但是几年后大部分情况下石灰质含量又会增加，必须重新用合适的基质来改善根部土壤。嫁接的杜鹃则是例外，它们被嫁接到根茎上，根茎本身对石灰质有着一定程度的忍受力。杜鹃要避免炎热和中午太阳的干扰。东面或西面是理想位置，它不能生长在炎热和空气干燥的地方，即使土壤合适。

## 少修剪

杜鹃是典型的春季花，有着位于末端、在上一个夏天就已经孕育成的大花骨朵。它们形成非常稳固的支撑枝。只要它们生长紧凑不早衰，它们除了花朵护理之外就不再需要定期修剪，也没必要培育修剪。如果幼小树木上长出有着不同形状叶子的野枝，你要在夏天把它们剪掉。

杜鹃上一个萌芽能开出一个花簇。

## 维护性修剪

有时，有些从下往上变秃的树枝会高出灌木很多，会让灌木向外伸出很多。你要在花期前把这些树枝转嫁到灌木内侧较短的侧枝上。第一眼看上去修剪不要太明显。你要保留大约 5 厘米长的木桩，剩下的侧枝会提供养分

**1. 维护性修剪**

如果单根树枝从树木里伸出，你要把它们转嫁到灌木内侧较短的侧枝上，为了促使长出新枝，你要留下 5 厘米长的木桩。

**2. 恢复性修剪**

你要把灌木里面树枝大约三分之一或者分枝上地面附近的树枝转嫁到一根侧枝上。也要保留 5 厘米长的木桩。

给这个木桩，不让它干枯。这样保证会长出新枝。但是修剪口需要 1 年的时间才会有所反应，来年春天才会抽出新枝。

## 恢复性修剪

杜鹃年复一年生长得很紧凑，但是随着树龄的增长它常常会有孔。某些树枝会变秃，开花数量会明显下降。为了恢复其活力，你要把最长树枝的三分之一转嫁到灌木内侧分枝上的一个 5 厘米长的木桩上。对于早衰严重的，甚至要齐根剪掉。促使其生长的最佳修剪时间是在春天抽条前，花期过后就太迟了。当木桩在同一年不再发芽抽条的时候，千万不要恐慌。大部分情况下新枝要在来年长出。修剪后抽条的意愿大部分取决于品种。但是毫无疑问，尝试通过修剪恢复杜鹃的花费肯定比用新的植株替代整株植物的花费要少。

## 一年后的修剪

夏天恢复性修剪后，大部分木桩会萌芽抽条。如果它们干枯，你要去掉枯萎的那部分（见插图 4）。来年春天继续修剪疏松树冠的三分之一，剪成木桩。如果第一次修剪的木桩大幅度地长出新枝，你就把剩下的侧枝剪成一个木桩。如果没有新枝长出，你还要再等一年再修剪老枝。保留地面附近的幼枝，几年后它们会成为进一步恢复性修剪的基础。

## 修剪花朵

杜鹃在春天开花，接着会很快抽条长新枝。你每年要在花期后剪掉枯萎的树枝，你这样做得越早，就越容易。紧凑的短树枝就位于孕育花朵的地方。在这个位置，你就可以很容易地用手摘花。如果有新枝长出，你要注意不要把它们弄伤。

## 病菌

如果单个萌芽死掉了，常常是病菌导致的。它会侵入到蝉把卵放到杜鹃花萌芽的时候造成的伤口里。夏天可以用生物药杀死这些蝉。你一定要去除死掉的萌芽，作为生活垃圾处理掉。

如果看到叶子上出现半圆形孔，罪魁祸首是象鼻虫。你可以在夏天用在水里溶解的线虫（专业商店）杀死在土壤里生活的幼虫。

**3. 一年后的修剪**

如果修剪口上长出幼枝，你要把较老的树枝的三分之一转嫁，并且清除木桩。如果没有新的树枝，你要再等一年。

**4. 恢复性修剪之后的新枝**

清除掉分枝上的 4 根树枝中的 2 根。因为液流压会长出 1 根幼枝，你应该清除掉上面干枯的木桩。

**5. 修剪花朵**

开败的杜鹃花常常看起来不好看，并且开始长出嫩苗。你要在花朵的下面孕育花朵的地方折断开败的花，可以用手直接折断。

# 黄杨树：花园里的多能手

欧洲黄杨树（*Buxus sempervirens*，WHZ 6a）有很多形状。一些品种，如乔木状锦熟黄杨（Arborescens）随着树龄的增长会长成5米高的灌木，然而侏儒类的黄杨树如密灌锦熟黄杨（Suffruticosa）不修剪的话几十年后也不会高于1.5米。“优雅”锦熟黄杨（Elegantissima）有2～3米的中等高度。它有着黄色边缘的叶子。黄杨树不仅可以作为自由生长的灌木而引人注目，而且也可以作为树篱或人工修剪的造型树（见180页）。它通过适应能力来均衡树之间的竞争或阴暗的生长环境。

在很多地方，黄杨树很容易受到害虫，即黄杨尺螃的侵袭。相反矮小品种如密灌锦熟黄杨和“蓝色海因茨”（Blauer Heinz）则容易受到真菌病的侵袭（见48页）。“福克纳”黄杨（Faulkner，WHZ 6a）则强壮些。

在三月和七月之间修剪黄杨树。如果修剪过早，新枝可能会被晚霜冻坏。但是如果修剪过晚，幼小的树枝就长不成熟，冬天就会干枯。修剪的时候要选择阴天，这样阴面的叶子能够慢慢适应新的光照。

因为黄杨树天生生长紧凑，没必要对其进行有目的性的培育。

**1. 维护性修剪**

你要把灌木里最长的树枝转嫁到较短的侧枝上，留个木桩，还要注意尽量看不到修剪口。

**2. 恢复性修剪**

你把灌木里面的长枝或变秃的枝转嫁到一根侧枝上，分很多年进行恢复性修剪，这样形态会保持得更好。

不修剪的黄杨树几年后会长成迷人的小灌木。

**! 黄杨尺螃**

黄杨尺螃和它的幼虫靠黄杨树的叶子和皮为生。一个夏天这种害虫能繁衍4代，你每年只有通过多次使用保护植物的药来拯救你的黄杨树。但是这种害虫随时又从附近飞回来。

## 维护性修剪

你要把从灌木伸出的树枝剪成灌木内侧较短的侧枝。从外面要看不到修剪口。

## 恢复性修剪

老一些的黄杨树的树枝常常会变秃并且呈扫帚形。为促使其恢复活力，你要在四月初把粗一些的树枝转嫁到灌木内侧的侧枝上。留下木桩，以促使长出新枝。为了有足够的叶子吸收养分，你要剪掉老一些的树枝的四分之一，然后再疏剪剩余树枝的顶端。根据需要你要在以后的几年继续适度修剪。但是每年不要修剪过早，否则树枝或整棵树都会干枯。

# 桂樱：叶如月桂

桂樱（*Prunus laurocerasus*，WHZ 7a）有着漂亮的大叶子。普通品种最高能长到 3 米，温暖的气候里常常长到 4 米高。“弗农山”（Mount Vernon）只有 0.5 米高，适宜小花园或平铺种植。桂樱对环境要求不高，多亏它扎根深，在与树根部竞争的时候也能生长茂盛。营养丰富的土壤激发其活力。

像“狭叶”桂樱（Otto Luyken）的花期开始于三月，一些品种如“扎贝利安”桂樱（Zabeliana）或“万奈斯”桂樱（Van Nes）能开到九月。葡萄牙桂樱（*Prunus lusitanica*，WHZ 7b–8）在六月开花，在种植葡萄的气候里，需要在免受冬日照耀的地方生长。所有的桂樱很少需要修剪，因为随着时间植物的根部会变秃。也不要求对其进行维护性修剪，因为桂樱分枝很好，年轻的时候生长紧凑。

## 维护性修剪

在正确的时间修剪，桂樱承受力很好。你要在四月初修剪，这样修剪和抽条之间相差很短的时间，产生的伤口不会干枯。但是只有树枝从灌木伸出过长的时候，才需要对其修剪。你要把破坏整体外形的树枝转嫁成灌木内侧的侧枝。保留 2 厘米长的木桩，这些木桩会促使其抽条出长枝。如果顶端过度分杈，你要对其疏剪。也建议把桂樱培育成树篱。

桂樱常青的树皮在冬天尤其迷人。

在这种情况下，你不要用绿篱剪修剪，因为被修剪的叶子会干枯，树篱会变难看。你最好用手剪修剪单独的树枝。

冻伤时，你要把灌木内侧冻伤的树枝转嫁到有活力的侧枝上。

## 恢复性修剪

随着树龄的增长，支撑枝常常会长得过于粗壮，灌木从下往上变秃。在春末，你要把每根支撑枝转嫁到地面附近。几年之后，向外伸展的侧枝会接替发挥剪掉的支撑枝的功能。如果主枝干枯，你要在 1～2 年后把它转嫁到下一根有活力的侧枝上。把过长的树枝继续转嫁到下面的树枝上，疏剪树枝顶端。

**1. 维护性修剪**

为了维持协调的外形，你把过长或变秃的树枝转嫁到下面较短的侧枝上。保留短的木桩。

**2. 恢复性修剪**

如果桂樱早衰或变秃，你要用好多年使其恢复活力。晚春时，你把带有木桩的很粗壮和变秃的树枝转嫁到侧枝上。

# 冬青：防御型单株

冬青的杂交品种很抗寒并且能结出丰盛的果实。

冬青（*Ilex*）在花园里是有价值的常青阔叶树。秋天到冬天，它深绿色叶子上的红色浆果引人注目。冬青是雌雄异株植物（见小贴士），只有雌株的浆果有毒性。枸骨冬青（*Ilex aquifolium*，WHZ 7a）在好的生长环境里能长成8米高的特征明显的大树。但是也有多树干的灌木只能长到6米高。它们的叶子是深绿色的，多刺，每片叶子能活3年。“玉粒红”（J. C. van Tol）品种除了有雌性花朵也有雄性花朵，硕果累累。日本冬青（*I. crenata*，WHZ 7a）叶子较小，容易与黄杨树搞混。龟甲冬青（Convexa）耐阴，高达2米。长鞭冬青呈圆柱形生长。“蓝色公主”（Blue Princess）漂亮迷人，浆果能长时间生长在灌木上，2米高。需要授精的雄性品种“蓝色王子”（Blue Prince）能长3米高。所有的冬青都喜欢营养丰富、夏季湿润但是透水性好的弱酸土壤，不喜欢干旱的土壤或是炎热的生长环境，但是喜欢半阴或空气湿度大的地方。它们是杜鹃花的好伙伴。

冬青在前一年孕育花骨朵，在一年枝，也在老枝上开花。要在春季抽条前谨慎修剪。

**！ 冬青是雌雄异株植物**

雌雄异株意思是一个品种的两棵不同的植物上有雌性花和雄性花。如果想收获果实，每个品种的雄性植物要跟雌性植物很近，有两种类型化的品种，但“玉粒红”冬青例外。除了冬青，红豆杉、白珠树、沙棘和猕猴桃也是雌雄异株植物。

## 培育

不需要对其系统地培育，但是如果有很多侧枝与中间枝竞争，你要剪掉它们，只剩下一根中间枝。

## 维护性修剪

你要疏剪支撑枝和中间枝的竞争枝。夏天，把伸出灌木过长的树枝转嫁到下面的侧枝上。如果一年枝还长不出侧枝，你要在灌木内侧剪短这根树枝。如果出现霜冻，你要把冻伤的树枝转嫁到向外伸展的有活力的侧枝上。当你秋季为了装饰要折树枝时，要注意保持这棵树匀称的形状。

## 恢复性修剪

如果随着树龄的增长，常青变得疏松，它们只能有限地恢复活力。你要把靠近支撑枝的变秃的树枝转嫁到有叶的侧枝上，恢复性修剪大约要分3年进行。恢复性修剪的最佳时间点是初夏，最有可能长出令人满意的新枝。

**维护性修剪**

你把从灌木伸出的过长的树枝转嫁到下面较短的侧枝上。当你大幅度修剪低垂的树枝时，要留下木桩。

# 十大功劳：背阴处的花树

十大功劳（*Mahonia*）有着常青的叶子和黄色花朵，不仅是有价值的结构树，而且作为吸引人的开花树装扮着春天。欧洲十大功劳（*M. aquifolium*，WHZ 5a）是宽大浓密的 1 米高的灌木。它们的叶子跟冬青的很像，同样也有刺齿，黄色花簇出现在四月到五月。“阿波罗”（Apollo）比同品种的叶子要大，开花丰富，在秋天变成红褐色。阔叶十大功劳（*M. bealei*，WHZ 7a）高达 2 米，在冬天温暖的地方甚至长得更高。直立生长，到二月末开出亮黄色散发出芬芳的花朵。杂交品种“冬日阳光”（*M.* x *media*，WHZ 7b）一月开着黄色芬芳的花簇，高 1.5 米。最后两个品种都不能受到冬日直射，以防被冻伤。十大功劳喜欢营养丰富不干旱的土壤，是喜阴的阔叶树。常见的十大功劳在干旱的土壤里也能茂密生长，适合培育成树。十大功劳的浆果只能煮着吃才不会有毒。十大功劳在一年树枝的顶端开花，要在春天花期过后修剪。

**维护性修剪**

你要把枯萎的树枝剪短到地面附近，把过长或变秃的树枝转到下面的侧枝上，保留短的木桩。

## 培育

如果幼小植物生长得稠密茂盛，就不需要对其特别地培育修剪了。但是如果只有很少的树枝或树枝向外伸展很远，你要在春天抽条前把它们剪掉一半，剪成接近地面 10 厘米短的木桩。下一个春天再剪掉第二次一半。在修剪口会长出很多幼枝，植物就会紧凑生长。

## 维护性修剪

你要把从灌木伸出太长或变秃的树枝转嫁到下面的侧枝上。为了促进长出幼枝，要保留短的木桩。在夏天拔掉常见的十大功劳的分枝，要剪掉开败的孕

十大功劳的黄色花簇是第一个春天大使。

育花朵的花床，不要让小孩吃红色浆果。

## 恢复性修剪

当十大功劳早衰或变秃，你要把最老的树枝剪成离地面 10 厘米短的木桩。这个行为促使其从地面长出地面附近的树枝和幼枝。如果以后这些木桩干枯了，你要去除它们，要把恢复性修剪分 2 ～ 3 年进行。

**！ 生长的不同**

常见的十大功劳分枝，生长茂密，很多年后才会变秃。因此在种植的时候要有个好的造型。阔叶十大功劳或杂交品种“冬日阳光”的分枝向外延伸直立生长，从下面开始很快会变秃，应该把它们种在苗圃里，用矮小植物来遮住根部。

矮生栒子开出丰富的花，结出装饰性的果实。

# 矮生栒子：红色浆果的地被植物

栒子（*Cotoneaster dammeri*，WHZ 5）是价值很高的常青地被植物。它不仅可以大面积种植，而且还可以充实苗圃。栒子喜欢营养丰富且在夏天不会干旱的土壤。所有的品种在春天都在一年枝上开花，白色花伞覆盖整棵植物。盛夏的时候会结出红色浆果，一直到秋天都还挂在灌木上。最矮的品种只有 10 ～ 15 厘米高。另外会慢慢生长，分枝也很好。“美珊瑚”（Coral Beauty）高 0.6 米，在秋天树叶的颜色由黄色变为橙色。1 米高的“斯科格霍尔姆”（Skogholm）生长力较强。如果树枝平躺在地面上，它们会很快生根。几年后原来的种植位置就再也辨认不出来了，而是会有着稠密的树枝和交错的根。高点儿的品种倾向于长出长枝，随着时间会覆盖地面附近的树枝。因此你要每隔 4 ～ 5 年大幅度地修剪栒子，以抑制其生长。一般在花期过后修剪。

## 培育

如果要地面很快被栒子覆盖，大概每平方米要种 7 棵。购买的时候植株常常有一些很少但是很长的树枝。为了促使其分枝，你要在种植前把这些树枝剪短到 10 厘米。如果来年又长出长枝，你要再一次剪掉它们的一半，不需要对其进行进一步的培育。

## 维护性修剪

春天花期过后你要把地面附近过长的树枝转嫁到平侧枝上，同样还有那些其他植物上的树枝或伸向路边的树枝，清除死掉的树枝。如果你每年采取这些措施，栒子很多年都会保持低而稠密地覆盖着地面。

## 恢复性修剪

如果多年不修剪栒子，很多树枝会交织在一起。最下层的常常会变秃或者死掉。你要在花期过后用绿篱剪把这些植物剪到基部，然后用手拔掉死掉的树枝。修剪时间过晚的话，植物已经生长，并且很快抽条长新枝。不要让被太阳照到的土地变干，施肥能促使植物恢复活力。

**1. 维护性修剪**

花期后，你把过长或枯萎的树枝剪成较短的侧枝，疏剪分枝的一年树枝顶端，疏剪从灌木伸出的长枝。

**2. 恢复性修剪**

如果不修剪，幼枝会覆盖较老的树枝。这些树枝首先会变秃，以后会死掉。你要在花期过后的夏天把这些树枝剪短到地面附近。每年的修剪能保持植物的吸引力。

# 常青忍冬：丰富的树叶

常青忍冬（*Lonicera*）主要通过它新鲜闪亮的叶子发挥作用，花朵不显眼，常常被当作地被植物。但是生长形式和最终高度不一定符合这种植物类型。不论是单个、成组还是作为树篱种植，它们都是有价值的结构树。它们对于土壤和生长环境都要求不高，即使在阴凉处也能长得很好。亮叶忍冬（*L. nitida*，WHZ 7a）中的“优雅”（Elegant）高和宽都是 1.5 米。它们能长成分枝稠密的灌木，侧枝平向外伸展。在寒冬，可能会被冻伤，但是这些植物能很快恢复生机。“五月绿”（Maigrün）有着发亮的叶子，抗寒，高 1 米，生长力弱。“柠檬美人”（Lemon Beauty）和“银色美人”（Silver Beauty）有着黄色或白色边缘的叶子，并且对寒冷反应更敏感些（WHZ 7b）。常青蕊帽忍冬（*L. pileata*，WHZ 6a）只有 0.8 米高，但是有两倍这么宽，叶子是墨绿色并且相比第一个品种更抗寒些。因为花不起什么作用，所以可以在春季抽条前一直到夏末期间对其修剪。因为常常有树枝突出灌木很高，对于塑形修剪或者是为了塑造有形的树篱，建议每年夏天对其修剪两次。

**1. 维护性修剪**

你把枯萎的树枝剪短到地面附近，把从灌木伸出很长的树枝修剪成较短的侧枝，根据需要疏剪每株植物的树枝顶端。

**2. 恢复性修剪**

把平面生长的常青忍冬单个恢复活力很费力，因为在地上的侧枝已经长出自己的根，最好把整株植物剪到根部。

有着五彩常青叶子的忍冬需要在受到保护的地方生长。

### 培育

不需要对其进行严格的培育，种幼苗的时候，只需要把一些树枝剪短一半或三分之一，这样会促使地面附近的分枝长出。

### 维护性修剪

你要在春天抽条前把被冻伤的树枝转嫁到下面的侧枝上，把伸出过长的或低垂的树枝转嫁到灌木内侧较短的侧枝上。

### 恢复性修剪

恢复性修剪能够很好地帮忍冬恢复活力。春天抽条前你要剪掉地面附近最老树枝的四分之三。但是如果长出幼小的基生枝，你要在下一个春天剪掉剩余树枝的四分之一。10 ～ 15 根幼小的基生枝就足够重新构造树。你要去掉在地面多余的向两边伸出的树枝。规模种植时，恢复性修剪则很难进行，因为在地面躺着的侧枝已经生根，你要用绿篱剪把它们齐根剪掉。

# 针叶林：几乎不修剪就能有好的造型

针叶林几乎毫无例外都是常青的，因此它们是阔叶树和灌木的常见补充。它们的生长形式和大小范围都很可观，它们的针叶有着鲜亮的颜色。

针叶林通过它针叶的颜色发挥作用，针叶颜色范围从不同的绿色调到黄色或蓝色。这些树大部分在很多年后才能全面显示其特点，因此你要为它们提供足够的空间以供其生长。因为针叶树几乎很多年都变化不明显，单独种植的话，它们能够很快地定型。如果它们跟阔叶树种在一起，则既给花园带来宁静和结构化，也带来紧张氛围。尤其是在冬天，阔叶树退居幕后的时候，它们常青的针叶占据了主要位置。

针叶树的花朵作用不大，但是一些品种的木桩成了吸引人的装饰，如冷杉、云杉、松树和松柏。松树中如生命树或红豆杉，它们所有的部分都是有毒的，红豆杉的红色果实也是有毒性的。这个品种中，有雌性也有雄性植物，当你不想要有毒果实时，就要种植雄性品种。

种植针叶树的最佳时间是九月。当有足够水分时，它们能够在冬天前扎根，如果盆栽，根部呈环状交织在一起，你要疏松并且把它们呈放射状放在植物的空隙里。

## 正确的生长位置

大部分的针叶树喜欢透水性良好的腐殖质土壤，在湿重或潮湿的土壤里它们会枯萎。另一方面，一些针叶树对干旱有压力症状，其中也包括多次利用的生命树。红豆杉是最强壮的代表之一，即使在不利的环境下也能长出好的形态。扎根很深的松树在干旱的沙地上生存得很好，但是会比在水分充足环境下生长得要慢。因此你要用沙土来提高湿重土壤的透水性，另一方面不要把它们种在炎热干旱的地方，也包括建筑物的南墙，那里常常是聚集热气的地方。降水少的地区建议用有机地膜来覆盖土壤。如果冬天降水少，你要在土壤解冻后大量灌溉针叶树，避免其冻坏。

## 谨慎修剪

红豆杉是唯一一种老枝能很好地忍受被修剪到没有针叶的树。其他所有的针叶树，只能在有针叶的部分修剪，否则这些树枝会干枯到支撑枝。树上的支撑枝能活很久，千万不要剪短或剪掉。长得过大的针叶树最好替换掉，比通过修剪来恢复其活力或维持其典型特征要好得多。因此在购买的时候，你要考虑所挑选的树以后长的高度和宽度是否符合所安排的生长位置。尤其是冷杉和云杉，它们呈锥形生长，需要很多的空间。

如果已经栽上的针叶树长得过大，你要早点儿谨慎干预，可以用小规模的修剪减慢其生长速度，但是要维护树枝自然的形状。五月到六月是植物承受修剪力最强的时候。树木内部能很快地愈合伤口，并且整个夏天外部都能长出伤口组织。

当它们跟阔叶林很好地结合在一起的时候，针叶树引人入胜。

# 松树：有特色的植物

松树（*Pinus*）根据不同品种或种类能长出完全不一样的外形。从大树到矮树，它给每个花园提供相应的树。大部分松树都有长的绿色针叶，但是一些品种长出蓝色或短的针叶。所有品种都需要透水性好的土壤和向阳的生长环境。

黑松树（*P. nigra* ssp. *nigra*，WHZ 5b）、长白松（*P. sylvestris*，WHZ 1）和北美乔松（*P. strobus*，WHZ 5a）能长成 30 米高的大树，因此不太适宜生长在普通家庭的花园里。相反，岗松（*P. mugo*，WHZ 4）最高长到 6 米，适宜生长在小型花园里。亚种中欧山松（*P. mugo* ssp. *pumilio*）只有 1 米高，但是有 2～3 米宽。“拖把”高山松（Mops）有 1.5 米高，同样也很低。“小拖把”高山松（Mini Mops）甚至只有 0.5 米高，也适合在小石头花园里生长。“卡斯腾”（Carsten）有着黄色的针叶，在冬天又变成了金黄色，能长到 2 米高。蓝松（*P. pumila* ‘Glauca’，WHZ 4）有着蓝绿色的针叶，它长得很奇怪，宽度有 3 米，但是高只有 1 米。

云杉不是很耐修剪，最好在五月到六月抽条的时候修剪。

## 培育

生长茂盛的云杉大部分不需要培育，你要种植分枝多的样品。它们很多年后也很少变秃，几乎不需要修剪。

灌木状生长的云杉会长出奇怪的造型。

## 维护性修剪

随着树龄的增长，云杉就会生长得很奇怪。修剪要支持这种生长，你要把过长的变秃的树枝转嫁到较短的幼小侧枝上。为了促使其分枝，要给云杉掐头（见插图 2）。尽可能在针叶生长之前剪掉幼枝的一半到三分之二。同年夏天在修剪的位置还会长出萌芽涡旋，它们在来年春天会萌芽抽条。你要根据需要继续掐头。当你剪短已经长成的树枝的时候，分枝的可能性就更低。

## 恢复性修剪

对云杉进行恢复性修剪几乎是不可能的，因为它们不会再从老枝上抽条，你最好换掉老云杉。

**1. 维护性修剪**

你只能在有叶的区域修剪，把死掉的和过长的树枝剪成有活力的短的侧枝，把长的一年枝剪掉一半。

**2. 剪掉顶端**

对于有着短枝的紧凑外形，要剪掉云杉的顶端。抽条的时候，在针叶长成之前，你要剪掉柔软的树枝的一半。

# 刺柏属：要求不高的荒原灌木

较矮的欧洲刺柏在每个花园里都是吸引人的同伴。

刺柏属（*Juniperus*）有着多样的外形。紧密生长或平铺在地面都是小花园的最佳选择。欧洲刺柏喜欢排水性好的土壤和向阳的生长环境，但是要求也不高。欧洲杜松（*J. communis*，WHZ 3）也有着不同的品种。有的品种可长到 5 米高，“绿色地毯”（Green Carpet）和“溪角刺柏”（Hornibrookii）不高于 0.5 米，但是宽 3 米。紫杜松（*J. horizontalis*，WHZ 4）品种长得更低。“青冈”（Glauca）和“威尔士王子”（Prince of Wales）有着蓝色的针叶。塞布鲁克黄金刺柏（*J.* x *pfitzeriana*，WHZ 5a）高达 3 米，常常是宽的两倍。圆柏（*J. sabina*，WHZ 5）容易染上梨锈病真菌，要减少种植。

在五月和八月初修剪欧洲刺柏，要避免修剪没有针叶的老枝，因为老枝上不会再长出新枝。

## 培育

分枝很好的幼苗不需要培育。如果某些树枝从灌木伸出太长，你要在有针叶的区域对其进行修剪。

## 维护性修剪

随着树龄的增长，欧洲刺柏常常会走形，生长在下面的树枝得不到足够的光照，它们会变秃并且死亡。你要在有针叶的区域把最长的或伸出树木过长的树枝转嫁到灌木内侧较短的侧枝上。这些树枝应该在修剪口以上生长，是为了遮盖修剪口（见插图 2）。你要尽早修剪，以防止出现变秃的地方。

## 恢复性修剪

欧洲刺柏不能再恢复活力。修剪到老枝，树枝会干枯到下一个有针叶的主枝上。

**1. 维护性修剪**

你把灌木里面的最长树枝剪成短的侧枝，还有上面覆盖住扫帚形顶端的树枝。这样下层就能获得足够的光照。

**2. 掩盖修剪口**

在转嫁的时候，新的树枝顶端要遮盖住修剪口。对于平面生长的品种，树枝顶端在修剪口的上面，直立品种则指向外侧。

**3. 塑形**

对于直立生长的欧洲刺柏，你要把从灌木耸出或向一边倾斜的树枝转嫁到直立较短的侧枝上，修剪口要靠向内侧。

# 扁柏：巨人与矮子

扁柏的杂交品种很抗寒并且能结出丰盛的果实。

扁柏（*Chamaecyparis*）可能长得矮小，但是也可能长成大树。它们喜欢湿度均匀的土壤，但是也要透水性好。最著名的品种就是尖叶扁柏（*C. lawsoniana*，WHZ 5b），有绿色、黄色和蓝色针叶三种。一些能长成 10 米高的大树。侏儒品种矮蓝美国扁柏（Minima Glauca）只有 2 米高，球形。生长迅速的台湾红桧（*C. nootkatensis*，WHZ 5b）能长到 15 米高，垂枝蓝色花柏（Pendula）的侧枝会低垂。日本扁柏（*C. obtusa* ‘Nana Gracilis’，WHZ 4）有着不同寻常的贝壳形状的侧枝，高 2 米。日本花柏（*C. pisifera*，WHZ 4）中也有很多矮小的品种，它们一部分有着非常小的丝状侧枝。

修剪的时候，要注意保持所有扁柏自然的生长形态。大树形状的扁柏大部分都有很多直立的侧枝，它们只长在外表面。最佳的修剪时间是三月和八月间。

## 培育

矮小形状的扁柏不需要培育。对于长成大树的扁柏，你要把过于稠密的支撑枝转嫁到下面的侧枝上。只保留直立的以后作为更稳固的支撑枝，因为它们只有一侧有侧枝。

## 维护性修剪

只有当树木长得过大或因为雪的重压树枝向一侧倾倒时，才需要对其进行维护性修剪。

你要把过长的树枝转嫁到靠向内侧的侧枝上。你要检查是否会因为修剪而出现秃的地方。这种情况下，你要尽可能把修剪口靠向外侧，直到侧枝填满秃的地方。你谨慎修剪得越早，树木就越疏松，但是会保持造型。根据需要疏剪顶端，防止其因为自身重量而倒向一边，要一直保留高点的中间枝。

## 恢复性修剪

扁柏不需要大规模的恢复性修剪，因为如果修剪到没有针叶区域，树枝会干枯。因此你只能在有针叶区域进行适度修剪。

**1. 维护性修剪**

你要把过长的树枝转嫁到较短的侧枝上，只在有针叶的区域进行修剪。修剪口要用新的树枝顶端覆盖。

**2. 维护性修剪细节**

如果扁柏从内向外变秃，你要把变秃或过长的树枝转嫁到有浓密针叶的侧枝上。新的树枝顶端应指向外侧。

一些生命树有着发亮的针叶，其他的在冬天则是青铜色。

# 生命树：每个花园的常绿树

生命树（*Thuja*）是花园里是最常见的针叶树。它们喜欢夏季湿润的土壤，拒绝干燥或炎热的生长环境，在那里树枝或整棵树会死去。它们也容易患上蚜虫病或真菌病（见 48 页）。巨型生命树（*T. plicata*，WHZ 5b）有着闪亮的针叶并且高达 15 米，在商店卖的大部分都是墨绿生命树（Atrovirens）品种。

欧洲的生命树（*T. occidentalis*，WHZ 5a）大部分情况下都有着很多直立的支撑枝，高达 15 米或更高。生长较弱的就是细长的常青生命树（Smaragd，WHZ 5b），只有 6 米高，跟黄色针叶的北美香柏（Sunkist）一样。相反，白扁柏（Danica）和“小蒂姆”（Tiny Tim）几乎呈球形生长，直径 1 米。东方白杉（Recurva Nana）高 2 米。这些“球形生命树”大部分不需要修剪。如果它们过大，只需去掉最长的树枝顶端。如果因为雪的负荷造成伤害，要把树枝绑在有空隙的位置。要在初夏修剪生命树，同时你要尊重每个品种典型的生长形式。你要在它们大大超出所预想的高度之前修剪生命树，无论是自由生长的生命树还是有形的树篱。因为它们不能承受修剪到没有针叶的老枝。否则一般整枝侧枝会干枯到主枝。

## 培育

直立生长的生命树常有很多支撑枝。这些支撑枝之间相互竞争，每根树枝只在有光照的外侧抽条。侧枝或积雪一侧的重量会导致这些树枝分崩离析。因此你要留下最多 3 根直立的支撑枝，不要修剪，让它们作为中间枝继续生长。你要把剩余的树枝转嫁到下面的短侧枝上，它们从属于支撑枝。

## 维护性修剪

根据需要，你要在初夏把在树木内侧的最长树枝转嫁到有针叶的侧枝上。修剪口要靠内，从外侧看不明显（见插图 2）。如果直立的支撑枝大幅度分枝，你要疏剪。要注意生长形态并且在直立生长的生命树上保留中间枝。对于球状的生命树，你只需注意整体形态。

## 恢复性修剪

你通过对一个变秃的或生长过大的生命树进行系统的修剪，让其恢复活力，是不可能的。你要么在有针叶区域大幅度修剪，要么用幼苗替换这棵植物。

**1. 维护性修剪**

如果生命树过大或侧枝低垂，你要把内侧的树枝转嫁到直立的较短的侧枝上，根据需要疏剪中间。

**2. 避免光秃秃的地方**

修剪前你要把树枝弯向一边，看看是否因为修剪会空一块或者出现光秃秃的地方。这种情况下，你要修剪外面。

对于银蓝色的云杉来说，针叶的颜色要比木桩装饰重要得多。

# 云杉：圆锥形的针叶树

云杉（*Picea*）是典型的呈圆锥形生长和有着笔直的中间枝的针叶树。云杉喜欢透水性好但夏季潮湿的土壤。理想的生长环境是凉快和空气湿润的地方。它们忍受不了炎热的地方和特别干燥的土壤。最有名的花园品种就是塞尔维亚云杉（*P. omorika*，WHZ 5a），纤细，高达 15 米。欧洲云杉（*P. abies*，WHZ 2）中有很多品种，不同于野生品种，要么很矮，要么长得很奇特。挪威云杉（Acrocona）用大量的木桩装饰，呈圆锥形生长，高达 3 米。侏儒品种如芒词灰白云杉（Echiniformis）、小宝石欧洲云杉（Little Gem）或鸟巢状欧洲云杉（Nidiformis）呈圆柱形紧凑生长，不高于 1 米。灰绿云杉（*P. glauca* 'Conica' und 'Zuckerhut'，WHZ 4）即使不修剪也能长成圆锥形。

灰绿云杉（*P. glauca*，WHZ 4）中最吸引人的就是蓝色针叶的品种。银蓝色品种“蓝锦”北美蓝杉（Hoopsii）、“考诗特”北美蓝杉（Koster）和钢青色蓝山北美蓝杉（Oldenburg）有着一根中间枝，长成圆柱形高树。它们不太适合小花园，与之相反，银蓝色的“篮球云杉”（Glauca Globosa）只有 2 米高，一直都是呈圆柱形生长。

刚开始抽条和六月末之间的修剪对于云杉来说是最容易承受的。

## 培育

有着典型形态的幼苗是不需要培育的。直立的品种应该只有一根中间枝，圆锥形的品种应该稠密并且自成一体。你要去掉嫁接植物上的野枝。

## 维护性修剪

你要注意直立品种要有一根直的中间枝。如果它断了，你要把一根侧枝作为新的中间枝绑在一根竿子上。它由一根平侧枝变成直立的中间枝，并承担中间枝的功能，需要 2～3 年的时间。对于没有明显中间枝的紧凑品种，你要在抽条的时候，掐掉过长树枝的头（见 132 页）。

## 恢复性修剪

对云杉进行适当的恢复性修剪，以缩小其生长规模，是不可能的，它们不会再从没有针叶的树枝上长出新枝了。如果云杉太大，你要把水平树枝转嫁到较短的树枝上，因为云杉一直有着两根对称的侧枝，你要剪掉一根，重新确定新的树枝顶端。若必要，你要把一根侧枝变成一根新的侧枝（维护性修剪）。千万不要砍云杉，而是要维持其典型的形态（见插图 1）。如果做不到，你就把它替换掉。

**1. 维护性修剪**

为了缩小云杉的大小，在不影响球形的情况下，你要把水平的树枝转嫁到较短的侧枝上，把一根侧枝作为新的中间枝绑到一根竿子上。

**2. 误区：砍云杉**

如果砍掉直立生长的云杉的侧枝甚至是中间枝，云杉会失去它典型的外形。这种情况下，最好替换掉这个树。

# 冷杉：穿着针叶衣的经典

冷杉有着柔软发亮的针叶，外形独特。

跟云杉很像，冷杉（*Abies*）有着直的中间枝和水平的侧枝。但是当大部分云杉的木桩挂在树上时，它们都在冷杉树枝的上面。另外，跟云杉不同的是，冷杉的针叶不扎人。冷杉喜爱营养丰富、深的和夏季湿润的土壤，不喜欢炎热或空气干燥的生长环境。直立生长的品种随着树龄的增长根部会变很宽。因此你在种植的时候要安排足够的生长空间。欧洲冷杉（*A. alba*，WHZ 4）高超过 40 米，不适宜在普通大小的花园生长。高加索冷杉（*A. nordmanniana*，WHZ 5a）有着亮绿色针叶，高 15 ～ 20 米。银灰色冷杉（*A. procera* 'Glauca'，WHZ 6b）有着吸引人的浓密的蓝灰色针叶装扮。它生长宽广，呈圆锥形，有时还多树干，高达 15 米。韩国冷杉（*A. koreana*，WHZ 5b）高 10 米，它们紫罗兰色到深蓝色的木桩很漂亮。毛果冷杉（*A. lasiocarpa* 'Compacta'，WHZ 4）呈圆锥形，高和宽 3 米。它们的树枝有着深蓝色的针叶。香胶冷杉（*A. balsamea*，WHZ 4）有很多吸引人的侏儒品种："娜娜"（Nana）和"皮科洛"（Piccolo）呈矮圆锥形，1 米高，大约 2 米宽。

**1. 培育**

幼小的冷杉有时候会长出 2 ～ 3 根垂直的中间枝，你只留下最直的那根，第一年修剪剩下的那根。

**2. 维护性修剪**

如果一根树枝过长，你要把它转嫁到一根较短的侧枝上。如果一直有两根树枝对称生长，你要把新的顶端修剪到只剩一个。

## 培育

你要注意直立品种的中间枝保持直直地生长。嫁接品种可能会出现中间枝向一侧倾斜的情况，你要把它绑到一根竿子上。冷杉可以长出 2 ～ 3 根垂直的中间枝，你只留下 1 根，夏天在枝条还是绿色时剪掉剩余的。

## 维护性修剪

大部分情况下不需要每年对其修剪。如果水平树枝过长，你要把它们适度地转嫁到较短的侧枝上。你要对其进行疏剪，以保证新树枝的生长。

## 恢复性修剪

恢复其活力或缩小其生长规模是不可能做到的，因为冷杉不会再从老枝上抽条长新枝。因此你只能在有针叶的部分修剪。如果看到树太大，你要把顶端和水平树枝转嫁到较短的侧枝上（见 136 页），同时要保持其自然形态。

# 红豆杉：花园的全能手

深绿色的红豆杉是所有针叶树中最耐剪的。

红豆杉（*Taxus*）有着很强的适应能力，在太阳下和阴凉处都能生长，喜爱营养丰富和夏季湿润的土壤，也能接受干旱的地方，但是忍受不了酸性太强的土壤。根据需要，在冬季干旱的地方，要给它们浇水。

红豆杉雌雄异株，有雌株和雄株。代替木桩，它们有裹着红色外壳的果肉饱满的种子。除了外壳，所有的植物部分和种子都是有毒性的，因此不要在娱乐场所或动物草原附近种植红豆杉。

## 多样的选择

欧洲红豆杉（*Taxus baccata*，WHZ 6a）经常被用作造型树和树篱（见 180 页）。如果不塑形，它们会长成多树干灌木或茂密的大树，随着树龄的增长会长到 10 ～ 15 米高，每年长 25 厘米，生长得没有想象的那么慢。垂枝红豆杉（Repandens）有着平枝，很少长到 1 米高，但是有 4 米宽。红豆杉的杂交品种（*T.* x *media*，WHZ 5b）非常强壮，呈灌木形，根据品种，较直立但是形态不同寻常。日本红豆杉（*T. cuspidata*，WHZ 5a）呈灌木状，生长慢，只能长到 3 米高，3 米宽。

## 耐剪

花园里只有很少的针叶树从老枝上抽条长新枝，红豆杉就是其中之一。但是你要放弃修剪树干或非常强大的支撑枝。当你完全剪掉最强枝，用幼枝做替代的时候，只有有着稠密垂直的支撑枝的灌木状红豆杉能承受得住。春末抽条前是修剪的最佳时间。

## 培育

你最多用 3 根垂直支撑枝培育直立生长的品种。如果有很多支撑枝，则其中只有一小部分会长出针叶，随着树龄的增长会因为一面的重量而倾斜。因此你要把多余的侧枝及时地转嫁到下面的侧枝上。如果某些树枝从灌木伸出太长，你要把它们转嫁到较短的侧枝上。

你要去掉灌木状品种支撑的木桩上过长的侧枝。这样你就保持了灌木所预期的高度和宽度。

## 维护性修剪

没必要对红豆杉每年都进行维护性修剪。你要把一些过长的树枝转嫁到靠向内侧的侧枝上（见插图 1）。如果植物太高，你就把最长的垂直树枝转嫁到下面的侧枝上。红豆杉以后几年会在修剪的位置上长出很多垂直的幼枝。你要把这些幼枝剪掉剩下一根。对于红豆杉，你要把过长的或上面的树枝转嫁到较短的横向生长的侧枝上（见插图 2）。

## 恢复性修剪

对于太大的红豆杉，需要用很多年进行分层恢复性修剪。最佳的时间是在春天抽条前。你要剪掉最长水平侧枝的四分之一，剪成垂直侧枝上2厘米长的木桩（见插图3），把非常粗壮的树枝转嫁到支撑枝附近较短的树枝上。你可以像维护性修剪一样对待垂直树枝。以后几年你就可以每次都剪掉侧枝的四分之一，这样植物不仅可以保持其形态，而且也有足够的针叶来储存营养物质（见插图3和4）。

## 培育圆柱红豆杉

你要用多达3根的垂直树枝培育圆柱形状的红豆杉，要尽早把多余的树枝转嫁到下面的侧枝上。这样树枝就可以呈圆形长针叶，随着树龄的增长也会长得很稳固。如果随着树龄的增长或在积雪的重压下，树枝顶端被压弯，你要把它们转嫁到下面垂直的侧枝上（见插图5）。你要把垂直树枝的长度分层次，这样中间枝会一直保持较高的高度并且纤细生长。

**1. 维护性修剪** 你要疏剪呈灌木状生长的红豆杉的多余支撑枝，把过长的树枝转嫁到下面的侧枝上。

**2. 维护性修剪红豆杉** 如果红豆杉长出陡峭耸出的树枝，你要在夏天把它们转嫁到下面的平铺生长的侧枝上。

**3. 恢复性修剪** 为了恢复其活力，你要把最长的支撑枝转嫁到下面的侧枝上，把支撑枝上的长侧枝剪成木桩。

**4. 分层恢复性修剪** 为了使木桩抽条，必须要保留足够的针叶来储存营养物质。因此恢复性修剪需要很多年。

**5. 培育圆柱形红豆杉** 用3根垂直的支撑枝培育，你要把过长的树枝转嫁到靠向内侧的陡峭侧枝上。

**6. 太多的支撑枝** 如果一棵圆柱形红豆杉如图一样有很多支撑枝，那么它只会在外层长针叶。树枝顶端会折断。

# 阔叶树：花园合唱团的独奏者

没有其他类型的树能跟阔叶树一样地影响着花园。它们的大小和独特的造型使它们成了不可替代的个人主义者。如果幼苗被培育得很好，它们之后会跟灌木一样很好维护。

有着树干和树冠的阔叶树最早也要在 10 年后才能显现它们独特的形态。但是那之后它们就不再生长。一些品种在它们达到最终高度之前还会继续长几十年。阔叶树能长到 40 米高，能活 100 年。因此你在购买的时候要考虑一棵树在 30 ～ 40 年后会长多大，在你的花园里是否有足够的预留空间。如果空间太小的话，很短时间之后就要修剪，这棵树就会失去它自然的生长形态。根据品种，根部会继续生长，结果就是会长出长长的、不结实的嫩枝。

## 适合每个花园

对于每一种空间要求都有合适的树种。菩提树、山毛榉和一些枫树品种会长得很大，需要 200 平方米的空间。甚至像枫香树或栓皮槭，这种中等高度的树还会高于 10 米。相对地，这些品种的挑选范围通常比较小。

小树冠品种最适合中等大小的花园，大部分只有 6 ～ 8 米高。例如树唐棣（*Amelanchier arborea* ‘Robin Hill’，WHZ 5b）、连香树（*Cercidiphyllum japonicum*，

WHZ 5b)、南欧紫荆树（*Cercis siliquastrum*，WHZ 7a)、欧洲山茱萸（*Cornus mas*，WHZ 5a)、卡里雷山楂（*Crataegus* x *lavallei* ‘Carrierei’，WHZ 5b)、山楂海棠（*Crataegus* x *prunifolia*, WHZ 5a)、栾树（*Koelreuteria paniculata*，WHZ 7a)、山荆子（*Malus*-Arten，ab WHZ 4)、波斯铁木（*Parrotia persica*，WHZ 5a)、李属（*Prunus*-Arten，WHZ 6）和花楸树（*Sorbus aria*，WHZ 5a)。这些品种中的一些被归类到灌木，但是也可以把它们培育成只有一根树干的树。圆柱形、球形或悬挂生长的品种是特殊的生长形式。你只需认真考虑就可以决定这些形式。因为不同于疏松生长的树冠，它们大部分生长很紧凑。

## 有吸引力的步兵

不同于大部分的针叶树，高树干的阔叶树在树干周围有着充足的空间。这个区域可以用灌木、玫瑰、亚灌木和百合装饰得更有吸引力。但是幼小的树下面原来向阳的地方随着树的年龄增长也会被遮住。种的植物也许在一些年后要被替换掉。另外一些树种会在地里扎根很深并且汲取很多的水。如果不想定期浇水，就要让植物适应这个环境。春季开花的百合最适合种在下面。它们在叶子展开前利用光线，在夏季停止。像柳树和桦树会用它们的根去努力寻水，它们甚至能穿透排水管道，并且在经过一段时间之后将其封住。

## 根部需要空气

如果你想要在铺石路面的地方种一棵树，你要注意土壤里应该含有足够的空气，让树能通过根部很好地呼吸。如果不是这种情况，根部会在相邻铺石路面的砾石层里寻找空间。随着根部粗度的增长，它们会把铺石路面掀开。因此你要在种植前用树的基底填满树洞。你可以用如碎石或熔岩这种结构稳固的基底放到铺石路下面，来压缩和铺平。这些基底保证有高含量的持久的空气，这样根部就能长得深。

有着典型白色树皮的桦树也能长成迷人的多树干的树。

# 建构和培育阔叶树

树在花园里存在很多年甚至几十年，因此购买一棵树就是对未来的投资，值得从开始就注意树的质量。

树干和中间树枝必须始终是直的。这棵树应该有 5～10 根水平分枝及均匀分布在中间枝上的侧枝。树干和根部绝对不能有任何损伤。

不要买中间枝是歪的和仅有一侧树冠的树。校正很昂贵（见插图 2）。

如果树在根部或树冠高度位置嫁接的话，嫁接位置要生长良好并且不出现干枯。

你要优先选择带有土球的树。它们要比裸根的树生长得更快。但是它们的根部不能有任何损伤，并且应该有很多细小的根，这样它们就不会干枯。你要在运输的时候和种植前保持它们的湿度。

对于有着圆形球状根的树，你要检查这些球。它们应该是没有死掉的根部。如果根部围绕着球生长，你要在种植的时候把它们小心地剥落并且把它们呈星状放在坑里。

你要把刚种上的树用椰子绳牢固地绑在一个或多个木桩上。否则会出现细小的根在微风下脱落的危险。

## 培育

高干树的树干上面长着一个由中间树枝和侧枝组成的支撑的树冠，这些部分在树上存活很久，因此要细心培育。

为了刺激其生长，人们在春天抽条前修剪年轻的阔叶树。相对地，老一些的树最好在夏天修剪。那时树木更耐剪，伤口愈合得更快，并且也能一直繁茂地生长。

中间树枝和 5～7 根均匀分配的侧枝形成支撑枝。你要在种植后剪短这些树枝，以后的几年就不要再修剪了。你要去掉侧枝，尤其是粗壮的或陡峭的树枝。

在中间树枝上，在侧支撑枝的上面，在修剪后保留更小的水平生长的树枝。

你要在来年定期疏剪支撑

**1. 质量好的**

在理想的情况下，新种上的质量好的幼小树苗有一根直的中间枝和 5～7 根均匀分布的侧枝，这些侧枝会从中间平铺分枝。

**2. 质量坏的**

如图所示，千万不能剪短生命树的中间树枝，否则会长出粗壮的斜枝，破坏原来的树冠结构。

**3. 培育**

你要疏剪中间树枝和侧支撑枝的顶端，完全去掉斜的向树冠内侧生长的树枝。

枝，这样就不会长出竞争树枝。你要去掉陡枝或向内侧生长的树枝。

像桦树或欧洲白蜡树这样有着对称萌芽的树常会出现顶端萌芽死掉的情况。然后在这下面的两个萌芽会对称抽条。这种情况下，要去掉向内侧或向两边生长的树枝，这样主枝就会有一个一致的生长方向。

接下来的几年，你要注意维护直的中间枝。如果这根中间枝下垂或者是折断，你要把它转嫁到一根垂直的侧枝上。

如果在支撑枝外面平行长出与中间枝竞争的树枝，你要剪掉它（见插图 4）。你要疏剪支撑枝顶端，这样它们会更轻并且不会大幅度地向下低垂。

另外，会有更多的光线照到树木的内侧，在那生长的侧枝会保持活力。

这种培育要在接下来的头 4～7 年保证进行，以构建出一根更稳固的树枝。以后就只在需要的时候才对其修剪。但是你要每年检查树枝是否折断或死掉，如果有，就把它们清除掉。

## 清除裂开的丫枝

在基础上就很陡峭或在主干上没有充分生长的树枝，人们叫它们劈裂枝或陡枝。因为天气情况或自身重量超负荷，它们很容易就会折断（见插图 5），因此它们是一个不可估量的危险。你第一年通过树枝萌芽上面相互界定的突起物就可以辨认出这些树枝。无论如何都不要保留这些陡枝，要立刻清除。

**4. 竞争枝**

一些品种，尤其是在幼年时，它们的中间树枝或侧支撑枝上会长出侧枝。夏天，要在枝条还是绿色时清除它们。

**5. 劈裂枝**

生长非常陡峭的树枝在主干树枝上生长不牢固。随着年龄和重量的增加它们可能会折断。因此你要及早清除。

### ！注意稳固的树冠

树木必须长得稳固，毕竟它们会在你的花园里存活很久。因此你要选上面已经有带着中间枝和侧枝的树冠的树。这样你就能确信，树冠能继续稳固和匀称地生长。对于没有树冠的小树，你则不能保证这些预期。

## 遵纪守法

树不仅影响你的地产很多年，而且也影响着你的邻居。因此你在种植灌木的时候，要遵守邻居法则。根据生长强度，树被分为很多类，有着不同的边界间隔。谁注意到这些，就可以避免一棵树种 10 年或 20 年后引发的争端。这种邻居法则适用于私人地产，但不适用于在公共区域种植的树。此外，公共道路需保留一定的“建筑接近界限”，也就是说在人行道和自行车道上面的 2.5 米、街道上空的 4.5 米高处不能有树枝伸出。另外，每棵树的主人都要负安全责任。如果在一次意外事故中，门外汉都能看出这棵树不稳固，你就要负责。对于老一些的树，建议每隔 3～5 年由专业人员检查一次。

# 让阔叶树保持常年吸引力的方法

培育好的阔叶树不需要大幅度的修剪。只有当它们老化时，你才要更多关注它们，在需要的时候进行干预。

## 前几年里

如果你定期检查阔叶树，只需小幅度地修剪就可以把树木校正过来。在初夏，阔叶树更耐剪些，树木能很快从内部愈合伤口。

**调整树干高度** 如果阔叶树的树干在几年后长得不够高，你要去掉侧枝最下面的丫枝圈。前提是，在去掉的树枝上面有足够适合做支撑枝的侧枝。为了让修剪口很容易愈合，它们的直径不能超过 5 厘米。修剪的时候，你要在基根上留下丫枝圈（见 40 页）。

**过于稠密的树冠** 如果狭窄的空间上有超过 7 根粗壮的树枝，你要清除多余的。这样树冠内部能获得更多的光照，侧枝的生长就不会受到限制。然后，你要疏剪陡枝或向内侧生长的树枝并且根据需要疏剪支撑枝的顶端（见插图 1、2、3）。

**过多的幼枝** 在过去几年修剪的位置上已经长出很多幼枝。你要清除陡峭和粗壮的幼枝，留下 2～3 根弱枝或平枝。它们的生长有利于伤口很快地愈合。如果伤口愈合，你要清除这些树枝。如果它们很好地融入树冠里，你要保留（见插图 4 和 5）。在夏天，你要清除野枝。

**去掉支架** 如果几年后树木扎根很牢固，你要去掉支架。定期检查绳索，它不能捆绑住树干。

## 维护性修剪较老的树

较老的树上会一直有大量较小的树枝死掉。夏天检查时，如果树枝长出叶子，你可以很好地辨认出来并且把它们清除掉。如果较粗壮的甚至是支撑枝死掉的话，你应该求助于专业人士。你可以通过施肥或改善土壤来预防这种情况，提高树的活力。

对于已经长成的树，就不要再改变根的位置了。挖掘或堆积都可能会造成伤害，因此你不要挖根部。如果不可避免，只能在树冠下用手挖。不要伤害露出地面的根，要防止其干枯。如果根部受伤，它通常会腐烂，树的活力和稳定性会降低。

## 缩小，不要砍

要把一棵过大的树变小，千万不要砍它，这会破坏树的自

**1. 过于稠密的树冠**

幼小的树上常常会沿着中间枝长出很多粗壮的树枝。它们会相互拥挤，长得细长。这棵树在内部会明显变秃。

**2. 疏剪树冠**

你要把多余的支撑枝剪到只剩 5～7 根均匀分布的树枝。它们会得到更多的光照，生长得更稳固，并且树冠里面也会长出有活力的多叶子的侧枝。

然生长形态。这么做，大的伤口不能再愈合，会出现腐烂，树枝甚至整棵树都会不再稳固。根部和树冠之间会失衡。这棵树会尽可能地努力恢复平衡，结果就会长出过长和不稳定的嫩枝（见插图 6）。为了不让这些嫩枝折断，必须定期修剪被砍的树。

要想使树变小，大幅度的修剪就已足够。人们在夏天通过小幅度的修剪把最长的树枝变成较短的侧枝，疏剪分枝严重的树枝顶端。如果你每 3 ～ 5 年都重复这么做，树就会变小并且保持自然形态。

如果老树大幅度衰老，并且整个树冠部分都干枯，它已经到了植物的“最后时间”。这种情况下，如果想把树干和树冠部分做成雕塑，你要大幅度地缩小树冠。你要清除树干或支撑枝上空心里的木屑，让它们晾干。

## 征求意见

大树提升花园的价值，错误的修剪能造成大的伤害。大部分业余园艺者都不习惯高空工作，而且高空工作很危险，寻求专业树木维护员的帮助是值得的。他们能安全、有保障地爬到树上，进行专业的修剪，并且建议你未来应该在什么时候对树进行修剪。

**3. 树冠侧支撑枝顶端**

随着树龄的增长，侧支撑枝会分枝，它们会低垂并且遮住树冠内部。你要逐步疏剪顶端，它们会变得更轻，使树木内部也获得更多的光照。

**4. 过多的幼枝**

好的光滑的修剪口会在几年后完全愈合，但是在边缘由于液流堆积会长出很多幼枝。有些平铺生长，但是其他的生长得较陡峭并且更粗壮。

**5. 修剪幼枝**

你要剪掉在修剪口上多余的幼枝，但是留下一些弱小的平枝。这些幼枝会随着厚度的增长促进伤口的愈合。如果它们很好地融入树冠中，你可以永久地保留它们。

**6. 被砍的树**

粗壮的支撑枝在树冠中间被砍断，破坏了这棵树的自然形态。这棵树会努力用强壮的嫩枝来重建根部和树冠间的平衡。但是这些嫩枝不稳固，可能会折断。

# 特别的树冠：球形、悬挂形和圆柱形

众多树种中有些是球形、圆柱形或悬挂形树冠的品种。这里举了一些品种的例子，但是种类要比这丰富得多。它们大部分在树冠的高度被转嫁到每类品种的野生植株上。因此只要它们还年轻，你就要定期清除掉在树干上或从地面长出的野枝。否则被嫁接的部分会早衰。

## 球形树冠

即使不进行形态修剪，圆形树冠也能长成均匀的圆形。树冠直径 6 米长。最常见的球形树冠有栓皮槭（*Acer campestre* 'Nanum'，WHZ 5a）、挪威槭（*A.platanoides* 'Globosum',WHZ 4）、美国木豆树（*Catalpa bignonioides* 'Nana'，WHZ 6b）、欧洲白蜡树（*Fraxinus excelsior* 'Nana'，WHZ 4）、北美枫香（*Liquidambar styraciflua* 'Gum Ball'，WHZ 5b）、灌木樱桃（*Prunus fruticosa* 'Globosa'，WHZ 6a）、沼生栎（*Quercus palustris* 'Green Dwarf'，WHZ 5b）和刺槐（*Robinia pseudoacacia* 'Umbraculifera'，WHZ 6b）。

你要每 2～3 年剪掉幼小球形树上树冠里面树枝的四分之一。尽管树冠会看起来全是洞眼，但是剩下的树枝会获得更多的光照，更紧凑。球形树冠没有中间树枝。对于较老的树，你只要沿着支撑枝进行修剪并且疏剪（见 144 页）。

随着树龄的增长，这些球形树冠会从球形变成宽阔的椭圆形再变成伞状。为了避免这种情况，要常常把它们砍掉。这样会造成干枯和长出长的嫩枝，形态更像垂柳的形状。最好尊重较老的树的伞状形态，不要进行大规模的校正修剪。你只修剪树枝顶端，这样树冠不会低垂得那么严重。

## 悬挂形树冠

悬挂形树冠形成悬挂的伞状，在长出低垂的侧枝时，一些树枝已经长高。所谓的垂吊形树冠只长悬挂的树枝，在高度上再也不增加了。最著名的有垂枝桦（*Betula pendula* 'Youngii'，WHZ 2）、树锦鸡儿（*Caragana*

**1. 球形树冠**

灌木樱桃在幼年的时候不修剪也能长成均匀形状的树冠，随着树龄的增长，它长成伞形，不要把它大幅度地剪成球形。

**2. 疏剪球形树冠**

你要把幼小的球形树冠上内侧的树枝剪掉四分之一。要疏剪支撑枝顶端，不要在树冠位置上修剪。

**3. 误区：砍球形树冠**

为了缩小树木的大小，砍掉球形桦树的老枝。嫩枝会长出来，树会失去形态，并且大的伤口不会再愈合。

*arborescens* ‘Pendula’，WHZ 3)、欧洲山毛榉（*Fagus sylvatica* ‘Purpurea Pendula’，WHZ 5b)、李属（*Prunus subhirtella* ‘Pendula’，WHZ 6a)、柳叶梨（*Pyrus salicifolia* ‘Pendula’，WHZ 5b)、柳树（*Salix alba* ‘Tristis’，WHZ 5a）和黄花柳垂（*S.caprea* ‘Pendula’，WHZ 4)。

跟修剪榆叶梅一样，要每年修剪黄花柳垂（见 64 页），谨慎修剪其他品种，不要剪短。你最好把变秃的树枝转嫁到靠内侧的侧枝上，对其进行疏剪。你要在花期过后修剪花枝的悬挂形状，剩余的在夏天修剪。然后，你就更好判断树枝的密集度并且均匀疏剪。

## 圆柱形的树

根据品种，圆柱形的树能长成 15 米高而宽度很窄的大树。幼年的时候，它们直立生长，随着树龄的增长，一些品种长出椭圆形的树冠。吸引人的品种有栓皮槭（*Acer campestre* ‘Fastigiata’，WHZ 5a)、欧洲鹅耳枥（*Carpinus betulus* ‘Frans Fontaine’，WHZ 5b)、欧洲山毛榉（*Fagus sylvatica* ‘Dawyck’，WHZ 5b)、栾树（*Koelreuteria paniculata* ‘Fastigiata’，WHZ 7a)、李属（*Prunus serrulata* ‘Amanogawa’，WHZ 6a)、夏栎（*Quercus robur* ‘Fastigiata Koster’，WHZ 5a）和图林根花楸树（*Sorbus* x *thuringiaca* ‘Fastigiata’，WHZ 5b)。

为了让它们保持稳固，人们用最多 3 根直立的中间枝培育圆柱形树。你要在树的幼年阶段把多余的树枝转成下面直立的侧枝。如果几年后树枝顶端向侧面陡峭生长，你要把它们转成直立的侧枝。同时你要注意疏剪新的顶端，为了让它更轻并且保持稳固。

**4. 悬挂形式**

垂柳尽管有着低垂形态，但是会一直有很多树枝向上生长。它会长成庄严的大树，需要足够的位置。所谓的垂柳很少高于嫁接位置，但是会长宽。

**5. 疏剪低垂形态**

夏季修剪时，只能大幅度地转嫁和疏剪。如果培育这棵树的宽度，你要把低垂的树枝转嫁到平侧枝上。你要避免大的修剪，特别是在嫁接位置附近。

**6. 圆柱形的树**

圆柱形的树常会长出很多直立的支撑枝，这些支撑枝只有一侧有侧枝。随着树龄的增长，它们大部分会在自己的重压下折断。你要把这些树枝转成垂直的侧枝，最后再疏剪。

# 玫瑰：多样的美丽

在花灌木中，玫瑰常常被称作花女王。它们开花丰富，多次开花的品种甚至能开到深秋。如果有目的地选择合适的品种，正确地照料它们，会收获丰富的花朵。

玫瑰是花园里的明星。但是只有满足它的要求，它才能茂盛生长。玫瑰喜欢向阳和透水性好的生长环境，在炎热的南面墙上或铺石表面上它会枯萎，容易受到红蜘蛛的侵害。因此应该把攀缘蔷薇的藤架与树保持足够的距离，这样使空气可以流通，形成对玫瑰生长有利的环境。虽然一些品种在光线被挡的树上能开出漂亮的花，但是玫瑰不适宜生长在完全遮阴的环境里。玫瑰喜欢深处、营养丰富和石灰质的土壤。需要每年施肥，特别是经常开花的品种，如果不定期施肥，则无法存活。

## 正确选择

目前供应的玫瑰种类有上千种。大部分是在冬季寒冷区4～6区，少数在7～8区。

挑选的时候，你不仅要注意像色彩、开花意愿和香气这些特征，而且也要注意品种是否能抵抗病菌。带有ADR（一般德国玫瑰新品种检验）标志的表明该品种在这方面从新品种中脱颖而出。

在商店有两种玫瑰：除去最热的月份，你几乎一整年都可以种带根的玫瑰。相对地，建议在秋天种植裸根植物。

除了野生玫瑰，所有的玫瑰都是嫁接品种。要把嫁接位置埋在地下 3 ～ 5 厘米深，这样它们就不会被冻坏和干枯。你要稍微倾斜着种上嫁接的玫瑰。根基上的杂交品种生长的一面应该在上面，这样足够的液流就可以供应给它们，使其很少长出野枝。

## 修剪规则

玫瑰被分为不同组，如壮花月季、灌木玫瑰或攀缘蔷薇（见 152 ～ 163 页）。根据不同分组，修剪也不同，但是有些规则则适用于所有的品种。

你要在抽条前修剪，暖和的时间在三月初，寒冷的时间在三月末。如果秋天或冬天修剪，萌芽会在温暖的天气里萌芽抽条，对寒冷敏感。

经常开花的玫瑰在一年和当年枝上开花。春天需要大幅度地修剪，这样使它们在第一次开花后为下一次开花储存足够的能量。

开花一次的玫瑰主要在一年枝上开花，因此要在花期过后修剪。

如果在地面上修剪一根树枝，要留下 2 ～ 3 厘米短的木桩。这个木桩干枯，然后再清除，但是那时候它在基部上已经抽条发芽。相反，地面附近的修剪树枝会干枯。

一般，剪短要高于萌芽，直接转嫁到侧枝上。

修剪要在地面附近产生液流堆积。只有这样，才会有幼小的基生枝长出，使其恢复活力。

疏剪地面附近直立品种的力度要大于低垂品种。

修剪生长弱的玫瑰的力度要大于生长强的。

要把杂交香水月季和壮花月季总是修剪到一定数量的萌芽。

一次性开花的玫瑰主要在一年枝上开花。如果抽条前修剪，会失去一部分的花朵。如果在花期过后修剪，就要放弃一些果实。

不要只修剪蔷薇，还要及时在支架上给它塑形。

漫步者玫瑰能把它们的花枝穿插到树的空隙里。

# 好的维护保持玫瑰的健康

在通风处定期修剪的玫瑰健康而有活力。

维护性修剪首先能维持健康并且促进玫瑰强劲生长。除去每一组的专业修剪，其适用于所有品种和种类。一些非嫁接的野生玫瑰是例外。

## 清除死掉的树枝

在温暖的气候里，玫瑰枝只存活几年，然后会衰老并且死掉。另外，每年冬天都会冻死一些树枝。在房间里或其他被保护的地方生长的玫瑰，树枝会保持更久的活力。如果春天修剪时，你发现一整根树枝干枯了，你要把它剪掉，留下健康的树枝。有时候，四月开始抽条时才能看到，一根看起来很有活力的树枝是否被损伤，是否停止生长。你要修剪掉这些树枝，直到树枝的树心又重新变亮。即使树枝表面看起来没什么，蓝色的树心也表明树枝被冻伤了。

## 去除野枝

大多数的玫瑰被嫁接到野生玫瑰的根茎上，可能会逐渐从根基长出野枝，可以通过不同于嫁接品种颜色的叶子来识别。你要在第一个夏天去除野枝。用挖土的耙子把它们挖开，直接在根部还是绿色的时候把树枝拔掉。如果你只在地面上剪掉这些树枝，会更刺激木桩的生长。春天则直接在被挖开的根部清除已经木质化的野枝。对于高树干玫瑰，嫁接位置在树冠的高度。如果树干上长出野枝，你要在抽条时，在枝条还是绿色时，直接把它们拔掉，用剪刀剪掉木质化的树枝。

## 去除花朵凋谢的树枝

你要定期去除常开花的玫瑰上的所有花朵凋谢的树枝。一方面不美观，另一方面，它们会结出蔷薇果实，失去再次开花的能力。如果一个品种成束开花，你要等到所有的花开尽再修剪，否则你会剪掉花朵。你要修剪到最上面生长充分的叶子的位置。如果已经看到有新的幼枝长出，你要剪到幼枝的位置。这种修剪刺激经常开花的玫瑰长出新的枝条，会第二次开花，甚至在好的状况下第三次开花。

## 去除病枝和病叶

如果夏天你在你的玫瑰上发现病枝或病叶，要马上去除，大部分主要是由黑斑病、霉菌病或玫瑰锈病引起的(见48页)。如果你不剪掉这些树枝，疾病会蔓延。千万不要把病叶当肥料，而是要把它们扔到垃圾桶里或焚烧。

大部分情况下，生长较弱或早衰的树枝会比强枝更容易感染上真菌病。因此春天定期的维护修剪很重要，它能增强活力，使玫瑰对疾病拥有较强的抵抗力。在花园里尽量不种植容易感染上真菌病的品种。

在较长的雨季里，你要去掉变成褐色的花骨朵，一般它们不会再开放。相比单花品种，一些多花品种对雨水反应更敏感。

## 开一次花的玫瑰：花期过后修剪

无论是灌木还是攀缘蔷薇，是开一次花的品种还是野生品种，它们的花骨朵都是在前一年孕育的。因此当已经长出第一批幼枝时，要在花期过后修剪它们。如果你想收获蔷薇果实的话，要谨慎修剪。

## 有益的冬季保护

在寒冷的地区，玫瑰常常会干枯到地面。在这些地区，你尽可能不要种开一次花的品种，因为它们的花骨朵在前一年已经孕育，必须过冬，但它们很容易被霜冻破坏。在这些地方你最好选择经常开花的品种。但是它们也需要防护来很好地度过寒冷的季节。你要用空气流通的树叶层来保护基部，在冬天用冷杉枝盖住植物。在下雪多的地方，你最好把灌木玫瑰绑在一起，以防止它们被雪压断。你要把绳子固定在一个木桩上，以承担一部分雪的重量。

**1. 去除死掉的树枝**　你要在春天去掉死去的树枝或木桩，留下健康的树枝。但是常常要在抽条前才能辨认出冻伤。

**2. 去除野枝**　千万不要在地面上剪短野枝，这会刺激它们的生长。你要挖开根部，把它们连根拔掉。

**3. 去除花朵凋谢的树枝**　对于经常开花的玫瑰，你要把花朵凋谢的树枝剪到第一个完全发育的树叶的位置，或是到第一根新枝上。

**4. 去除病叶**　如果某些叶子感染上真菌病，你要剪掉。它们是感染源，会使疾病蔓延。

**5. 修剪开一次花的玫瑰**　在前一年，开一次花的玫瑰孕育了花骨朵。为了让其开出优质的花，要在花期过后修剪。

**6. 冬季保护**　在寒冷的地方或低温下，玫瑰会被冻伤。你要用树叶或冷杉枝来保护玫瑰的根部。

# 侏儒玫瑰：引人注目也省空间

侏儒玫瑰和生长力较弱的壮花月季没什么区别，它们大部分都不会超过 40 厘米。露台组稍高些，但是它们同样也算这一组。侏儒玫瑰几乎一直开花，它们在当年枝上开花，要在春天抽条前修剪。既有多花品种也有单花品种，每个花柄上都开出很多花。

侏儒玫瑰直立生长，树枝纤细且薄，长不出像生长力较强的壮花月季一样的支撑枝。对地理位置、土壤和施肥的要求跟所有的玫瑰一样（见 148 页）。挑选时你要选强壮的品种，如有着 ADR 标志的“魅力”(Charmant)、“卖俏 2011”（Flirt 2011)、“小男孩”(Knirps)、“卢波”(Lupo)、“粉色大杂烩”（Medley Pink)、“珀皮塔”（Pepita）和“罗克西”(Roxy)。它们全部都开着不同的粉红色色调的花朵。一些侏儒玫瑰在夏末结出小的、一直到冬天都可以观赏的蔷薇果实。

因为根部生长力较弱，侏儒玫瑰比其他品种的玫瑰更适宜做盆栽植物。但是盆要足够高，能让根部向深处生长。每隔 2～3 年你要把侏儒玫瑰换盆种植，同时把根部剪短些。盆不要在冬天冻透。

你要把它们放到有防护的地方，或者给它们采取冬季防护措施。

## 培育

因为侏儒玫瑰构建不成支撑枝，所以不需要系统的培育。春天种上后，你要疏剪所有弱小的树枝，并把死掉的树枝剪短到地面附近。你要把粗壮的树枝剪成 5～10 厘米长。

侏儒玫瑰是小花园的理想选择，也很适合盆栽。

## 维护性修剪

对于长着很多细薄树枝的侏儒玫瑰来说，几乎不可能对其进行有序的修剪。如果你用绿篱剪剪短整株植物，会容易得多（见插图 2）。你要把强壮的树枝剪短到 15 厘米，生长力较弱的剪到 10 厘米。对于长得很矮的已经转向地被玫瑰的品种（见 154 页），你要把植物的直径剪掉三分之二。通过这种粗略修剪，植物的层次会更清晰，细微的修剪也会更容易。同时，你要用绿篱剪把死的、枯萎的和弱小的树枝剪短到地面附近。

## 恢复性修剪

如果每年都不修剪，侏儒玫瑰在 2～3 年后会枯萎。你要像维护性修剪那样描述的对老化的植物进行恢复性修剪。

**1. 维护性修剪**

你要在春天把整株植物呈半球形剪短到 10～15 厘米，然后这株灌木就会更直观。你要轻轻剪掉死掉、弱小的和枯萎的树枝。

**2. 粗略修剪**

因为侏儒玫瑰的树枝很快会长得很乱，有层次的修剪会很费力。你要用绿篱剪大致地修剪植物，然后再用手剪细微修剪。

# 高树干玫瑰：鼻子高度的花朵

高树干的玫瑰通常拥有野生玫瑰的根和茎，树冠部分则为嫁接。小高干通常是在 60 ～ 90 厘米的茎干高度嫁接微型月季、壮花月季或杂交香水月季，而树状月季则是在 140 ～ 160 厘米的茎干高度嫁接丰花月季和藤本月季。

每年大幅度修剪的话，高树干玫瑰就会开得旺盛。

高树干玫瑰一直需要一个稳固的支撑，直到树冠的位置（见插图 1）。你把树干缠绕在支撑上，把树冠系一圈在上面。没有固定的话，会出现树冠被风吹断、被雪压断的危险。

对于高树干玫瑰，修剪的强度要看嫁接的品种。你修剪生长力较弱品种的力度要比生长力强的大。但是你要避免一直在嫁接位置上造成伤口的修剪。伤口会一直干枯到嫁接的地方，造成损伤。一般来说，高树干玫瑰要比从地面长出树枝的同类品种的寿命要短。

## 培育

你要用从嫁接位置长出的 5 ～ 7 根均匀分布的支撑枝培育浓密的树冠。一根较高的直立树枝形成中间枝。根据嫁接品种，你每年都要修剪这些支撑枝：壮花月季剪成 5 ～ 7 根，杂交香水月季 3 ～ 5 根，对于经常开花的树状月季要留 7 ～ 10 根萌芽。你要把侏儒玫瑰的树枝剪短到 5 ～ 10 厘米。

你要在嫁接前或在修剪支撑枝前把弱小的或老一些的树枝剪留 2 个萌芽。在枝条还是绿色时，拔掉野枝。

## 冬季防护

高树干玫瑰上对寒冷敏感的位置就是有着嫁接点的树冠，因此你要用稻草和冷杉树枝把它们盖上。不适宜用塑料，塑料下面太热。你要把有着尚还柔韧的树干的年轻高树干玫瑰连同树冠弯向地面，要把它弯曲到基部隆起位置的上面，不要让树干折断。要用 U 形的铁丝固定树冠，用土埋上，保护起来。春天的时候再把它弄高，绑住。

**1. 绑住**

你把高树干玫瑰绑在一个稳固的支撑上，也要把树冠绑一圈，这样它就不会折断了。

**2. 培育**

每年要不断地把高树干玫瑰的树枝支撑剪短，弱枝剪到只有 2 个萌芽的位置。把野枝彻底拔掉。

**3. 冬季防护**

为了保护树冠位置上的嫁接点，防止其冻坏干枯，你要用稻草或冷杉树枝把它们盖上。

状花月季开花丰富，因为每个花枝都能承载更多的花朵。

# 壮花月季：远远可以看到花朵

壮花月季是被嫁接到野生玫瑰上的小型灌木玫瑰。壮花月季经常在一年和当年枝上开花，每个花柄上都开很多花。大部分品种都是 50～120 厘米高。长势好的玫瑰苗圃能开三次花，一直到秋天。除了花朵和杂交香水月季一样的，壮花月季还有所谓的怀旧玫瑰，开浓密的单花。

## 培育

对于幼小植物来说，你要注意把嫁接位置埋在地下（见 149 页）。用 5～7 根基生枝培育壮花月季。春天把弱小的基生枝剪短到地面附近。

## 维护性修剪

壮花月季春天抽条前，你要把枯萎和弱小的支撑枝剪成离地面 2 厘米的木桩，把有活力的树枝剪短成 5～7 个萌芽，侧枝剪成最多有 2 个萌芽的木桩。这种大幅度的修剪能有力地刺激其生长。尽管第一次开花量没有适度修剪时多，但是在夏季它会开出更丰富的花。

## 恢复性修剪

壮花月季老化时，大部分情况下，只能在上面对其修剪。它们不会再长出基生枝，并且支撑枝会枯萎。为了恢复其活力，你剪掉支撑枝的一半，把它剪成地面附近的短木桩。你要把剩余的树枝转嫁到下面幼小的侧枝上，把它们剪留 5 个萌芽，其余的侧枝剪留 2 个萌芽。如果长出幼小的基生枝，你要用它们重新构造玫瑰，使其恢复活力，清除地面上干枯的木桩。

## 覆盖地面的玫瑰

所谓的地被玫瑰是矮小的灌木玫瑰。在特征上，它们类似于壮花月季，但是不同于有着直立树枝的品种，它们长着躺在地上的长树枝。即使没有清理花序，地被玫瑰也会重新抽条，继续开花。

地被玫瑰经常在一年和当年枝上开花。你要在春天把低垂的长枝剪短到 30 厘米。如果它们长得过快，你把它们剪到 50 厘米，留下更多的萌芽。相应地，它们也会长出更多树枝，长得更弱。你把弱枝或枯萎的树枝剪短到地面附近。

**1. 培育**

你要把衰老的支撑枝齐地剪掉，把老枝转嫁到下面的幼枝上，把幼小的基生枝剪到 5～7 根，剩余的侧枝剪留 2 个萌芽。

**2. 恢复性修剪**

如果很多年只修剪上面，支撑枝会老化，幼小的基生枝不会再长出。你要把最老的树枝剪成地面附近的木桩，以刺激幼小的树枝从地面长出。

# 杂交香水月季：花园苗圃里的异类

在玫瑰中，杂交香水月季占有一个特殊的位置，人们不仅是因为它吸引人的花朵而种它，还因为它是经典的花瓶用花。杂交香水月季经常在一年和当年枝上开花。不同于壮花月季，它们分枝很少，大部分情况下，每个花柄上只有一朵花。每年的施肥提高其活力和开花数量。特别是第一个花期开始时，施肥很重要，它保证了月季在夏天开出丰富的花朵。杂交香水月季是多样化的，但只有它们集中散发出芬芳时才完美。然而，你在挑选品种时，不要只看香味或外观，也要注意它对真菌病的抵抗力(见 48 页)。这种花的特征很不同。正确修剪的话，杂交香水月季会长出粗壮的基生枝，会超过 1 米高。但是如果很多年都只修剪上面的部分，它们会长成 2 米高的灌木。虽然它们会一直开出很丰富的花，但是花柄会很短。另外如果只长出很少的幼小的基生枝，这些植物会早衰。为了阻止其早衰，要促使其长出幼小的基生枝，刺激杂交香水月季强劲生长，长出长的花柄。

## 培育

你要用 5～7 根地面附近的树枝培育杂交香水月季。春天种上之后，你要把这些树枝剪到地面上有 3 个萌芽的位置。要彻底清除弱枝。

有着尖圆形花朵的杂交香水月季给所有花园增添魅力。

## 维护性修剪

春天你要把粗壮的有活力的树枝剪短到地面上 3～5 个萌芽的位置，但是要把侧枝剪短到 1～2 个萌芽处。你要把早衰或弱小的支撑枝剪成地面上的短木桩。你要清除上一年的木桩。

## 恢复性修剪

非常高大的杂交香水月季大部分情况下只有较老或早衰的树枝，缺少幼小的基生枝。为了恢复其活力，你要剪掉老枝的三分之一，剪成木桩。你把剩余的树枝转嫁到最下面的幼枝上，这样会刺激幼小的基生枝长出。你把一年侧枝剪短到支撑枝附近的 3 个萌芽处，一年基生枝也是如此。如果来年春天在修剪口上长出幼小的基生枝，你要把它们剪留 3 个萌芽，疏剪较老的支撑枝。

**1. 维护性修剪**

你要把粗壮的基生枝剪留 3～5 个萌芽。如果还有侧枝，你要把它们剪成支撑枝附近的短木桩，把老一些的和弱小的树枝剪短到地面附近。

**2. 恢复性修剪**

这种杂交香水月季不能长久剪短到地面附近。前一年会长出地面附近的树枝，为了促使这些树枝的生长，你要疏剪老一些的树枝，通过深绿色到褐色的颜色来辨认它们。

经常开花的灌木玫瑰能长成特征明显的灌木。

# 经常开花的灌木玫瑰：独奏者和合作者

经常开花的灌木玫瑰能长成木本植物。现代的灌木玫瑰有着尖尖的球状花朵，跟杂交香水月季或壮花月季的花朵很像。怀旧玫瑰也属于灌木玫瑰，和毛玫瑰一样开着平的或球形的稠密单花。一部分古代月季也属于多花月季。波旁玫瑰、中国玫瑰和杂交四季玫瑰的很多品种都属于这组。它们第一次开花就惊艳众人，但是后续开的花影响力就明显降低。

灌木玫瑰常常从下面开始变秃，另外现在的品种生长僵硬，常常有点笨拙。你最好把它们种在苗圃里，用亚灌木掩盖它们的根，但是不要长满整个基部，这样从地面长出的幼枝会变少。因为玫瑰从秋末到春天在造型上不起作用，因此会把它们种在常青、开花早的灌木旁边。

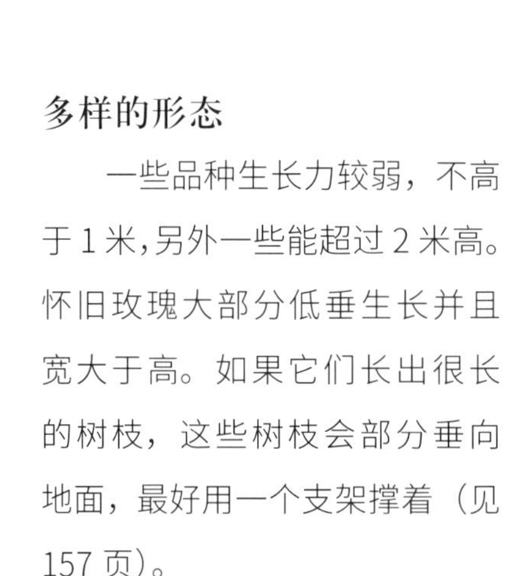

## 多样的形态

一些品种生长力较弱，不高于 1 米，另外一些能超过 2 米高。怀旧玫瑰大部分低垂生长并且宽大于高。如果它们长出很长的树枝，这些树枝会部分垂向地面，最好用一个支架撑着（见 157 页）。

枝条过长的灌木玫瑰会形成垂帘，因而酷似藤本月季。

灌木玫瑰长出粗壮的基生枝，在灌木上存活很多年。它们在一年和当年枝上开花，要在春天抽条前对其修剪。跟其他树一样要区分开支撑枝和侧枝，没有固定的修剪高度。对于生长力弱的品种，为了更好地刺激其生长，修剪这些品种的力度要比生长力强的品种大些。第一次开的花大部分来自一年枝上的萌芽，接下来的花则来自当年枝。从地面上长出的当年长枝在下一年才开花，它们有利于恢复灌木的活力，你千万不要用野枝替换它们。

## 培育

用 5 ～ 8 根基生枝作为支撑枝来培育经常开花的灌木玫瑰。春天种上之后，你要剪短这些树枝的三分之二，把弱小的基生枝剪成地面上的短木桩，即使这样会只剩下不超过 5 根基生枝。

**1. 恢复性修剪：修剪前**

这种灌木玫瑰每年都要修剪，它有着较老的和幼小的支撑枝。但是很少在地面附近修剪树枝，而是修剪上面的部分。

**2. 恢复性修剪：修剪后**

为了防止灌木变秃和刺激幼枝从地面长出，要在地面上修剪掉一些树枝，把其他树枝转嫁到下面的幼枝上，最后剪短。

## 维护性修剪

要检查野枝上的基部，根据需要，你要把它们拔掉，最好在夏天立即进行。如果从地面长出长长的幼枝，你要把它们剪成40～50厘米。接着你要清除弱小或早衰的基生枝和干枯的木桩。你把分枝严重的支撑枝转嫁到下面粗壮的幼枝上，以继续生长，把这些支撑枝剪短一半，弱枝剪掉三分之二。为了保持协调的外形，你要保留一根较高的中间枝。通过这种修剪，你就在整棵树里制造了液流堆积（见15页），会促使植物长出不同层次的幼苗，在夏天开出丰富的花。你要把上面的支撑枝侧枝剪短到2～5厘米，把下面剪成10厘米长的木桩。夏天定期修剪枯萎的树枝，根据需要也要剪掉感染上真菌病的叶子。你也要定期检查你的玫瑰是否有蚜虫。若有必要，你要采取相应的应对措施。

## 恢复性修剪

如果灌木玫瑰很多年都没有修剪或只在上面区域修剪，支撑枝会老化，大部分缺少从地面长出的幼枝。当它们上面分枝严重时，支撑枝会在基部上变秃。你要首先清除死掉的树枝和木桩，然后剪掉地面附近最老支撑枝的三分之一，剪成短的木桩，以促使从根部的新的生长。

在还有着有活力的侧枝的支撑枝上，你要把分枝的头转嫁到下面有活力的树枝上，以继续生长。你应该经常疏剪分枝的顶端，清除基部附近的树枝，最后，跟上面描述的一样，剪短支撑枝的侧枝。

## 长枝品种的培育

一些怀旧玫瑰，特别是英国的品种，常会长出垂向地面的长树枝，这使其保持完整的生长形状几乎很难或不可能。如果为了保持其造型，把这些树枝大幅度剪短，它们长出的长枝就会很少。它们有着跟攀缘蔷薇一样的特征，因此可以像攀缘蔷薇一样处理它们。

你最好把这些品种绑在一个辅助支架上，可以是房屋的墙、藤架或普通支架。你可以把这些树枝呈螺旋形缠绕在辅助支架上。这样液流就会聚集在整个树枝里，会长出比垂直生长的树枝更多的萌芽。虽然这意味着很多工作，但是为了开出丰富的花朵也是值得的。

**1. 维护性修剪**

首先你要疏剪老一些的支撑枝和干枯的木桩，剪短到地面附近。剪掉剩余树枝的一半，把侧枝剪成木桩。

**2. 恢复性修剪**

你要修剪地面上早衰的支撑枝，把剩余的树枝转嫁到下面有活力的侧枝上，剪短这些树枝和所有的其他树枝。

**3. 长枝品种的培育**

在辅助支架上培育长枝品种时，你把这些树枝斜着向上缠绕，这样就会长出更多的萌芽。

开一次花的灌木玫瑰在初夏开花，很短暂，但是开花丰富。

# 开一次花的灌木玫瑰：在初夏登场

一部分开一次花的灌木玫瑰会长成 2 米高的大灌木，它们主要在一年树枝上开花，花朵的范围从简单到盘状直到大朵的多花状。它们的当年枝能在整个夏天生长，没有更多的力量开出新的花朵。但是初夏，花朵装饰了整个花园，能持续三周。

开一次花的灌木玫瑰不像大部分经常开花的玫瑰生长得那么僵直。它们生长得比较柔韧并且常常会低垂，它们宽度要大于高，因此需要足够的生长空间。

在这组中，并不是所有的品种都一样粗壮。许多品种的花芬芳怡人，一些在花期过后一直到冬天都能结出供观赏的果实。

开一次花的灌木玫瑰在前一年就孕育着花骨朵，因此要在花期后修剪。重要的是，要在花期后持续对其修剪，因为随着花期的结束，就会长出新的树枝。没有定期修剪，它们会在根部变秃，长出浓密、布局混乱的树枝。

## 培育

你用 7～12 根基生枝培育开一次花的灌木玫瑰的支撑枝。在种上后的第一年，你要在花期过后只留下粗壮的基生枝，彻底剪掉弱小的基生枝。

## 维护性修剪

春天抽条前你要清除死掉的和病的树枝，花期后疏剪所有超过 4～5 年的树枝，齐根剪掉或者把它们转嫁到幼小的树枝上，疏剪剩下树枝的顶端。不要剪短这些树枝，这会刺激其大幅度生长，以致失去其协调的造型。你要在辅助支架上给长枝显著的品种塑形（见 157 页和 160 页）。

## 恢复性修剪

老化的开一次花的灌木玫瑰大部分会从基部开始变秃，会变得特别稠密。另外分枝的树枝顶端会变得很重，树枝会垂向地面。如果幼枝还会从地面长出，你要在花期过后把所有老一些的树枝和早衰的树枝剪短到地面附近。如果剩余的幼枝在遮阴处，它们大部分情况下过长并且不稳固，要把它们剪短到 30～40 厘米，来年夏天对其进行维护性修剪。如果这株植物整体都早衰，你要把它剪到根部。如果这样还长不出树枝，你要替换掉它。

**1. 维护性修剪**

你要把超过 4～5 年的树枝剪短到地面附近，只疏剪剩余树枝的顶端，把大幅度早衰的树枝转嫁到下面幼小的侧枝上。

**2. 维护性修剪细节**

幼小的侧枝可以通过其红色很好地被辨认出来。你要在花期过后把早衰的和低垂的树枝转嫁。这些树枝会为来年孕育花骨朵。

# 野生蔷薇：简单而又迷人

野生玫瑰大部分开单花，很多品种香味浓郁。

野生蔷薇不仅有柔嫩的漂亮动人的单花，而且很多从夏末到冬天都结出漂亮的橘红色果实。常见的华西蔷薇（*R. moyesii*，WHZ 6）品种的华西蔷薇天竺葵（Geranium）在五月底开出鲜红色的花朵，喜欢招引昆虫。它直立生长，高达 3 米。黄刺玫（*R. xanthina* var. *hugonis*，WHZ 6）高达 2 米，在五月开花。狗蔷薇（*R. canina*，WHZ 4）3 米高，3 米宽，常常开着芬芳的粉红色花朵。

野生蔷薇在两年和更久的树枝上 5～50 厘米长的一年侧枝上开出的花最漂亮。因此要在花期过后定期修剪开一次花的野生蔷薇，即使这样会使果实减少。一些品种会长出很高的从下面变秃的支撑枝，你要把这些树枝齐根剪掉，尽管它们还很有活力。这样灌木会保持紧凑但又疏松。像玫瑰（*R. rugosa*，WHZ 5a）这样经常开花的野蔷薇，你要跟修剪经常开花的灌木玫瑰一样修剪它，也就是在每年春天抽条前（见 156 页和 157 页）。一些野生蔷薇叶子的颜色或刺的形状很有装饰性，比如扁刺峨眉蔷薇（*R. sericea* ssp. *omeiensis* f. *pteracantha*，WHZ 6）有着翅膀形状的红色的刺。相比其他野生蔷薇，你对这个品种修剪的力度要更大些。这样能刺激长出多彩的叶子或有着漂亮的刺的幼枝。

## 培育

种上后，你要把弱枝剪短到地面附近，用 7～12 根基生枝培育生长力强的野生蔷薇，生长力较弱的则用多达 20 根基生枝培育。

## 维护性修剪

基生枝能保持 6 年的活力，然后它们会被从地面长出的一年枝代替。你千万不要剪短后者。它们会长出侧枝，来年开花。然后，你再疏剪两到三年树枝的顶端，把老一些的扫帚形顶端转嫁到下面支撑枝的幼枝上。

## 恢复性修剪

如果灌木很多年不修剪，死的树枝和早衰的树枝已经长成丛林，你要把它剪到基部。要在以后的几年培育多达 10 根新的树枝，每年修剪灌木。

**1. 维护性修剪**

谨慎的修剪保持野生蔷薇的自然形态，你要用幼枝代替老一些的基生枝，千万不要剪短。要疏剪剩下树枝的顶端。

**2. 恢复性修剪**

不修剪的话，野生蔷薇的很多基生枝会乱作一团。有序的修剪几乎是不可能了，你最好把这株灌木剪到基部并且重新构造。

# 登山者：经常开花的攀缘蔷薇

攀缘蔷薇拱形的长枝上开出密密麻麻的花朵。

攀缘蔷薇在生长力和开花量上都是冠军。它们给亭子、房屋的墙或辅助支架穿上“衣服”，变出漂亮的花朵瀑布。

攀缘蔷薇不像其他攀缘植物，用特殊的附着器官牢牢地附着在根基上。生长时，它们会跟骨头一样把侧枝相互交错，附着在其他树或辅助支架上，因此也称它们为棘刺性攀缘植物（见23页）。根据生长形态，攀缘蔷薇被分为两类：大部分开一次花的攀缘蔷薇被称为“漫步者”（见162页），一些经常开花的攀缘蔷薇就是所谓的“登山者”。登山者的花大部分都比漫步者的花大，长出粗壮的向旁边远远伸出的树枝，高4米。一些开着大花朵的品种，如“破晓”（New Dawn），则有着柔软的树枝，让人想起漫步者的枝。杂交香水月季则和“登山者”很像。人们在辅助支架上培育攀缘蔷薇，否则它们的长枝会倒下。如果你不是把树枝嵌入到辅助支架的里面或后面，而是把它们绑在支架的前面，维护会变得很轻松。这样很容易松开、修剪这些树枝，并且再把它们绑回攀缘辅助支架上。经常开花的攀缘蔷薇在一年和多年枝上开出第一次的花，在当年枝上继续开花。只有粗壮的侧枝才能开出成簇的花朵，弱枝上大部分只开一朵花。应该在春天抽条前修剪它们。

## 培育性修剪

春天种上后，你要把弱枝剪短到地面附近，剪掉粗壮树枝的一半，用7～10根基生枝培育平铺在墙上或在支架上生长的攀缘蔷薇的支撑枝。你要把这些树枝平铺在辅助支架上。你要用天然的拴绑材料，不要系紧。

## 维护性修剪

首先你要在春天把早衰的或病的树枝修剪成地面附近的木桩，然后，你要把下面的一年基生枝平铺绑在攀缘支架上。这样会保证它们的生长并且在整根枝条上长出树枝并开花。如果让树枝垂直生长的话，只有树枝顶端会开花。

只有当它们超过攀缘支撑枝时，你才能剪短一年的基生枝，否则它们会长出2～3根开花少的树枝。多年的支撑枝上会有很多枯萎的侧枝，你要把这些侧枝剪留2个萌芽。如果在老支撑枝上看到很多新枝，你要彻底地剪掉这些老枝，只留下2根侧枝，把它们剪留2个萌芽（见插图2）。这样，支撑枝能保持7年的活力。如果支撑枝靠外的部分开出的花变少，你要把它们转嫁到靠向内侧的有活力的幼枝上，把它们作为新的支撑枝顶端捆绑。如果你在开始开花前两周剪掉当年侧枝的三分之一，剪成支撑枝上5厘米长的木桩，它会继续抽条，迟两周开花。这样开始时开的花就很少，但是会不断开花。

## 恢复性修剪

让老化的攀缘蔷薇恢复活力，大概要2～3年的时间。首先你要剪掉早衰最严重的支撑枝的三分之一。如果还有剩余，你就把剩下的转嫁到下面粗壮的幼枝上，把侧枝的扫帚形顶端转嫁到靠近支撑枝的一根树枝上，然后再把它剪留 2 ～ 3 个萌芽。

## 平铺树枝

攀缘蔷薇垂直长树枝下面的部分会变秃，它们只在上面抽条和开花。一旦把这些树枝水平弯曲，你就转移了向上流动的液流压，把它均匀分布在了整个树枝，之后出现的萌芽会开出更多的花（见 14 页）。你要把有活力的幼枝水平固定在攀缘辅助支架的下面，老枝侧着直立固定在上面。“登山者”向旁边伸出的木质化树枝则很难弯曲，常常会折断，因此你要把幼小的基生枝弯到辅助支架上。

## 特例拱形蔷薇

用“登山者”构造拱形玫瑰相当不容易。向旁边伸出的树枝不能平铺，在根部大部分都变秃。你要把弱枝剪短到地面附近，分阶段大幅度修剪，以此来刺激其在基部的生长。

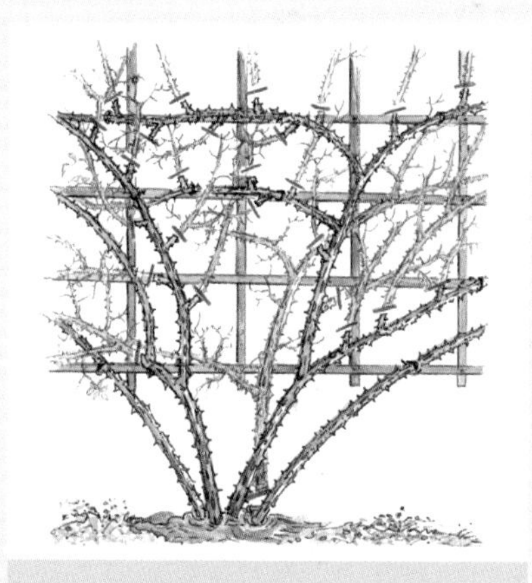

**1. 维护性修剪** 你把早衰的支撑枝剪成短的木桩，把剩余的干枯的树枝顶端转嫁到有活力的幼枝上。

**2. 维护性修剪细节** 你要把上一年开过花的侧枝剪留 2 个萌芽，把老枝转嫁到支撑枝附近的树枝上。

**3. 恢复性修剪** 支撑枝会首先在顶端早衰。你要把这些树枝顶端转嫁到靠内侧的有活力的幼枝上。

**4. 春天：平铺树枝** 你把支撑枝平铺在辅助支架上，有活力的幼枝在下面，老枝绑在上面。

**5. 夏天：平铺树枝** 为了促使其生长和来年开花，你要把当年枝平铺着固定。

**6. 拱形蔷薇** 为了不让基部变秃，要把从地面长出的树枝剪短到地面附近，这样在拱形的下面也会开出花朵。

一次开花的漫步者大部分长出小型花朵，这些小花朵形成一大簇。

# 漫步者：开一次花的攀缘蔷薇

大部分开一次花的攀缘蔷薇都被称作“漫步者”，在英国这个词代表着“不安分、流浪”的人们。正如漫步者玫瑰的生长一样：它们不乐意被任意摆布，而是喜欢按自己的方式生长。许多品种生长力很强，在一个夏天长出若干米长的树枝，一些高达10米，它们常常被种在灌木或大树附近。这棵树要一直承受漫步者的大小和重量，但是也不能整个被覆盖生长，否则它会慢慢死亡。你要把漫步者始终种在树的南面，离树干有1米远的距离，前几年把它引向树冠。但是你要避免房屋墙壁前热的地方，那里容易感染上疾病。

## 每年的修剪很重要

大部分的漫步者开一次花，它们的树枝柔软且易弯曲。大部分开着大朵的单花，许多品种秋季结出蔷薇果。但是也有多花和经常开花的漫步者（见小贴士）。你要像对待经常开花的攀缘蔷薇一样对待后者（见160页和161页）。开一次花的漫步者带着上一年孕育的花骨朵，在一年枝上开花，因此要在花期过后修剪。

对于生长力弱和中等强度的品种，或种在小花园里，建议每年修剪。但是每年修剪高大的漫步者很费力。你至少每隔8～10年得通过持续性修剪激发其活力。

你在修剪时要注意树枝上弯钩状的刺，它们会戳到衣服或皮肤上。因此你工作时要遮住胳膊，戴着手套。谁想省事，可以选择没有刺的“幸福基金”(Lykkefund)或只有很少刺的“阿尔弗雷德卡里尔夫人”(Madame Alfred Carrière)。

像“艾尔郡皇后”(Ayrshire Queen）这样的漫步者夏天时会掉老的叶子，这不是早衰或患病的征兆，而是这个品种的特性。

**1. 维护性修剪**

你把衰老的支撑枝齐地剪掉。把剩余树枝的分枝转嫁到有活力的幼枝上。最后你要绑住这些当年枝。

**2. 系绑**

夏天你把当年枝定期绑到辅助支架上。只要这些树枝还很柔软，它们就很容易排列。只有这样，漫步者的结构才清晰。

**3. 树上的漫步者**

如果漫步者沿着一棵树生长，你要把它转到树冠上。分枝的花枝呈瀑布形悬挂，这棵树必须能承受漫步者的重量。

## 培育

每年种上后，你要在花期过后把所有树枝剪短到地面附近，以促使粗壮的长支撑枝长出。你把这些支撑枝平铺在辅助工具上，或用绳把它们引向树的树冠里（见插图 2 和 3）。你要注意，生长快的树枝不能在辅助支架后面生长。否则树枝会很难松开并且修剪会很费劲。如果玫瑰长成一棵树，你要使用 3～4 根从地面长出的支撑枝。这样如果以后其中一根树枝停止生长，或早衰被剪掉，也能留下足够的支撑枝。

## 维护性修剪

对于小一些的漫步者蔷薇，你要在春天抽条前修剪病枝或死掉的树枝。花期过后你要清除早衰的支撑枝，把剩下的转嫁到下面的幼枝上。树枝大部分情况下会缠绕在辅助支架上或相互交错，你不能用力扯，而是要轻轻摇晃，这样交错的树枝就会松开，也会少给剩下的树枝造成伤害。如果你把很长的树枝剪成短枝，会更容易把交缠的树枝分开。很大的漫步者不能每年系统地排列，你要剪短在辅助支架或树冠上枯萎的向外低垂的树枝。这样你就减轻了它的重量，会使来年长出不分枝的幼枝。对于在棚架或其他辅助支架上的漫步者，你夏天定期梳理幼枝并且把它们绑上（见插图 2）。你要剪短从辅助支架上伸出的过长的或齐头高的树枝，防止伤到人。

**4. 经常开花的漫步者**

一些漫步者，这里是“宿根蓝”（Perennial Blue），它们在夏天消耗能量孕育花朵，因此生长力要比开一次花的弱些。

## 恢复性修剪

较长时间不修剪的漫步者会长成由死掉的和活着的树枝形成的灌木丛。另外，它们的重量会变重，更小的寄生植物可能会被压断。因此你要每 5～7 年进行恢复性和缩小性修剪。对于强壮的漫步者玫瑰，这种恢复性修剪最少要一天半时间。

你要在花期过后把所有老支撑枝剪短到地面附近。同时，你要努力保护地面附近的幼枝，让它们长到 3～4 米高，让它们重新够到树冠，你才能把它们剪短，把它们放在地面保护在一边。然后，你要清除缠绕在辅助支架上的老枝，用剪子把它们分开，拔掉残枝。如果你想把修剪掉的树枝堆成肥料，以后作为肥料用，你要考虑到木质化的刺很难腐烂。

### ！经常开花的漫步者

经常开花的漫步者蔷薇有着柔软的长树枝并且会再一次开花。因为它们在夏天也要集中力量开花，因此大部分情况下它们生长力要比开一次花的品种弱些。“粉红奴赛特”（Blush Noisette）、“藤本矮人国国王”（Climbing Alberich）、“阿尔弗雷德卡里尔夫人”（Madame Alfred Carrière）、“宿根蓝”（Perennial Blue）、“超级埃克塞尔萨”（Super Excelsa）和“超级桃乐茜”（Super Dorothy）都是经常开花的品种。

## 拱形上的漫步者

开一次花的漫步者能很快蔓延成蔷薇拱形或亭子，但是很快会从下面开始变秃。你要每年在花期过后把这些植物彻底剪短到地面附近，重新培育。这样蔷薇就会长得稠密并且开花丰富。你每年要把这些树枝呈扇形分布在亭子上。对于生长迅速的漫步者，要每两周重新绑住这些树枝。因此针对这种地理位置，你最好选择生长力弱或经常开花的登山者。

# 攀缘植物：墙壁和支架上的绿意

攀缘植物不需要太多的空间就能装饰墙壁、凉廊，并起到分隔花园空间的作用。因此，小型花园尤其应该考虑这些植物。有些攀缘植物主要以叶子作为装饰，有些则以花为主角。

攀缘植物不能单独向上生长，而需要有支撑物作为辅助。如何攀上支撑物也有不同的方法（见23页）。棘刺攀缘植物通过枝条与攀缘辅助物咬合，自吸附型可通过吸附根或吸盘固定，缠绕攀缘植物则将枝条缠绕在辅助物上。在自然界中它们通常攀附在其他树上，花园中则通常为墙体或以木头或金属制成的支撑物上。如果你能利用的空间不大，但又想种植较大型的树木，则相对于自由生长的植株，攀缘植物是不错的选择。其生长高度由墙体或攀缘辅助物决定。几年后，攀缘植物仍长在这些支撑物上——只有常春藤和野生葡萄会随着时间的推移蔓延到更大的空间中。

## 攀缘植物在花园中有多种用途

攀缘植物可用来阻挡视线。作为绿篱，它在厚度上对空间的要求较低，同时却能达到必要的高度。

安置的支架可以用作分隔空间。

攀缘植物可以覆盖墙壁，或起到突出重点的作用。

装点走廊和凉亭时植株只

需起到强调作用即可，无须完全覆盖。

## 攀缘植物有其独特的需求

不同攀缘植物对生长环境的要求也不同。种植地从炎热的南墙到阴凉的北墙都有。只有选择正确的种植地才能保证植物健康生长。当然，在选择植物时还需要考虑各自所需的维护。

紫藤需要定期修剪。你需要检查是否有开放的小路能放置修剪所需的梯子。

要想修剪屋檐上的常春藤，你必须确保自己不会恐高。

如果攀缘辅助物设置在亚灌木花坛中，在夏季进行修剪时必须确保不会损害到下层的植物。

攀缘植物可能会很重，因此紫藤、厚萼凌霄或绣球藤的支撑物必须非常结实。

在种植常春藤或野生葡萄前，需要先确定安装在房子上的隔热装置是否能承受住其重量。

攀缘植物和攀缘辅助物必须相配：如铁线莲的攀缘茎只能缠绕在纤细的支架上。

有些攀缘植物可能会损坏屋檐、门墙或屋顶，详情请参考各植物的单独介绍。

金属元素或墙面在夏季可能会升温很快，导致烫伤攀缘在上面的植株部位或其枝条。攀缘支架与墙面保持约 15 厘米的距离就能有效避免这个问题。

## 修剪攀缘植物

修剪攀缘植物有助于培育出支撑枝，促进开花，并增强植株活力。此外，修剪的另一个作用是将植株限定在为其预设的区域内。开花一半在当年枝或一年枝上，一半在更老的枝条上。攀缘植物也可以分为春季开花和夏季开花两类。但和自由生长的树木不同，修剪还需保持植株的形状。因此，攀缘支架上应密集地覆盖植被，但又不能太过茂密。只有定期修剪才能实现这个目的：紫藤每年春季都需要修剪，夏季也应至少修剪一次。即便只落下一次修剪，在下一次修剪时要想纠正整体形状也需要花费更多的精力。

有些攀缘植物如野生葡萄，会随着时间的推移覆盖大块面积。

# 春季开花的铁线莲：野性的魅力

厚萼凌霄在春季能开出大量粉色花朵。

和所有铁线莲属（*Clematis*）的植物一样，春季开花的种类也喜好阴凉的种植地，且土壤应在夏季保持湿润，并富含腐殖质。因此，需要用其他植物或石头为其基部提供遮蔽。这样便可使其根部避开炎热和干旱。

厚萼凌霄（*C. montana*，WHZ 6b）是最有名的春季开花种类。有多种品种在五月开不同颜色的花：“唯美粉色”（Pink Perfektion）开浅粉色花，“灯鱼玫瑰”（Tetrarose）为浓重的粉色——两者都散发怡人的香草香。白色的晚花绣球藤（Wilsonii）则为热巧克力香。厚萼凌霄能达到10米的高度，且能在多年内保持茂密。花开在一年长枝和侧枝上。和其他春季开花的种类一样，它也应在开花后修剪。和厚萼凌霄同属一个修剪类别的还有半钟铁线莲（*C. alpina*，WHZ 5b）、小木通（*C. armandii*，WHZ 7b–8a）、冬铁线莲（*C. cirrhosa*，WHZ 7b–8a）、朝鲜铁线莲（*C. koreana*，WHZ 6a）、长瓣铁线莲（*C. macropetala*，WHZ 6a）和西伯利亚铁线莲（*C. sibirica*，WHZ 3）及其下属品种。

## 培育

种植时将植株最下方的一对嫩芽埋入土中。如果之后有枝条折断或冻伤，这些嫩芽可作为有效的储备。种植后将所有枝条剪短至露在地面上方的嫩芽处。这样能使分枝点靠近地面，因而也能推迟枝条变秃。

## 维护性修剪

由于春季开花的铁线莲能保持多年活力，因而并不需要每年进行修剪。如果它们长出了设定的区域，或开始变秃，则将其剪短三分之一到二分之一。最好在其花朵凋谢期间修剪，这样植株才能有足够的时间重新生长。

## 恢复性修剪

如果铁线莲长得过大或变得衰老，在开花后将其剪短至30～60厘米。虽然较老枝条的地上部分仍会枯死，但它们在当年或第二年就会长出新的基生枝（见插图2）。在第二年夏季视情况为其施肥、浇水。

**1. 维护性修剪**

如果春季开花的铁线莲衰老或变秃，开花后直接将其剪短至30～60厘米。但通常较老枝条的地上部分仍会枯死。

**2. 修剪后发芽**

这株经过大幅恢复性修剪的厚萼凌霄的老枝已完全枯死，但从土中又长出了嫩枝（左侧）。

充满活力的夏季开花铁线莲可从六月到十月一直开花。

# 夏季开花的铁线莲：一直开到秋季的明星花

夏季开花的铁线莲（*Clematis*）在养料充足且夏季保持湿润的土壤中从六月到十月都能一直开花。有些品种属于意大利铁线莲（*C. viticella*，WHZ 5a）的杂交品种。它们对铁线莲真菌之类的病菌有较强的抗性。夏季开花品种花色非常丰富，和玫瑰及其他木本植物组合非常美观。

和其他夏季开花的植物一样，这组铁线莲也在当年枝上开花。因此需要在春季发芽前进行修剪。如果你想有目的地牵引枝条或塑造造型，最好在枝条还是绿色时进行（见 168 页）。已经木质化的枝条很容易折断。属于这组夏季开花的铁线莲的还有东方铁线莲（*C. orientalis*，WHZ 6a）、甘青铁线莲（*C. tangutica*，WHZ 5b）、德克萨斯铁线莲（*C. texensis*，WHZ 6a）、葡萄叶铁线莲（*C. vitalba*，WHZ 5a）及以下品种：“吉卜赛女王”（Gipsy Queen）、“如梦”（Hagley Hybrid）、“胡尔丁”（Huldine）、“杰克曼”（Jackmanii）、“倪欧碧”（Niobe）、“红衣主教”（Rouge Cardinal）、“里昂村庄”（Ville de Lyon）和“华沙尼刻”（Warszawska Nike）。

## 培育

将在花盆中盘成环状的根松开，并将其以星状置于植株间的空缺处。种植时把最下面的一对嫩芽埋在土壤里。春季种植后将所有枝条剪短至土壤上第一对嫩芽处。这样就能促使长出大量靠近地面的枝条。

## 维护性修剪

每年春季将所有枝条剪短至 10 ～ 30 厘米。这可以促进长出生命力旺盛的新枝。这些枝条在夏季长得越长，新的花芽就越多。将剪下的枝条从支撑物上解下，在发芽时将嫩枝小心地缠绕在支架上。如果夏季开花的品种在七月已经结束后第一次开花，在温暖的区域可在八月前再次将植株剪短（见插图 2）。在浇水充足的前提下，植株会很快再次萌发，并在九月中旬之前再次开花。但在气候较冷的区域则无法实现这样的二次开花。

## 恢复性修剪

如果夏季开花的铁线莲老化，将其剪短至距地面 20 厘米。通常枝条会枯死，但还会长出新的基生枝。绝对不要直接将铁线莲剪短至地面，否则植株会从修剪口一直干枯至根部，导致长不出新的枝条而逐渐死亡。

**1. 维护性修剪**

夏季开花的铁线莲在当年枝上开花。如果植株长势旺盛，你需要每年在春季发芽前将其完全剪短至 10 ～ 30 厘米。

**2. 夏季的维护性修剪**

如果在温暖的区域花朵在七月便已经凋谢，可在八月初将植株重新剪短。它很快就会重新萌发并再次开花。

铁线莲开出大花朵，在合适的地方会开出丰富的花。

# 初夏开花的铁线莲

初夏开花的铁线莲（*Clematis*）包括了大部分大花的品种和杂交种(WHZ 5)。根据品种不同，其花色几乎囊括了所有颜色，花朵为半重瓣或重瓣。

## 脆弱的美

由于各种原因，初夏开花的铁线莲比一般铁线莲需要更多的照料。它们对枯萎部分非常敏感，一旦遭受侵袭，就会导致枝条的夏季部分或全部枯死。因此，必须齐地剪掉受病菌感染的枝条。由于长势旺盛的植株又比长势较弱的相对不容易受侵袭，因此需要格外注意保持良好的种植环境。要避免炎热且土壤在夏季干燥的位置。尤其屋檐下无法淋到雨水，人们通常都低估了干燥的影响。但另一方面，铁线莲又无法忍受水涝。因此，如果是重壤土则必须注意保持良好的排水。通风透气的环境可以确保叶子在下雨后很快变干，从而也提高对病菌的抗性。此外，你还需要注意固定过长的枝条。刮风时它们的树皮又可能会受伤，病菌会侵入伤口，导致由镰刀菌造成的枯萎。

因此，最佳的环境是排水性佳、富含腐殖质、夏季土壤保持湿润、通风且凉爽。但房屋的北面又有光线不足的问题。通常推荐用亚灌木来为铁线莲遮阴，但不能遮住铁线莲的根部，否则后者就无法长出足够的基生枝。

如果你想在树木的根部区域种植铁线莲，则需将一个约 20 升的花盆埋入土中，盆中先不装土。先在底部装入排水材料后再盖上富含腐殖质且排水性好的土壤。有了这一阻隔后，铁线莲就不会和树木形成竞争，因而也能长得更好。在夏季多浇水也有好处。

## 发芽前修剪

大花的杂交品种初夏在一年嫩芽上开花。虽然花开在当年枝上，但花芽早在上一年便已经开始孕育。对于开花非常早的品种，也可以在开花后修剪。但原则上一般还是每年在发芽前修剪，因为通常刚开花时植株就已经长出了嫩枝。修剪时同时剪掉上一年已经干枯的叶子，但不要将其扯下，否则可能会折断或损伤枝条。

许多品种在夏末时还会在当年枝上再开一次花，前提是有充足的养料和水分供给。但在初夏开重瓣花的品种再次开花时开的是单瓣花。这些花后面都标了星号（*）。修剪方式属于初夏开花品种的铁线莲包括“艾丽丝·菲斯克”(Alice Fisk)、“爱莎”(Asao)、“鲁佩尔博士”(Dr. Ruppel)、“爱丁堡公爵夫人”*（Duchess of Edinburgh)、

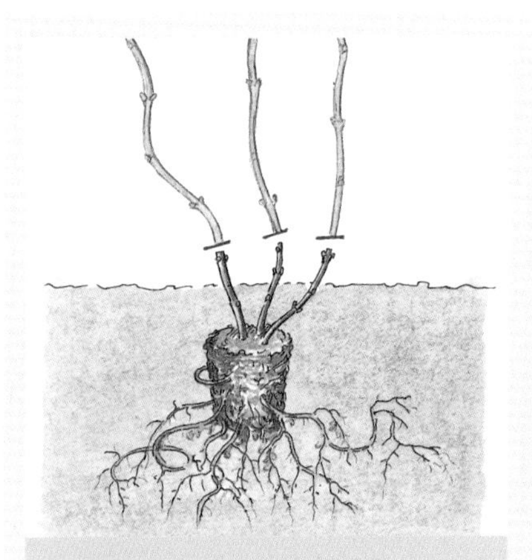
**1. 培育**

种植时留一对嫩芽在土里。如果有枝条受伤，这对嫩芽可作为储备。然后将所有枝条剪短至地面上第一对嫩芽处。

**2. 幼苗**

在第二年再次将铁线莲剪短至地面上剩下两对嫩芽处，这可以促进植株分枝，如图所示。埋在土中的一对嫩芽也会同时发芽。

“富士蓝”（Fujimusume）、“和谐”（Harmony）、“凯塔琳娜”（Katharina）、“凯瑟琳惠勒”（Kathleen Wheeler）、“新幻紫”（Königskind）、“海浪”（Lasurstern）、“冰美人”（Mme Le Coultre）、“贝特曼小姐”（Miss Bateman）、“汤姆森夫人”（Mrs. N. Thompson）、“娜塔莎”（Natascha）、“耐里·摩斯”（Nelly Moser）、“小鸭”*（Piilu）和“薇安·潘纳禄”*（Vyvyan Pennell）。

## 培育

铁线莲的嫩芽对称生长（见40页）。种植时通常需要将一对嫩芽埋入土中（见插图1）。春季种植后将所有枝条都剪短至地面上的第一对嫩芽处。如果你在夏季或秋季种植一株正在开花的铁线莲，一定要在第二年春季补上修剪。

## 维护性修剪

在春季发芽前将长势旺盛的植株剪短四分之一，长势弱的则剪短三分之一。对于结构清晰的植物可以纵向分层修剪，这样可使花朵分布更佳。但如果枝条结构不清晰，且互相纠缠，则最好在同一个高度进行修剪。这样植株结构会相对更加清晰，且能完全剪掉已经枯死的枝条。如果枯死的枝条和仍存活的枝条相互交叉，则可将其剪成几小段然后抽离。不是自主缠绕在攀缘辅助物上的枝条需要小心地绑住。侧面长出的嫩枝也可以用同样的方式进行处理。如果这些枝条还没有木质化，则可以轻松地将其缠在攀缘辅助物上（见插图4）。

有些品种在秋季会长出非常迷人的果序。要想结出这些果实，植株需要充足的养分，此时便不能促进新枝的生长或二次开花。如果你觉得果实更加重要，则应放弃修剪，以避免剪掉果序。

## 恢复性修剪

即便定期进行修剪，大花品种的铁线莲也会随着时间的推移从底部开始变秃。修剪较少的植株会衰老，而且枯死的枝条和活着的枝条会纠缠成密集的一团。为了能更好地刺激生长，需在春季发芽前进行修剪。虽然这样会错过第一次开花，但能使植株更好地恢复活力。 修剪时将所有枝条剪短至距地面30～50厘米。虽然之后它们会干枯，但还会长出新的基生枝。即便在同一年没有长出枝条，植株也不会因此死亡，通常在第二年春天就会发芽。

**3. 维护性修剪**

初夏开花的大花铁线莲每年都需要至少剪短四分之一。对于层次分明的植株，修剪时可在纵向稍加区分层次，这样花朵的分布能更加美观。

**4. 牵引枝条**

通常枝条会垂挂在攀缘辅助物之外。在尚未木质化时便将其缠绕到辅助支架上。一旦木质化，则容易在弯折时断裂或受伤。

**5. 恢复性修剪后发芽**

将衰老的植株齐地剪短。图示为新枝。需要用土盖住基部，这样最底下的一对嫩芽就能被埋入土中。

# 紫藤：花团锦簇

紫藤能开出大量花朵，但前提是合适的生长环境和修剪。

紫藤（*Wisteria*），也叫紫萝，春天在一年到多年的短枝上开花并且在前一年孕育花骨朵。从上面看，中国紫藤（*W. sinensis*，WHZ 6b）逆时针蔓生，五月时，也就是抽条前，它开出 30 厘米长的花簇。有时整个夏天会持续开花。日本紫藤（*W. floribunda*，WHZ 6b）则是顺时针蔓生，五月开出 50 厘米长的花簇，同时也会长出叶子。绿玉藤（Macrobotrys）孕育花朵的枝条长 1 米，白花紫藤（Shiro-Noda）开白色芬芳的花簇。紫藤“红景天”（Rosea）开粉红色花朵。

紫藤喜欢向阳、温暖和炎热的生长环境，土壤应该营养丰富并且通透性好，无法承受湿重的土壤，在含有石灰钙的土壤里它也会生长得不好。蔓藤（见 23 页）可以长到 10 米高并且会很重。因此辅助支架要牢固并且要固定得很好，例如排水管就不适合，枝条会在几年后挤压它。因为随着时间的推移枝条会慢慢变粗，它们的蔓藤也会越来越紧密并且会给墙上的固定物施加压力。为了避免这种情况的发生，你要定期松开支撑枝，把它们绑在辅助支架上。这样绑的话金属也不会勒进去，并且植物随时都可以从支架上松开。

## 促进开花

种上后，大部分情况下要持续很多年，紫藤才第一次开花。它是从幼芽长成的植株，因此你要注意嫁接或从插枝繁殖的植株。但是有时候也要耐心等待开花，最保险的就是你买一棵已经开花的植株。为了保证紫藤开花，要阻止其长得过大。定期的夏季修剪对此有帮助，它会给长得乱成一团的夏季树枝梳理并构建结构。另外你不要对正在生长的植株施肥或浇水。如果这些都无济于事，你要在抽条后进行春季修剪，这样能抑制植株更强劲的生长，能更好地促使其开花。

## 培育

你要用 2 根，最好只用 1 根活得很久的支撑枝培育紫藤。每年春天，你让这根支撑枝最多长长 1 米，这样在整个长长的部分上会长出侧枝。如果你想要支撑枝在更多金属丝上分枝，你就每年延长每个部分，在剪完金属丝后，把树枝长长的部分缠绕并且绑上。

## 夏天的维护性修剪

每年修剪前，你要想象带有侧枝的支撑结构。在七月底，你要把当年长长的部分剪到 2 米长，把它们松开并且绑在支架上，然后把大部分相互缠绕的侧枝剪成 30 厘米。

这株紫藤“红景天”的花骨朵长在一年短枝上。

如果紫藤在夏天重新抽条，你要在枝条还是绿色时剪掉这些新枝。这种修剪首先使其井然有序，并且也能促使其生长和刺激花骨朵的形成。

## 春季的维护性修剪

每年春天抽条前的修剪是以前一年夏季的修剪为基础的。你要把支撑枝的延长部分剪到最长1米，把它们从辅助支架上松开再系上。如果支撑枝已经长到了预期的长度，你要像处理侧枝一样来处理顶端，把一年长长30厘米的部分剪成10厘米长。随着年份的增长，会长头，大部分的花枝都在头部的短枝上。如果头在10～15年后枯萎，你要把它老的分枝转嫁到支撑枝附近的幼枝上。

## 恢复性修剪

如果紫藤没有按照这里描述的系统化培育或甚至都没有修剪，就会长成灌木。如果你想要修整这些植株或恢复其活力，你要在晚春修剪。如果有较大的伤口出现，你要抹平这些伤口边缘。最多留下2根支撑枝，清除剩下的，你要沿着支撑枝把侧枝剪成10厘米长的木桩。如果灌木在上面部分过大，你节省劳力地在一个侧枝上剪掉支撑枝。你也许已经用修正修剪的方法去掉了植株的一大部分，在以后的几年，你继续像上面描述的那样做。

## 培育高树干

紫藤也可以被培育成自由站立的有树干的植株。为此，你只需要用一根树枝，把它高高地绑在一个桩上，把它剪成所希望的树冠的高度。这个树冠应该由1根中间枝和4～6根侧支撑枝组成。春天的时候，你要跟攀缘植物形式一样地把侧枝剪到5厘米，而不是10厘米。树冠直径大约1米长，最迟10年后，这棵树即使没有桩也能站立。如果几年后支撑枝顶端早衰，你要把它们转嫁到靠向内侧的侧枝上。

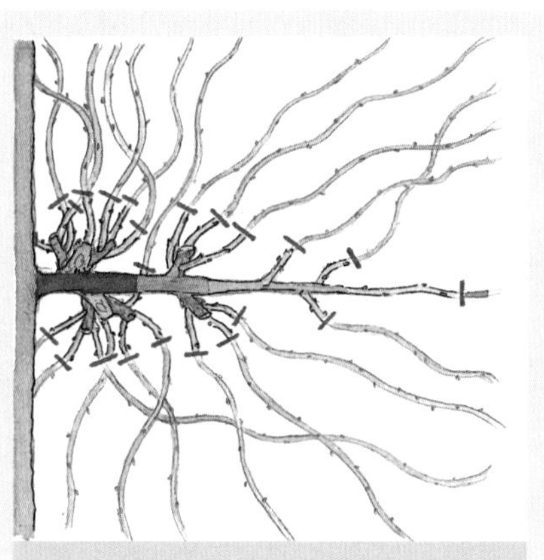

**1. 培育** 你要用定义清晰和活得很久的支撑枝培育紫藤，每年延长支撑枝。支撑枝的侧枝长出花枝。

**2. 夏季的维护性修剪** 你要把支撑枝长长的部分剪成2米长，它们的侧枝剪到最长30厘米。

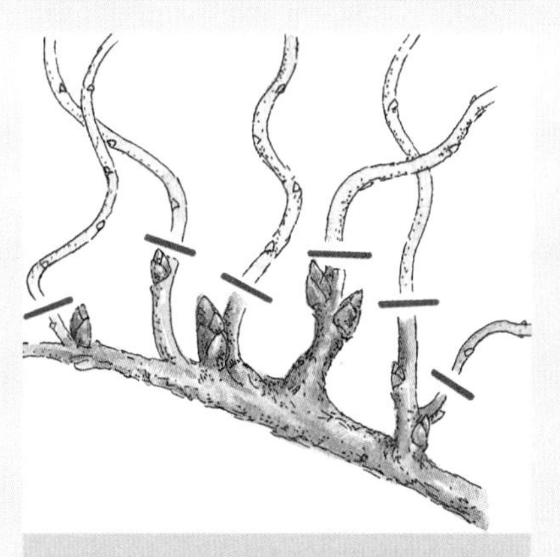

**3. 春季的维护性修剪** 你把支撑枝长长的部分剪短到1米并且把它们绑上，把上一年长出的侧枝剪短到10厘米。

**4. 恢复性修剪** 要对早衰或很多年没修剪的紫藤进行大规模修剪，以此来对其修整。大的伤口是不可避免的。

# 凌霄属：不恐高的攀缘植物

凌霄开出不同橘色调的花。

凌霄属（*Campsis radicans*，WHZ 6b）生长很快，高达 10 米，有很多不同颜色的品种。黄花厚萼凌霄（Flava）开出橘黄色的花，佛拉门戈（Flamenco）开橘红色花。杂交凌霄“咖伦夫人”（*C. x tagliabuana*，WHZ 6a）生长力较弱些，开橘色花朵。凌霄性喜温暖向阳的生长环境，这能让它开出很多花朵，土壤不宜过于干燥，要干净并且营养丰富些。树枝很容易缠绕支架攀缘，但是也能长出不定根，而这些不定根不能长久地支撑植株的重量。因为随着树龄的增长，凌霄会长出粗壮的支撑枝，并且重量也会增加。因此要把这些树枝绑在一个稳固的攀爬支架上。你要在夏天定期清除攀附在墙边的树枝。花朵出现在粗壮的当年侧枝上，时间是从七月到九月。萌芽会成对儿对称出现在树枝上，春天抽条前对其实行修剪。

## 培育

用一根支撑枝培育凌霄，这根支撑枝会根据攀爬支架分很多侧枝。你每年要把每根侧枝延长最多 1 米。每个液流堆积会防止变秃，萌芽会在整个长度上抽条，你要把所有一年的侧枝剪短成带有 1～2 个萌芽对儿的木桩。

## 维护性修剪

根据需要，你要重新把支撑枝延长 1 米。如果培育完成，你要跟对待其他侧枝一样处理它们的顶端，每年把它们剪短成 1～2 个萌芽对儿，因此只有生长的侧枝才会开花。你要清除掉死掉的木桩或树枝。如果长出过多没有花朵的长枝，你要在夏天把它们剪短或清除。

**1. 培育**

你用一根支撑枝培育凌霄，这根支撑枝根据攀爬支架会分枝成很多侧枝。你每年要把每根侧枝延长 1 米。

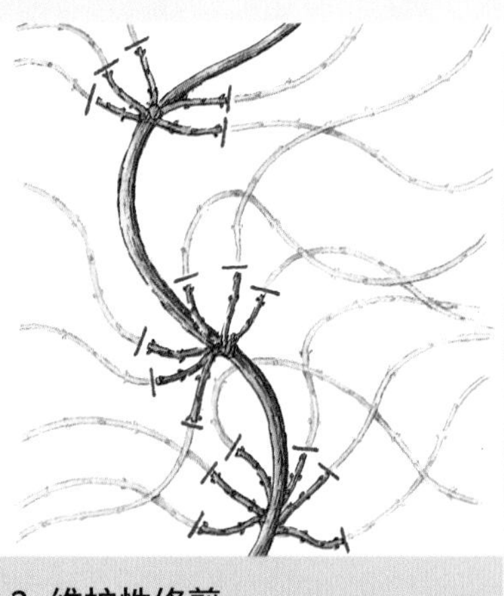
**2. 维护性修剪**

春天，你把所有的侧枝剪短成 1～2 个萌芽对儿，修剪已经分枝的头儿，根据需要延长支撑枝。

## 恢复性修剪

你要把早衰的支撑枝转嫁到靠向内侧有活力的侧枝上，每年把它们延长 1 米，直到长到最终大小。你要把在多次剪短的侧枝上早衰或有严重分枝头的最老部分转嫁到支撑枝附近年轻的侧枝上，把它剪短成带有 2 个萌芽对儿的木桩。

## 匍匐茎

主要是老一些的凌霄常常长出匍匐茎。你夏天要在枝条还是绿色时把这些匍匐茎拔掉。如果你在地面上剪短它们，这会刺激其生长。你要把多年的匍匐茎挖开并且从根部清除。

# 冠盖绣球：影子女王

冠盖绣球（*Hydrangea anomala* subsp. *petiolaris*，WHZ 5b）用不定根牢牢地抓住根基。由不起眼能结果的花和显眼的白色不结果的花组成的花盘，盛开在六月到七月间。这种植物喜欢营养丰富、夏季湿润的腐殖质土壤，可以是阳光充足到半阴的环境，但前提是要凉快。成熟的植物高达 10 米，幼小的则生长得慢。绣球钻地风（*Schizophragma hydrangeoides*，WHZ 6b）生长力较弱，叶子较大，开乳白色花朵，无果外缘花朵要比冠盖绣球的大些。修剪和生长环境跟冠盖绣球一样。不定根只能存活几周，然后会木质化。因此解开一次的老枝只能通过新的生长与攀缘支架结合起来。在光滑面或在涂有抗藻添加剂的有颜色的墙上树枝很难固定，常常会脱落。

冠盖绣球构成粗壮的支撑枝，这个支撑枝很多年后也不会枯萎。从一年侧枝的很好辨认的、浓密的顶端萌芽中开出花朵。因此直接在花期过后修剪。

## 培育

不必对其进行系统化的培育。种上后，你要把长枝固定在墙上，这样它们能够与新长出的部分很好地固定在一起。常常会长出固定在墙上的幼小的基生枝，在生长上会常常超过之前的基生枝。

**1. 维护性修剪**

你把早衰或从墙上脱落的树枝剪成支撑枝附近的短侧枝。你把上一年孕育花朵的地方剪掉，只留下第一根侧枝。

**2. 转嫁**

从墙上脱落的侧枝承载着花朵。几年后它们会更长，你要把它们转嫁到墙边的短枝上。

冠盖绣球的白色外缘花朵不能结果。

## 维护性修剪

你把从墙上松开的树枝转嫁到下面依附在墙上的树枝上。植株长满原来预留的地方，你要把树枝从墙上松开并且把它们剪成短的侧枝。但死掉的不定根剩余部分还保留在根基上。你把过长侧枝转嫁到墙边的短枝上（见插图 2）。最后你要清除掉前一年花朵的残余部分。

## 恢复性修剪

在春天抽条前，你要对冠盖绣球进行恢复性修剪，同时只把过长的侧枝剪成支撑枝附近的短木桩并且保留其大小。你也可以剪掉支撑枝的一半到三分之二。这会大大刺激其生长，但是有着不定根残余部分的墙壁看起来会不美观。

# 常春藤：不知疲倦的攀缘冠军

常春藤不起眼的花朵会吸引昆虫。

常春藤（*Hedera*）高雅、要求不高并且活得长久。秋天开出的不起眼的花朵对于昆虫来说可是宝贵的食物来源。冬天的果实则是鸟类的食物。常春藤是常青植物并且用不定根牢牢地固定在根基上，但是在光滑的表面则不能固定。如果墙上涂有防藻类的添加剂，不定根就会被腐蚀。如果常春藤不能再长高，它就会长出有着其他形状叶子和孕育花朵的地方的老枝。洋常春藤（*Hedera helix*，WHZ 6a）高达 20 米，其下属品种稍低。硬枝常春藤（Arborescens）是通过插枝长成灌木状的。但是它会一直长出攀爬的幼枝，你应该清除掉这些幼枝。“金黄心”（Goldherz）的叶子中间是亮黄色的，只有 4 米高，跟有着波浪形小叶子的“油绿”（Ivalace）一样高。在被保护的地方生长，爱尔兰常春藤（*H. hibernica*，WHZ 6b）和大叶常春藤（*H. colchica*，WHZ 7a）会生长得很舒适。

### ! 避开屋檐水槽

常春藤喜欢生长在黑暗中和木板下，但是屋檐水槽下的像螺旋篱笆一样向外和向下伸出的金属片，它则克服不了。这个金属片应该与屋檐保持 30 厘米的间距并且非常紧密地贴着墙。对于粗糙的泥灰，你用硅树脂填充空隙，这样常春藤就不会生长到缝隙里。

## 培育

种上后，你把幼小的树枝绑到攀缘支架上，不必对其进行培育修剪。

## 维护性修剪

初夏，你剪短长的幼枝，露出窗户、门和水槽（见插图 2）。必要时，再重复修剪。夏季修剪时，只有一些小不定根留在根基上，因为它们还很柔软能松开。在老一些的植株上一部分会长出很长、横向伸出的花枝。你要把它们转嫁到墙边的侧枝上，这样常春藤能保持其造型。如果鸟类在常春藤上繁殖，你要在早春时修剪。

## 恢复性修剪

根据需要，你可以在春天大规模对常春藤进行恢复性修剪，但是剩下不定根的一部分，你只能费力地刷掉。

**1. 维护性修剪**

随着树龄的增长，花枝会从墙上水平伸出、分枝并且长长。你要把这些树枝转嫁到墙边的短侧枝上。

**2. 剪开**

每年夏天要剪开长的幼枝，露出窗户和门，这样就只会有很少的不定根黏附在根基上。如果等待时间过久，就会有顽固的残余留下。

# 爬山虎：秋季的色彩

爬山虎（*Parthenocissus*）是最有装饰效果的攀缘植物之一。在幼年阶段，它生长很快，用吸盘牢牢地依附在根基上，高达 15 米。只有阳光下变很热的金属表面能阻止它生长。爬山虎喜欢新鲜的土壤，但是适应力很强，喜欢阳光充足和半阴的生长环境，在房屋的北面它会一直寻求阳光。

北美爬山虎（*P. quinquefolia*，WHZ 5a）虽然有吸盘，但是一些会长出攀缘茎而不是吸盘。因此它们需要一个攀缘支架，好处是，植物和墙壁不必有直接的接触（见插图 2）。五叶地锦（Engelmannii）则牢牢地依附在根基上，跟地锦（*P. tricuspidata*，WHZ 6a）和"维奇"（Veitchii）一样。中国爬山虎（*P. henryana*，WHZ 7a）有着淡绿色的叶子，背面是红色的。它喜阴，因为在那里可以整个夏天保持着叶子表面的柔滑。

爬山虎不显眼的花朵出现在六月到八月，招引昆虫。深蓝色、灰色的莓果在秋天是漂亮的果实装饰，橘色到酒红色的树皮也一样吸引人。

## 培育

对爬山虎不需要有针对性的培育，种上后，你把木质化的树枝固定在攀缘支架上，以让新长出的树枝能很快地固定。

**1. 保护砖瓦**

爬山虎生长在屋檐水槽上和砖瓦缝隙之间，你要借助金属夹片来清除它们，清除掉幼小的树枝。

**2. 需要攀缘支架**

爬山虎中的一些只能有条件地独立攀缘。可以用攀缘支架让它们依附在指定的区域。

爬山虎的叶子在秋季会变成多彩的"烟花"。

## 维护性修剪

主要在夏天把墙剪出一个开口，对于幼小的有活力的植株，两次修剪常常是必要的。保留从攀缘支架向下悬垂的树枝，这些树枝对于液流起着"避雷针"的作用，以此抑制其生长。如果这些树枝过长，你要把它们剪短。

爬山虎也可以毫无问题地蔓生在屋檐水槽上，另外在没有隔开的屋檐下，它喜欢向着光生长，也会穿过砖瓦缝隙生长（见插图 1）。因此你要及时从屋檐上清除幼小的树枝，金属夹片能抑制肆意生长的树枝（见 174 页）。你要在枝条还是绿色时清除这些树枝，这样就可以避免不美观的吸盘残留在根基上。

## 恢复性修剪

爬山虎在春天抽条前能很好地恢复活力，你可以几乎把整个植株剪短。即使老枝常常会干枯到地面，但是会从地面长出幼小的树枝。然而如果还有吸盘组织存留在根基上，必须费力地把它们清除掉。

大叶马兜铃的亮绿色的大叶子才是真正吸引人的部分。

# 大叶马兜铃：漂亮的叶子

美洲大叶马兜铃（*Aristolochia macrophylla*，WHZ 5a）是生长很快并且夏绿的攀缘植物，高达10米。从上看树枝呈逆时针缠绕在攀缘支架上，即使很多年后它们还有着吸引人的绿色树皮，散发出淡淡的清香。6厘米长的马兜铃形状的花朵很多年后才会出现，秋季会结出小的蓝色的果实，但是主要吸引人的还是它30厘米长的心形树叶，亮绿色的树叶在拱形支架下或凉亭下受到阳光的照射会散发出魔幻般的绿光。大叶马兜铃喜欢背阴或半阴的凉爽生长环境，忍受不了炎热的环境。土壤应该通透性好并且夏季湿润。中国的大叶马兜铃（*A. moupinensis*，WHZ 5b）叶子和花朵较小，较能抗旱。大叶马兜铃需要攀缘支架，它们喜欢直立生长。如果想水平方向培育它们，必须要加以引导。如果对花不感兴趣，则可在春季发芽前进行修剪，从而大大刺激生长，使其长出大量的大叶子。

## 培育

春天种上后，你把所有的树枝剪留1～2对萌芽。这样就可以长出地面附近的分枝，使其减少下面秃掉的部分。根据需要，你要把幼小的新枝转嫁到攀缘支架上，它们不久后会自己攀缘。

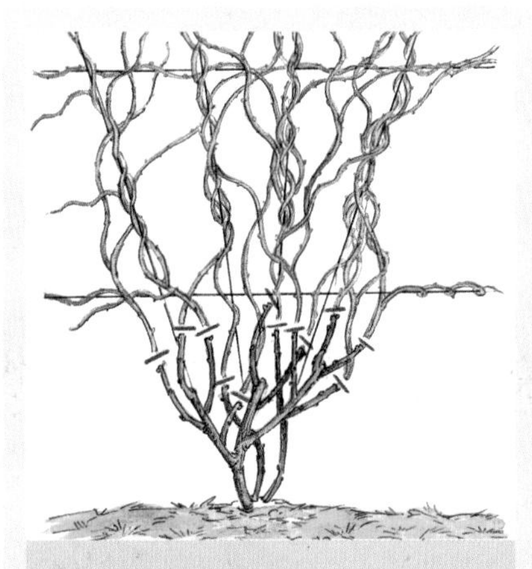

**1. 维护性修剪**

为了维持一株从上到下枝叶茂盛的大叶子植物，你每年都要大幅度地修剪，从攀缘支架上扯开修剪掉的树枝。

**2. 恢复性修剪**

随着树龄的增长，大叶马兜铃的树枝会形成密密麻麻的网，上面会乱作一团，它们会变秃。为使其恢复活力，你要把整个植株剪到20～40厘米长。

## 维护性修剪

如果植株能在攀缘支架上自由生长，就不需要每年修剪，但是如果它长满整扇百叶窗、拱形支架或亭子并且地面附近枝叶茂密，你要每年都对其修剪。对此，你要把整个植株剪到离地面大概20厘米的地方，下部会长出有树叶的幼枝，修剪之后，你要清除掉密密麻麻的老枝——根据攀缘支架，这会需要些时间。夏天，你要疏剪从攀缘支架上侧面伸出的树枝。

## 恢复性修剪

老化的、过大或变秃的大叶马兜铃很容易进行恢复性修剪。春天抽条前，你要把整个植株剪到地面上20～40厘米的地方，尽管老枝会干枯，但是那时候会长出幼小的基生枝。夏天你要清除地面上干枯的木桩。恢复性修剪后，会因为巨大的液流堆积而长出靠外生长的基生枝，你要在夏天拔掉它们。

# 银环藤：像在原始森林里一样

银环藤（*Fallopia baldschuanica*，WHZ 5b）长势很好并且只适用于大面积种植，高达 15 米，每年长出 5 米长的树枝。它属于藤蔓植物，因为它会很重，需要粗壮的攀缘支架。如果要绿化墙壁，支架要很牢固地固定在墙上（最好隔 2 米）。在直立攀缘支架上它生长很快，但是也可以水平培育。用一个合适的攀缘支架，银环藤几年后会覆盖几乎 100 平方米的面积。

银环藤在很多种土壤里都生长很好，新鲜夏季湿润的土壤则最适宜。生长环境应该阳光充足，但也可以是半阴地区。在背阴的环境会开出很少的花朵，植物常常看起来有点凌乱。从七月到九月，银环藤常常被白色的花朵所覆盖。

银环藤在当年枝上开花，因此要在春天抽条前对其修剪。

## 培育

不必进行系统化培育性修剪，也不可能进行。在春天种上之后，你要把所有的树枝剪成地面附近的木桩，这样会长出很多基生枝并且更好地分枝。

## 维护性修剪

有活力的银环藤不需要每年修剪，只有在它们长得过大时，你才需要干预。但是如果生长空间很狭窄或如果这个植株从下面绿化凉亭时，你要每年修剪。春天，你把整个植株剪到地面上 20 厘米的地方。同一夏天，新的树枝会长很长，尽管经过很彻底的修剪，它们还会开花。你要把过长或侧面生长的树枝剪到攀缘支架上。

银环藤是盛夏开花的植物，被白色的花朵覆盖。

**1. 维护性修剪**

没必要修剪银环藤的单个树枝，如果植株过大，你把整个植株剪短到离地面 20 厘米的地方。

**2. 恢复性修剪后长出新枝**

在一次大幅度的恢复性修剪后，尽管树枝残干会干枯，但是会从地面长出幼小的树枝。

## 恢复性修剪

随着树龄的增长，银环藤会持续变秃，死掉的和活着的树枝首先在上面会乱作一团。你要在春天抽条前把整个植株剪到 40 ～ 60 厘米长。你要估算足够的时间，把剪掉的植株从攀缘支架上清除掉。剪短的老枝大部分会干枯到地面。但是会从地面长出很多幼枝，在同一夏天还会开花（见插图 2）。

# 金银花：花香浓郁的美

金银花（*Lonicera*）属于攀缘植物，根据品种不同，最高可长至 6 米。偏好凉爽、半阴的种植地，土壤需透气，夏季应保证湿润。对金银花来说，过于炎热的环境或干燥的土壤都不利于生长，可能导致植株易受叶蚜侵袭。轮花忍冬（*L. caprifolium*，WHZ 5a）长势非常旺盛。黄白色的花朵在五月到七月之间开放，傍晚时分香气格外浓郁，能吸引夜间活动的昆虫。杂交种京红久忍冬（*L. x heckrottii*，WHZ 6a）长势相对较弱，但其红色的花朵也同样香气馥郁。常青忍冬（*L. henryi*，WHZ 6b）开黄红色花，几乎没有香味；淡红忍冬（*L. acuminata*，WHZ 5a）则开奶白色花朵，且有香味。不同种的金银花主要在一年枝上开花。也有一些品种夏季在当年枝上开花。通常在春季发芽前修剪。

## 培育

金银花不需要进行目的明确的培育。春季种植后将所有枝条剪短至地面上长度为 10 厘米的地方。这可以促进植株的分枝，增加基生枝的量，将新长出的枝条牵引至攀缘辅助物上。

## 维护性修剪

由于枝条相互缠绕纠结，因此要准确修剪非常费力。因此，

许多攀缘性金银花的花朵都香气浓郁。

每年春季修剪时只需剪掉上一年已干枯的老枝即可。此外，还需对植株缠绕成团的上半部分进行修剪，将其短截至支撑结构即可。通常不需要动支撑枝。夏季剪短过长的枝条。对于长势较弱的金银花（如京红久忍冬）每年春季需将支撑结构上的一年或多年侧枝剪短至剩 2 个嫩芽处。这样可保持植株清爽且充满活力。必要时，需在春季除去常青忍冬侧枝上干枯的叶子。为了避免叶子干枯，在种植这种忍冬时最好选择不受冬日阳光照射的位置。

**1. 维护性修剪**

对于长势较弱的金银花种类需在春季将侧枝剪短成支撑结构上的小木桩。长势旺盛的植株则剪掉枝条缠绕的部分。

**2. 恢复性修剪**

几年后金银花底部变秃，且几乎不再长出新的基生枝。将其剪短成距地面 50 厘米的小木桩。

## 恢复性修剪

只有当植株从下往上变秃，长得过大或开始衰老时才需要进行恢复性修剪。在发芽前将整株植株剪短至 50 厘米。即便枝条留下的木桩干枯，植株也会从土中长出新的枝条。进行恢复性修剪后需对植株施肥，必要时浇水，以进一步增加植株的活力。

# 迎春花：迷人的冬季开花植物

芳香怡人的迎春花（*Jasminum nudiflorum*，WHZ 7a）属于棘刺攀缘植物（见 23 页）。其高度和宽度可达 3 米。通常十二月份便已开出黄色的花，根据天气情况最晚在四月前开花。喜好光照充足或半阴的环境，土壤应排水性佳，富含养料，但夏季仍保持湿润。在贫瘠或干燥的土壤中，

迎春花花期很长。通常在圣诞节前便已经开花。

其生长和开花都会受到限制。迎春花在一年长枝和侧枝上开花，在开花后修剪。

红素馨（*J. beesianum*，WHZ 7b–8a）为缠绕攀缘植物，只有在温暖的地区才能安全过冬，并能长到 2 米高。芳香的粉色花朵从五月开到六月，也开在一年枝上。如果被冻伤，则当年无法开花。素方花（*J. officinale*，WHZ 8a）同样也为缠绕攀缘植物，在德国更多以盆栽植物的方式种植。只有在适合生产葡萄酒的气候条件下才能在空地上种植。白色的花有甜香。第一次花开在一年枝上，第二次于夏末在当年枝上开花。因此，需要在第一次开花后对其剪枝。之后对这两种花的修剪原则都和迎春花相似。

## 培育

在春季种植后修剪迎春花最多留下 7 根基生枝，并将其剪短至 30 ～ 50 厘米。这可以促进枝条在靠近地面处分枝，并长出长势旺盛的新枝。将枝条以扇形绑在攀缘辅助物上。除去长势较弱和多余的枝条。选择的基生枝在下一年也应以扇形长长。由于支撑枝和下属的侧枝组成的支撑结构非常清晰，因而可大大简化后面几年的修剪工作。

## 维护性修剪

已经成熟的植株可以每年或每两年在开花后修剪一次。将下垂的侧枝剪短至支撑枝上一对嫩芽处。衰老的支撑枝转嫁至长在低处的嫩枝上，或用从土中长出的嫩枝代替。横卧在地面上的枝条会长出根，因此需要将其除去。

## 恢复性修剪

将衰老的迎春花剪短至 20 ～ 40 厘米，并在多年内用新的基生枝按照上述维护性修剪的方式重新培育。但严重衰老的植株只能恢复有限的生机。

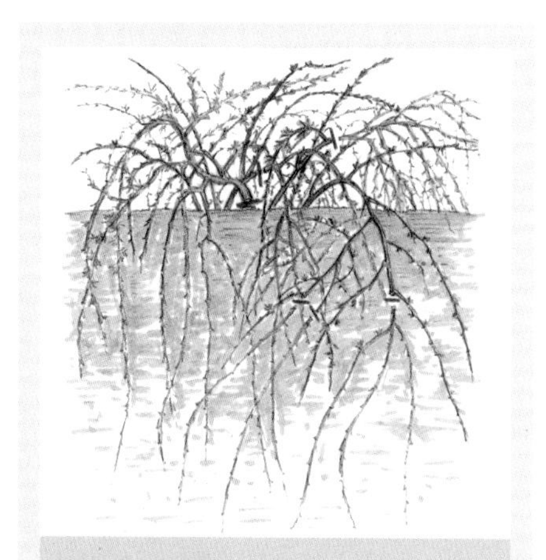

**维护性修剪** 齐地剪掉迎春花衰老的支撑枝，剩下的转嫁至嫩枝上。将侧枝剪短成小木桩。

### ！ “假”素馨花

有些木本植物虽然中文名字为“素馨”，但在植物学上并不是真正的素馨花。例如山梅花（*Philadelphus*，见 78 页）又称为乡村迎春花，但它只是因其香味相似而得名。素馨叶白英（*Solanum jasminoides*，见 291 页）也只是和真正的素馨花长得比较相像，但并没有关系。

# 树篱和造型树

规则的树篱和造型树是花园里的点睛之笔。其艺术性不仅在于修剪技术本身，还在于人为元素与自然元素之间顺畅的过渡。

树篱有各种各样的功能：它们可以阻挡视线，或作为花园的边界，分隔花园空间，突出或连接建筑物，也可作为花坛绿色的背景。规则修剪的树篱可以划分道路，或与自由生长的树木形成鲜明的反差。自由生长的树篱相对更加自然，但同时也需要更多的空间。

但在修剪树篱时，也要考虑到邻居法则（见 143 页）。需要事先了解允许的边界距离和高度，在修剪树篱时务必注意这些限定。因为在有些区域，你的邻居甚至在多年后还有权要求将树篱剪短至允许的高度。

## 自然雕塑

造型树在花园里能起到雕塑的效果，和自然生长的树木形成鲜明的对比。需要注意的是，为了能完全发挥其效果，在使用这种自然的雕塑因素时需有所节制。只选择生命周期较长且能承受定期修剪的树木进行造型修剪。像女贞之类的长枝类树木在修剪时需花费比短枝的黄杨木更多的精力。

## 正确的选择

树篱和造型树都是花园里需要长期投入时间和精力的造型树。例如，崖柏虽然在购买时看起来很合适，但它对干旱非常敏感，而且不容易恢复活力。它的生命周期比红豆杉短，因而相对更贵。后者虽然价格较高，但更抗干旱，而且衰老后也较容易恢复生机，因此更加合算。即便你完全按照要求进行修剪，树篱和造型树还是会长得过大，此时，如果是能较好地恢复活力或者剪小的树木就相对更有优势。

## 有系统地培育

每种造型树，无论是树篱还是单独的植株，都需要进行精心的培育和修剪。这可以保证整体形状多年保持稳定和迷人。在种下后最初的几年中，就已经培育出了所需的形状，只不过规模较小，此后会逐年增大。

要想树篱、球状或金字塔状造型树长得浓密，关键在于植株内部密集的分枝，以及植株下部分有目的的养料堆积。为此，你需要在最初 2 ～ 3 年中每年多次剪短植株，由此产生的养料堆积会持续作用在树干液流上并促进分枝。当达到所需的最终大小时，通常每年进行一次修剪即可。长势旺盛的树木最好在夏季修剪，以抑制其长势，分枝严重或光秃的植株则在春季修剪，以促进其长势。

新手在修剪时可以借用模板，经常修剪的园丁则能轻松辨识出树木的形状，并确定此前修剪的伤口。

如果你不确定该如何修剪或想节约时间，也可以直接购买大小符合要求的成型树。但这些树会比较贵，因为需要经过多年时间的培育。对过于便宜的价格应提高警惕：这些植株在长到理想的大小前通常都没有经过修剪，只在大小合适后经过一到两次修剪便直接出售。这种植株通常结构不够稳定，而且不用太多积雪就能将其压垮。

树篱不仅阻隔了花园与外部的空间，同时还起到分隔内部空间的作用。

# 阔叶木树篱：活泼的结构

正确的培育加上每年定期修剪可使阔叶木树篱保持优美的形状。

规则的阔叶木树篱也是一种造型树，它们成排种植，互相交缠并形成浓密的树篱墙。人们通常种植未经过造型的幼苗，然后在现场进行修剪培育。你越是坚持不懈地对其进行修剪培育，树篱越是茂密，并能保持多年稳定的结构。

在购买幼苗前先想好你需要夏季常绿还是四季常绿的树篱。在车流较多的马路上，四季常绿的树篱更加合适，如果是为了界定住宅区的街道或种植在花园内部，则夏季常绿的树篱就能满足需求，而且它们更容易恢复活力。用作修剪成规则树篱的阔叶木应能承受定期的修剪，且在生长阶段只长出短枝。否则即便是已经成熟的树篱，也还需要每年修剪两次，如崖柏。修剪的最佳时机是三月底到七月。选择阴天进行，以避免叶子被晒伤。

## 种植时的修剪

树篱幼苗还不能用来作为边界或阻挡视线。因此，在最初几年中，如有需要，你可以考虑另外竖起篱笆或草垫，直到树篱达到必要的高度。用作树篱的阔叶灌木如鹅耳枥在购买时通常都有强壮的主干，但侧枝长势较弱。因此，需要在春季种植后将植株剪短一半。这种大幅的修剪会在多年内导致修剪口处的养料堆积，使得修剪口下方的枝条生长持续得到刺激。在购买较大的植株时，需要注意它们是否能被培育成所需形状。如果主干普遍较高，侧枝长势较弱，一定要追加修剪，使树篱能在长时间内保持浓密。

四季常绿的阔叶木在种植时通常就已经分枝茂密。因此第一次修剪不需要很大强度。这类树木只需将一年枝剪短约三分之一，剪出后期所需的形状。

## 培育

将树篱分层培育至目标大小。只有这样才能抑制液流，将其引导至侧枝的每个修剪口处。如果你在每年的培育阶段修剪出两个这样的“阻塞阶段”，则足以使一棵 1.5 米高的树篱保持浓密。修剪时不仅需要剪表面，还需修剪树篱的侧面。想让树篱长得越高，则其底部就应越宽。非常推荐梯形的培育方式。要想让树篱尽可能快地长出浓密的分枝，在最初的几年中至少每年应修剪两次树篱。每次将阔叶木新长出的部分剪短至 5 ～ 10 厘米。

黄杨木也以同样的方式培育。每年在七月底前将黄杨树篱幼苗修剪两次。此后每年修剪一次即可。借用一些简单的工具可以做到准确的修剪：将一块目标

**适合任意造型的树木**

| | |
|---|---|
| 0.5 米以下 | 锦熟黄杨（Herrenhausen）、欧洲女贞（Lodense） |
| 1 米以下 | 高山醋栗、小檗、女贞 |
| 2 米以下 | 木半夏、埃比胡颓子、钝裂叶山楂 |
| 4 米以下 | 欧洲山毛榉、栓皮槭、欧洲鹅耳枥 |

高度的木板放在树篱边上，代表修剪的上边缘，只需沿此水平修剪即可。然后在修剪过的上侧放置一块较窄的木板，框出侧面的修剪边缘，借助两个小孔将这块板用两根木棍固定在地面上（见插图3）。黄杨木也推荐按梯形修剪。

对于桂樱树篱，最好用剪刀修剪形状，因为用篱笆剪会损伤叶子，导致其干枯，变得不再美观。

## 维护性修剪

当达到目标大小后，每年修剪一次即可。只有长势特别旺盛的树种如崖柏或鹅耳枥有时需要修剪两次。通常也只需用篱笆剪修剪过一次之后，再用剪刀剪掉过于突出的枝条。最好在六月到八月间修剪，在这段时间修剪最能抑制生长。入秋后便不能再修剪，因为新长出的枝条无法在冬季到来前长成。

## 恢复性修剪

长得过大或过老的阔叶木树篱需要在春季发芽前剪掉预计目标高度的四分之一，和在培育时一样逐年重新培育。对于四季常绿的阔叶木树篱如桂樱、冬青或黄杨，需在几年内分层进行恢复性修剪（见185页）。

**1. 种植时的修剪**

首先将阔叶木树篱幼苗剪短至少一半。由此会产生养料堆积，持续促进下部分侧枝的长势和活力。侧枝按梯形剪短。

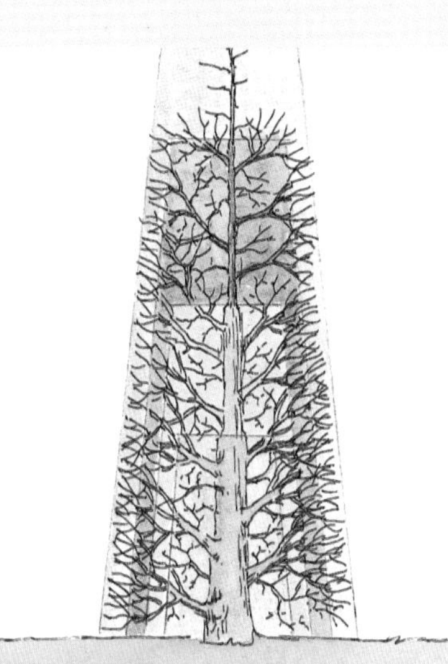

**2. 培育**

分层培育树篱，从开始就应限定形状。每次修剪时都留下几厘米新长出的部分，直到达到目标大小。开始时每年可修剪两次，以促使树篱分枝。

**3. 黄杨树篱：维护性修剪**

修剪黄杨树篱时将一块和目标高度等高的木板放在侧面，可标记出上表面的高度。再将一块较窄的木板用两根木棍固定在地面，在上方标记出侧面的修剪位置。

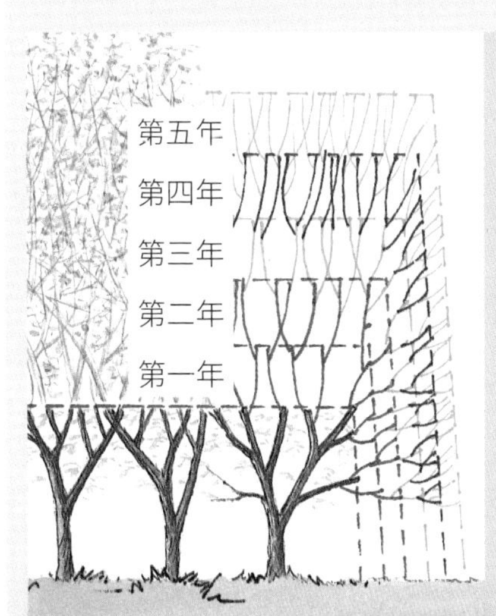


**4. 恢复性修剪**

过大或衰老的阔叶木树篱进行恢复性修剪时可从上剪短至目标高度的四分之一处，侧面也剪短至四分之一处。此后再在几年间分层培育。和培育阶段方法相同。

分层培育的梯形崖柏树篱在老化后仍保持着迷人的外观。

# 针叶木树篱：浓密且四季常绿

在车流较多的街道上针叶树篱是一种理想的防护措施。因为它们不仅四季常绿，而且具备坚实墙体的特征。除了经常用到的崖柏（*Thuja*），主要还有扁柏（*Chamaecyparis*）或红豆杉（*Taxus*）可作为选择。刺柏（*Juniperus*）和松树（*Pinus*）用得较少，因为它们无法承受造型修剪的力度。

崖柏和扁柏需要排水性佳，但在夏季仍保持湿润的土壤（见134页）。它们无法承受炎热的环境和干燥的土壤。如果植物遭受恶劣环境的压力，可能会导致虫害或病菌侵袭（见48页）。红豆杉是要求较低的针叶木（见138页）。在干燥的种植地视情况在冬季也需要浇水，但只有在土地不会受霜冻的情况下才能浇水。崖柏和扁柏修剪很方便，但前提是只能修剪针叶部分。这两种树无法承受修剪没有针叶的老枝部分。相反，红豆杉则是唯一可以进行彻底恢复性修剪的针叶木。

## 有目的地选择

种植树篱时，三种针叶木都需要选择笔直生长且长势浓密的品种。横向生长或柱状的不适合。欧洲红豆杉（*T. baccata*）是不错的选择。它们长势均衡，因此很容易培育成树篱。崖柏主要使用的是北美香柏（*Thuja occidentalis*）的“柱形”香柏（Columna）和“绿闪石”（Smaragd）品种。北美乔柏（*T. plicata*）下属的品种叶子为暗绿色，可长成高品质的树篱。扁柏有多种适用的品种，大部分属于美国扁柏（*Chamaecyparis lawsoniana*）。它不仅有绿色针叶的品种，还有黄色和蓝色针叶的品种，可以修剪成丰富多彩的树篱。

## 种植

在购买用作树篱的针叶木时不仅需要注意其高度，还要注意分枝的密度，这决定了树篱的质量。

在种植带土球的植株时，先松开土球的包裹物。如果为黄麻制品，可直接种植，它会在土中自然腐烂。如果为塑料布，它不会自己降解，因此需要小心地除去。对于盆栽幼苗可小心地疏松其下端的根系。种植后充分浇水，然后开始小心地修剪形状。侧枝只需稍加修剪，主干则要剪短5～10厘米。

**1. 崖柏：培育**

崖柏树篱通常都修剪成梯形。注意只修剪覆盖针叶的部分，且应尽可能靠近上一次的修剪口。

**2. 剪短**

如果想大幅降低崖柏树篱的高度，通常表面会变光秃。将两侧的侧枝折向光秃的部位然后绑住。

## 培育

针叶木树篱也和阔叶木树篱一样需分层培育。轻微的梯形可确保多年后树篱下部仍覆有茂密的针叶。由于梯形的上半部分比底部狭窄，树篱上的积雪相对也会更少，直立的支撑枝也更不容易折断。但这样能承受积雪压力的稳定形状只有通过多年分层的培育才能形成。

在培育阶段每年都需要修剪两次，春季一次，初夏一次，每次修剪后树篱最多只能扩大 5 厘米，这样树篱才能长出尽可能多的分枝。这时就应将树篱修剪成理想的梯形。根据目标高度的不同，树篱的培育过程可能持续 5～10 年。

## 维护性修剪

已经成形的针叶木树篱只需在八月进行修剪以抑制其生长，此后它们便不会再长出新的枝条，且直到冬季都能一直保持良好的形状。如果你希望植株长出新枝，则在春季发芽前或六月进行修剪。在深秋或冬季最好不要修剪。修剪时最好靠近已有的修剪口，因为就算你每年每侧只多留出 1 厘米新枝，10 年后整棵树篱也已长宽了 20 厘米。如果可使用的地皮面积较小，则应注意不能让树篱长得过宽从而占据过多的地方。

## 恢复性修剪

崖柏或扁柏树篱不能进行大规模的恢复性修剪。如果一定要剪短树篱高度，表面会变秃。这时只能用侧枝重新构建一个绿色的“盖子”。在上半部分用两侧的侧枝盖住光秃的部位，并绑住。起初这只是一种折中的办法，但几年后，枝条就会固定成弯折的形状，上表面又将重新覆盖绿色。但想让这两种树的树篱宽度也大大减小则无法实现，只能重新种植。红豆杉树篱则可在多年后进行恢复性修剪。在春季发芽前将一侧的树枝剪短至笔直的支撑枝，第二年春季将主干剪短至低于目标高度 50 厘米的地方，第三年再剪短另一侧的树枝。这样就一直能有充足的针叶来储存养料，确保植株能再次萌发新枝（见插图 5）。然后分层重新构建树篱结构。

**3. 红豆杉：培育**

树篱从一开始就被修剪成梯形。在初夏稍剪短侧枝，并根据需要较大幅度地剪短主干。

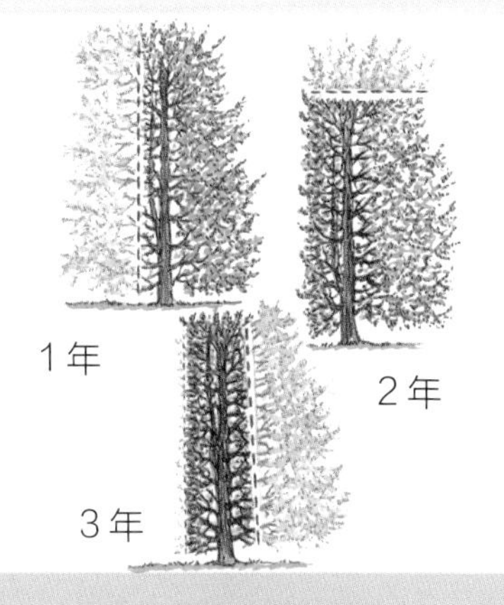


**4. 分层进行恢复性修剪**

对红豆杉树篱进行恢复性修剪时，第一年先将一侧的树枝剪短至支撑枝处，第二年剪短高度，第三年剪短另一侧。

**5. 恢复性修剪后发芽**

春季将红豆杉树篱一侧的枝条剪短至支撑枝处，夏季支撑枝上便已经长出了新的嫩芽。

# 自由生长的树篱：花、叶和果实

由开花树木和冬季常绿树木组合而成的多样化的树篱。

由自由生长的树木组成的树篱具有不同风格的魅力，并可丰富花园的装饰。它们不仅能阻隔空间，形成格局，而且其不同的花、果实和秋季树叶的颜色也有着不同的魅力。如果选择得当，它们还能为不同的动物提供庇护所和食物。

当然，要想让自由生长的树篱能充分展现其自然的魅力，还需要相应充足的空间。因此树篱厚度至少应计划为2米，因为只有当树木能依其天性生长且能下垂时整体观感才会和谐。树篱的最终高度可通过有目的地选择植物来确定。

## 合理组合，熟练种植

一组由不同高度和品种的树木组成的组合树篱效果最生动。开花树木的花期因互相交错，秋季还应有变色的叶子和果实可交替作为装饰。有些冬季常绿的树木可使树篱在寒冷的季节也保持迷人的外观。例如不同种的荚蒾（见81页、209页）、常青胡颓子（见200页）或女贞（见84页）。

为了使树篱构造出相应的形状，可前后种植两排，并将较矮的一排种在靠近花园内侧的方向（见插图1）。形成主干的树木应尽量少用，因为它们会投下树荫并妨碍其他树木的生长。

## 适度修剪

和单独的树木一样，树篱也需要定期修剪，但强度没有那么大。对于长势较旺的植株如榛树，剪掉较老的枝条非常重要，否则它们会遮蔽体积较小的灌木。像疏剪树枝顶端这种精细的工作则可省略。

如果你一开始就按规定进行操作的话，可以省下很多修剪工作。如果树篱已经长成，且基本没有经过修剪，则很难蒙混过关，你需要花大量精力去修剪。你可能就需要将某些植株彻底剪掉，但最好还是避免这种情况。应在各植株最合适的修剪时机进行修剪。春季开花的在开花后修剪，夏季开花和以观叶为主的则在春季发芽前修剪。此外，和修剪单独的植株相比还多了一个步

**1. 种植**

为了使树篱密集，可以分两排种植。较低的一排种在靠近花园内侧的方向，较高的分隔花园与外界。

**2. 维护性修剪**

每2～4年齐地剪掉较老的枝条。为这些枝条留下嫩枝作为代替，每年都完全剪掉其他枝条。

骤：春天检查一下树篱上是否有鸟巢。有鸟巢的情况下你可以推迟修剪的时间，等幼鸟离开鸟巢再开始。

## 培育

在春季种植后齐地剪掉长势较弱的枝条。不同的树木按照各自相应的修剪方法修剪（54页起）。但要注意，虽然整排树篱在视觉上非常密集，但单独的植株不能影响其他植株。如果基生枝衰老，则将其齐地剪掉，并用新的嫩枝代替。如果支撑枝顶端形成明显的分枝，则将其转嫁至嫩枝上。

## 维护性修剪

对于自由生长的树篱来说，最重要的修剪便是齐地剪掉支撑枝（见插图3）。根据不同枝条的生长年限，可每2～4年进行一次。剪掉地面上长势最旺及最老的枝条。对于能长出大量基生枝的树木来说，只需留下足够代替支撑枝的嫩枝即可。剪掉其他所有幼嫩的基生枝。不要单纯将这些枝条剪短至地面，这只会进一步刺激它们的生长，导致第二年的修剪更加费力。最简单的方法是在夏季就拔掉尚未木质化的嫩枝。这样第二年长出的枝条就会减少。

和独立生长的灌木一样，树篱在生长多年后也会在上半部分长出明显的分枝。植株底部被遮蔽并变秃。每3～4年就要剪掉这样的扫帚形树枝，并将其转嫁至更靠近内侧的嫩枝上。树篱的上半部分将变得更加疏松，灌木内部也就能照进更多的光线。

**3. 维护性修剪**

定期修剪的树篱在多年后也不会衰老，它们不需要进行恢复性修剪。必要时可齐地剪掉长势旺盛的枝条。

**4. 恢复性修剪**

如果一株树篱多年未经修剪，则枝条会交错密集生长。需将这种植株彻底剪短并重新培育。

**适合用作自由生长树篱的树木**

| | |
|---|---|
| 观花植物 | 多花醋栗、溲疏、猬实、山茱萸、山梅花、荚蒾、大叶醉鱼草、绣线菊、木瓜 |
| 观果植物 | 野樱莓、小檗、接骨木、沙棘、山荆子 |
| 结构树 | 无毛风箱果、唐棣、欧洲山茱萸、欧榛、忍冬 |
| 冬季常绿植物 | 黄杨、女贞、胡颓子、冬青 |

## 恢复性修剪

如果定期进行维护性修剪，剪掉地面上较老的枝条，则不需要进行恢复性修剪。但对于已过度老化，长得非常密集的树木而言，无法实现常规的修剪。这时最好将植株彻底剪短（见插图4）。采用这种激进的修剪方式时需将地面上所有枝条都剪短，在第二年夏季只留下约10根嫩枝，使其组成新的支撑结构。后两年剪掉所有新枝。3年后便可重新开始正常的维护性修剪。为了使树篱在恢复性修剪期间也能起到一部分阻挡视线的作用，最多只能将三分之一的枝条彻底剪短。

# 简单、圆润的造型：球形和锥形

修剪成球形、锥形或其他形状的夏季常绿或四季常绿树木是最迷人的园艺作品。时刻保持各自的形状最能发挥其魅力。需要选择对修剪承受能力较强的树木种类，如黄杨或红豆杉。

## 基本规则

最好在二月底到七月底间修剪造型树。再晚的话新长出的嫩枝就无法长成，容易在冬季干枯。选择多云的天气开展工作。这样修剪后露在外侧的叶子就不会被晒伤，而能逐步适应强光照。长势旺盛的树木一年需修剪 2～3 次，长势较弱的则每年在夏季修剪一次即可。

修剪体形较小的灌木时使用树篱剪（见 30 页）。它们较为轻便，能更准确地修剪出精细的弧形或边线。经常提到的羊毛剪只适用于柔软的枝条。像绳子、铁丝和模板这样的辅助工具可以确保修剪出的形状更加精准。你可以用厚纸板或薄的木板剪出模板。如果你在培育阶段就已经使用了模板，则需要再多制作几个不同大小的模板。因为植株必然还会随着时间的推移而长大。如果你想省下这部分精力，则至少每 4 周就需要修剪一次。因为这时还能较清楚地看到老的修剪口，不用模板就能轻松地完成修剪。

如果植株在培育阶段就达到了理想的大小，则只需一套模板便能完成修剪。

**分层造型**

分层进行造型修剪，这样每个修剪点上都会长出分枝。整个形状就能保持稳定，且不容易被积雪压垮。

## 培育

一开始就将造型树培育成所需的形状，并且以和修剪树篱类似的方式分层修剪（见左图）。这样植株会从内向外密集分枝，整个形状就能长期保持紧凑稳定，且外表面精细、平整。在最初 2～3 年中每年最多需要进行 3 次修剪。根据植株长势不同，每次修剪可留下 2～3 厘米新长出的枝条。按照这种方法球形植株每年直径可增加 4～10 厘米。长势旺盛的侧枝如果用篱笆剪难以修剪，可在之后用剪刀伸到植株内部修剪。

经过系统性修剪的造型可长期保持迷人的外观。

## 维护性修剪

维护性修剪基本上与培育时的修剪一致，但植株不需再长大。因此你只需将植株的形状修剪整齐即可。

## 修剪球形

球形属于最简单的造型之一。如果你无法确定自己是否能修剪出一个球形，可先使用模板作为辅助。为此，你需要先用木板或厚纸板剪出一个半圆形底片，并将其用铁丝或胶带固定在木棍上。把它插在植株中央，使模板绕植株旋转。这时，你只需沿模板边缘绕植株修剪一圈即可。这个方法用在已经预先修剪过的球形植株上非常方便，如果是尚未经过造型的植株相对较困难。

首先在球形上表面剪出一个水平面，然后从上表面开始修剪出球形的弧线并逐渐向下修剪。在这个过程中要不停从上向下审视整个球形，以保持其形状对称。球形的黄杨树看起来像是稍陷入土中时最为美观。因此，不需要将下表面完全剪圆，而更应该像是一个平面。

## 修剪锥形

锥形的两侧应该和中线保持相同的角度。要实现这样的理想状态，最好先从上方向下观察整个锥形，然后再绕植株修剪。为了使锥形看起来不会太过局促，顶角应大于或等于 60 度。可将一根细细的金属管作为模板穿过锥形中心插在地上。这根管子应保证直立。再用铁丝折出一个 V 字，高度和所需锥形同等，且其角度为理想顶角角度的一半。将 V 字的一条边插入管中，另一边斜向下向外。沿这条边绕植株修剪。

## 恢复性修剪

如果造型树长得过大，则可将其剪短约三分之一至老木枝中，最好在春季发芽前进行修剪。然后再分层重新完善造型。根据需要在夏季修剪 2～3 次。表面将重新恢复密集、平整。但要想植株完全恢复形状则需要几年的时间。

**1. 修剪球形**

第 1 步：修剪球形时需要从上往下观察。这样最能从视觉上确定形状是否匀称。第一步可先将上侧修剪成一个水平面。

**2. 修剪球形**

第 2 步：沿弧线均匀向下修剪。需要不停检查球形是否对称。如果你能在修剪时做到让篱笆剪一直和身体保持相同的距离则效果最好。

**3. 修剪球形**

第 3 步：球形下方不要完全剪成圆形。否则它看起来会像要滚走。应当将其剪成平面，就好像球形有一部分陷在土中，因而使其显得更加稳定。

**4. 修剪锥形**

这个锥形有一年未加修剪，需要重新修剪出形状。从上向下观察锥形。从中心开始修剪，确保各个方向都和中心保持同样的角度。等上一层完成后再进行到下一层。

# 棱角形：金字塔和六面体

棱角形造型树能为花园增添独特的风味。其形状从金字塔形到平行直角六面体和立方体不一而足。在修剪这种造型时也要选择合适的树木。四季常绿树木中黄杨和红豆杉最合适，但女贞或齿叶冬青也很受欢迎。在黄杨树容易受害虫侵袭的区域通常用冬青作为代替。但它们对环境也有不同的需求，需要凉爽的种植地，且土壤在夏季要保持湿润。至于夏季常绿的树木中，原则上所有适合用作规则树篱的阔叶树都可用于造型修剪，包括鹅耳枥、欧洲山毛榉、山茱萸或栓皮槭。此外，叶子为灰色的柳叶梨也可修剪成六面体或金字塔形，非常适合地中海风格的花园。

和修剪圆形一样，在培育阶段根据长势不同也可相应地保留几厘米枝条新长出的部分。在维护性修剪阶段就只需确保维持形状即可。

## 完美非常重要

棱角形的造型树出现修剪错误会比圆形更加明显。每一条边和每一个角都需要精确、均匀地修剪。因此，无论是在培育阶段还是在维护阶段，模板的作用都非常突出（见 188 页）。它们可以确保目标造型准确，且年复一年保持相同的大小。

## 修剪金字塔形

金字塔形由一个四方形的底面和四个三角形的侧面组成。至于侧面是锐角还是钝角，则完全取决于你自己的品味。但为了使整体造型不至于太过局促，角度最好等于或大于 60 度。角度越小，金字塔的整体造型越纤细。先将一个侧面按照所需的角度修剪一半。你应当站在能从上向下观察整个金字塔形的地方，修剪远离你的那个侧面。然后你站到这边，修剪对面的侧面。这样你就能清楚地看到刚修剪过的侧面，在修剪第二个侧面时也更容易做到对齐，且倾斜角度相同。用同样的方法再修剪另外两个

**1. 金字塔形：培育**

这株有主干的红豆杉金字塔在培育时就应确定形状。侧面的倾斜角度保持不变，但整个金字塔每年都会长大。

**2. 金字塔形：维护性修剪**

这株黄杨木金字塔已经达到了目标大小，现在只需定期修剪使其保持形状即可。需要从顶端开始，先修剪对面的侧面。

**3. 在模板辅助下进行维护性修剪**

为了修剪后使金字塔每年都能保持同等大小，可以借用简单的模板。只需将其罩在金字塔上就能框出准确的边线。

面。注意检查是否所有面都大小相同，如有差别则进行修正。等金字塔上半部分成功后再修剪下半部分。由于夏季金字塔顶端会比其他部位长势更旺，因此之后需要再修剪一次。

推荐使用由竹竿和铁丝制成的模板作为辅助工具（见插图3）。将四根相同长度的竹竿用胶带绑住一头，并确保其可以轻松地展开。用坚硬的铁丝折出一个正方形，把它固定在末端。将竿子罩在金字塔上，并在竹竿上推动正方形铁丝，至竹竿形成理想的角度。用胶带将正方形固定在竹竿的这个高度。每次修剪前都要将这个模板罩在金字塔上。

## 修剪金字塔墩

修剪金字塔墩（即没有尖顶的金字塔）的方法和修剪金字塔一样。上表面应稍小于其他侧面，否则整个形状会显得过于矮实。这里也可以用到金字塔修剪模板。确定整个造型的高度，并在四根竹竿的这个高度绕上结实的绳子。它们是金字塔墩上表面的修剪标线。

## 修剪立方体

立方体每条边长度相等，因此也很有必要使用模板。你可以用 12 根长度相同的竹竿来制作，在各个角上用胶带固定形成立方体。应逐步分层修剪立方体（见 188 页），否则侧面的底部容易变秃。对于枝条新长出的部分，每次修剪时只保留一部分。整个造型完成后，立方体上表面中间的液流堆积应高于边缘。因此可根据需要后期再用篱笆剪对上表面进行修剪。

**4. 金字塔墩：培育**

在修剪金字塔墩时也能用这个模板。用绳子或竹竿标记出所需高度即可。

**5. 立方体：培育**

立方体的各条边应确保互相呈 90 度直角，稍有偏斜都很明显。夏季剪掉上方长出的新枝。

红豆杉可修剪成各种形状，而且能进行恢复性修剪。

## 修剪柱形

和较高的规则树篱一样，无论为圆形柱状还是方形柱状，柱形树木也需要注意其下半部分不能变秃。首先以相同的宽度和高度进行培育，等达到理想的宽度后，再逐步分层使其达到理想的高度。每年修剪 2 次，每次高度最多增加 5～10 厘米。这样可形成必要的液流堆积层。植株将会长出浓密的分枝，且下半部分也不会变秃。如果柱形变秃，则至少将高度剪短一半，宽度剪短四分之一。然后再重新分层培育。

# 螺旋形等特殊形状

螺旋形是一种要求很高的造型，需要定期修剪。

如果你在造型修剪上已经有了一定的基础，就可以放飞你的想象了。螺旋形、阶梯形、动物形或者完全任意选择的形状，造型树可修剪出的形状几乎不受限制。但你首先一定要明确自己想要的目标形状。因为一旦修剪完成，再想修改就很容产生缺口。此外，维护这类形状也需要更多的时间。例如复杂的动物造型，如果不想每次修剪时都要重新分辨形状，则至少应做到每4～6周就修剪一次。

整体造型越精致，如动物形或螺旋形，所选择植株的叶子或针叶就应越小。黄杨或红豆杉是最佳选择。

## 修剪螺旋形

螺旋形属于较为复杂的造型修剪，因为它整合了多种形状。其基本形状为锥形，从底部到顶端均匀地修剪。你可以先用模板预设出锥形的形状（见189页）。等达到理想大小后，再修剪出螺旋形。将螺旋也向上剪出锥形，各个螺旋间的距离应逐渐减小。可以通过在锥形上剪出螺旋形的凹槽实现螺旋形的修剪。可以用铁丝将一条带子固定在螺旋起点的地面上，然后将带子以螺旋状在锥形树上均匀向上缠绕，越到上方各螺旋间的距离越小，然后在带子组成的螺旋形间剪出凹槽。底部的槽口可剪得深一些，越到上方越浅，因为上方的螺旋也变得越来越窄。要剪出完美的螺旋形通常需要3～4年的时间。此后每年修剪3～4次。已经成形的螺旋形每年修剪2次即可。

## 修剪阶梯形

修剪成碟形阶梯的造型树非常适合规则的花园。这也是非常需要修剪技巧的一种造型。人们通常选择红豆杉修剪阶梯造型，因为它们不容易变秃，且能一直保持浓密。这种造型的关键是需要有一根笔直的主干。各层的形状可通过竹竿或金属杆辅助框定。用绳子交叉绑住竿子和主干，将竿子水平绑在主干上。每一层都需要绕主干绑上多根竿子。再以合适的距离在主干上绑上用于下一层的竿子。在一株高1～1.5米的红豆杉上修剪20厘米厚的阶梯可将20厘米距离内的所有枝条都剪短成20厘米。然后将各枝条掰至水平，并固定在竿子上。关键是，虽然它们在外侧为水平，但在主干上是斜向上长出的。这样可以储存液流。在之后几年中，剪掉所有突出在碟形之外的枝条，并剪短边缘长长的部分。如果你想让这层阶梯变大，则保留适量枝条长长的部分。这种培育成阶梯形的树木基本造型为锥形时，最方便保持下面几层的活力，因为上面的阶梯不会过于遮蔽下面的阶梯。如果基本形

**适合任意造型的树木**

| 高度 | 树木 |
|---|---|
| 0.3米以下 | 神圣亚麻（*Santolina*）、日本小檗（*Berberis thunbergii* ‘Atropurpurea Nana’） |
| 1米以下 | 亮叶忍冬（*Lonicera nitida*）、扶芳藤（*Euonymus fortunei*） |
| 2米以下 | 黄杨（*Buxus sempervirens*）、齿叶冬青（*Ilex crenata*）、女贞（*Ligustrum*-Arten） |
| 4米以下 | 欧洲山毛榉（*Fagus sylvatica*）、红豆杉（*Taxus*）、栓皮槭（*Acer campestre*）、欧洲鹅耳枥（*Carpinus betulus*） |

状为柱形，则需要注意使下面的阶梯不要衰老。

## 将支架绿化

如果觉得造型树修剪太复杂，也可以通过使攀缘植物爬上支架实现造型。以金属或木质支架确定形状，将攀缘植物牵引到支架上，在随后几年中修剪保持整体形状清晰可见即可。根据目标大小的不同，这样的造型过程也可能持续几年的时间。使用这种方法你既可以用攀缘植物在铁丝架上培育成动物造型，也可以绿化大型的花园装饰元素。例如用铁棒构建成的凉亭就很适合用常春藤进行点缀（见插图 3）。将多根枝条缠绕在铁杆上，必要时可用绳子固定。在夏季剪短向外长出的侧枝。

## 任意形状的修剪

任意修剪的形状通常适合于日本风格的花园。这些不规则的形状不需要模板进行修剪。你需要的是勤加练习，以及一双训练有素的眼睛，以确定合适的比例（见插图 4）。例如修剪自由分布的云朵造型阶梯，需要在枝条顶端修剪出扁球形。均匀剪掉球形下方的所有侧枝至露出主干。整体造型应保持下方较大，向上逐渐缩小。

**1. 螺旋形**

幼嫩的螺旋形红豆杉很容易分辨出绕中心向上延伸的突起部分。其基本形状为锥形，向上均匀地逐渐变细。同样，突起和凹槽的部分也向上逐渐变窄。

**2. 阶梯形**

这种形状只有各层阶梯之间清晰分隔才美观。因此，每年都需要剪掉各层之间长出的枝干，以及已经从各层中向上或向下突出的枝条。如果想让“碟子”的宽度增加，则保留一部分外围新长长的枝条。

**3. 绿化支架**

金属制的攀缘辅助物可用常春藤绿化。需要定期将常春藤枝缠绕到金属杆上，为了使整体造型清晰可辨，每根柱子之间距离至少应为 30 厘米。每年剪掉侧枝。

**4. 任意修剪造型**

日本风格的自由造型由枝干结构和扁圆形的枝头组成。这些枝头也应保持从下到上变小。剪掉从支撑结构上长出的侧枝，每年将枝头修剪成形。

### 大花六道木 *Abelia x grandiflora*，WHZ 7b–8a

**概述：**大花六道木为茂密的冬季常绿型灌木，其枝条下垂，开浅粉色的钟形花，极具装饰性。在适合生产葡萄酒的气候中，如果对种植地加以防护，大花六道木也能顺利过冬。否则它可能会被冻伤，需要采取冬季防护措施。花开在当年枝上，在春季开始发芽时进行修剪。**培育：**共 7 ～ 12 根基生枝，彻底剪掉长势较弱的基生枝。**维护性修剪：**剪掉衰老的基生枝，将分枝和干枯的枝条转嫁至生命力旺盛的嫩枝上，疏剪枝条顶端。**恢复性修剪：**将整株植株剪至地面。

**生长高度：**1.5 ～ 2 米
**花期：**七月到十月

### 翅果连翘 *Abeliophyllum distichum*，WHZ 7a

**概述：**翅果连翘为观赏性灌木，偏好有所防护的种植地。芳香浓郁的白色花朵开在一年长枝和侧枝上，开花后修剪。**培育：**种植后将长势弱的枝条齐地剪掉，留下长势旺盛的基生枝，不要剪短。**维护性修剪：**齐地剪掉衰老或超过三年的枝条。对两年枝疏剪分枝的顶端。必要时在夏季剪短灌木内部过长的当年枝。**恢复性修剪：**齐地剪掉所有衰老的枝条。其他的则进行疏剪。

**生长高度：**1.5 ～ 2 米
**花期：**三月到四月底

### 鸡爪槭 *Acer palmatum* ‘Dissectum’，WHZ 6b

**概述：**叶子为绿色或红色的鸡爪槭是一种叶子锯齿般精细，其形状为扁圆形的小型灌木，偏好凉爽的种植地。由于其对修剪非常敏感，因此只能在夏季进行，且必须小心处理。**培育：**只需剪掉互相交叉或向内生长的枝条。**维护性修剪：**剪掉互相交叠的枝条，过长的枝条转嫁至侧枝，必要时通过小型的修剪疏剪枝条顶端，保持枝条下垂的形态。**恢复性修剪：**无法进行，因其只能承受小规模的修剪。

**生长高度：**最高 2 米
**花期：**五月

### 狗枣猕猴桃 *Actinidia kolomikta*，WHZ 5b

**概述：**狗枣猕猴桃与猕猴桃（见 260 页）非常相似。它是一种攀缘植物，因此需要攀缘辅助物。其白色至粉色的叶子非常迷人，花朵芳香馥郁。在春季发芽前进行修剪。**培育：**将 2 ～ 3 条支撑枝沿攀缘辅助支架培育，每年最多长长 1 米。**维护性修剪：**在春季将侧枝剪短至 10 厘米，必要时在夏季剪短过长的当年枝。**恢复性修剪：**在春季将衰老的支撑枝靠近地面转嫁至嫩枝上，以和培育时相似的方式修剪这些枝条，剪短侧枝。

**生长高度：**3 ～ 5 米
**花期：**六月

WHZ = 可过冬区域（见 304 ～ 305 页卡片）

**生长高度：**6～8米
**花期：**四月到五月

### 五叶木通 *Akebia quinata*，WHZ 6b

**概述：**五叶木通是一种攀缘植物，在有所防护的地方冬季常绿。叶子堆叠，紫色的花朵香气怡人。黄瓜形的小果实可食用，但很少长出。在春季开花后进行修剪。**培育：**不需要进行系统的培育，春季种植后将所有枝条剪短至20厘米。**维护性修剪：**在发芽前剪掉干枯的枝条，开花后将过于茂密或分枝严重的顶端剪短至枝条直立生长的部位。**恢复性修剪：**将衰老的枝条剪短成靠近地面的小木桩。

**生长高度：**5～6米
**花期：**八月到九月

### 楤木 *Aralia elata*，WHZ 6

**概述：**楤木只有少量分枝的基生枝，均背刺。枝条一般在上半部分分枝，且随着时间的推移会形成伞状的树冠。巨大的叶子呈羽状，花开在当年枝上，在发芽前修剪。**培育：**3～5条支撑枝，靠近地面剪掉长势较弱的枝条，此外便无须培育。**维护性修剪：**适量剪掉分枝严重的支撑枝顶端，彻底剪掉多余的基生枝，拧掉长得过远的枝条。**恢复性修剪：**将衰老的基生枝转嫁至嫩枝上。

**生长高度：**最高1米
**花期：**七月到十月

### 欧亚碱蒿 *Artemisia abrotanum*，WHZ 6b

**概述：**欧亚碱蒿的叶子为精细的羽状，气味怡人。虽然其支撑结构已木质化，但仍属于亚灌木。植株生长时间越长，则越容易受霜冻影响。在发芽时进行修剪。**培育：**春季种植后将整株植株剪短至10厘米，以刺激幼嫩基生枝的萌发。**维护性修剪：**春季将植株剪短至30厘米，然后齐地剪掉较老的枝条，夏季重新将其剪短成约50厘米的半圆形。**恢复性修剪：**将整株植株靠近地面剪短，老化严重的植株很难恢复生机。

**生长高度：**1.5～2.5米
**花期：**三月到四月

### 青木 *Aucuba japonica*，WHZ 7b–8a

**概述：**四季常绿的青木只有在适合生产葡萄酒的气候条件下才可在有所遮蔽的种植地实现不用冬季防护也能顺利过冬。彩色品种花叶青木（Variegata）相对耐寒性更强。红色有毒的浆果通常整个冬季都长在植株上。通常在春季发芽前进行修剪。**培育：**不需要有意进行培育，只需将瘦长的枝条剪短一半即可。**维护性修剪：**春季将被冻伤的枝条转嫁至充满活力的嫩枝，将灌木内部过长的枝条转嫁至较短的侧枝。**恢复性修剪：**发芽时，将灌木内部最多三分之一的枝条转嫁至侧枝，第二年继续这个步骤。

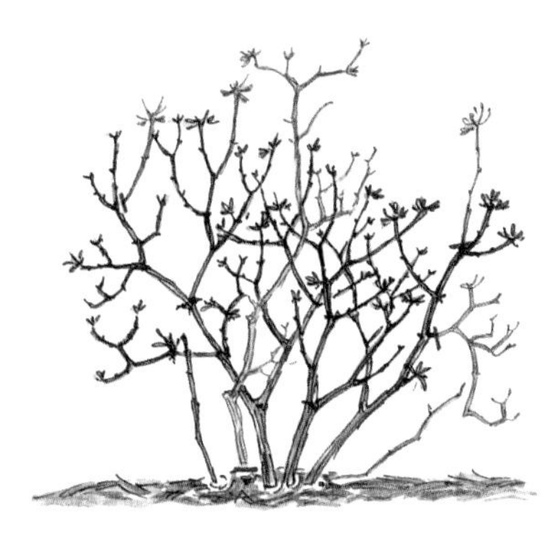

## 杜鹃花 *Azalea*-Hybriden（新：*Rhododendron*-Hybriden），WHZ 7a

**概述：**杜鹃花属于杜鹃花属，其对环境的要求也相似。大部分大花的杂交种均为夏季常绿植物，有多种花色。杜鹃花开在一年枝上，在开花结束后修剪。**培育：**在春季种植后将长势较弱的基生枝剪短一半，留下长势旺盛的枝条。**维护性修剪：**将衰老的支撑枝靠近地面剪短成小木桩，将分枝严重的顶端转嫁至嫩枝，剪掉凋谢的花茎。**恢复性修剪：**在两年中每年将一半的支撑枝靠近地面剪短成小木桩，留下长势旺盛的基生嫩枝作为代替。

**生长高度：**0.5～2.5米
**花期：**四月到五月

## 山茶花 *Camellia japonica*，WHZ 8a

**概述：**山茶花需要防风且不受冬日阳光直射的种植地，在气候较凉爽的区域最好种在花盆里。它们对土壤的要求和杜鹃花相同。这种四季常绿的木本植物通常开重瓣花，花色从白色到红色不等。花开在一年枝末端，开花结束后修剪。**培育：**紧凑且分枝明显的植株不需要进行培育，分枝较少的枝条剪短一半。**维护性修剪：**将受霜冻的枝条转嫁至充满活力的侧枝上，过长的枝条转嫁至较短的枝条上。**恢复性修剪：**衰老的枝条在分叉处剪短成小木桩（见123页）。

**生长高度：**3～5米
**花期：**三月到五月

## 树锦鸡儿 *Caragana arborescens*，WHZ 3

**概述：**树锦鸡儿笔直生长，具有稳定的支撑结构，开黄色蝴蝶状花。之后会结出滚筒状的果实。植株对环境几乎没有要求，可在各种花园条件下生长。花芽长在一年侧枝上，在开花结束后修剪。**培育：**选择5～7根基生枝作为支撑结构，完全剪掉长势较弱的基生枝。**维护性修剪：**5～7年后用幼嫩的基生枝代替支撑枝，将分枝或下垂的支撑枝顶端转嫁至较低处的侧枝并疏剪。**恢复性修剪：**与连翘一致（见68页）。

**生长高度：**3～5米
**花期：**五月到六月

## 德利尔美洲茶 *Ceanothus* x *delilianus*，WHZ 7a

**概述：**虽然美洲茶已经木质化，但人们还是将它归为亚灌木。偏好排水性佳的土壤和温暖的种植地。在寒冷的环境中通常地面部分会完全冻死。花开在当年枝上，在发芽前修剪。**培育：**春季种植后将所有枝条剪短成离地5～50厘米的枝条，促进基生枝或靠近地面的枝条的生长，夏季剪掉凋谢的花茎。**维护性修剪：**剪掉枯死的枝条，较老的枝条靠近地面剪短，一年枝靠近地面剪短至10厘米。**恢复性修剪：**将所有枝条剪短至地面隆起的部分。

**生长高度：**1～15米
**花期：**七月到十月

**生长高度：**8～10米
**花期：**六月

## 南蛇藤 *Celastrus orbiculatus*，WHZ 5a

**概述：**南蛇藤是一种长势非常旺盛的攀缘植物，不能把它种在幼苗边上。攀缘辅助物应固定在墙上，确保其稳定性，因为植株非常重。秋季叶子变黄，橙色的果实非常鲜亮。结果需要同时存在雄性植株和雌株。在发芽前进行修剪。**培育：**种植后将长势较弱的枝条靠近地面剪短，其余的牵引至攀缘辅助物上。**维护性修剪：**不需要，必要时将上部分的顶端剪掉。**恢复性修剪：**当植株过老或长得过大时，将整株植株靠近地面剪短。

**生长高度：**8～10米
**花期：**四月到五月

## 连香树 *Cercidiphyllum japonicum*，WHZ 5b

**概述：**连香树的花很不明显，宽阔的心形叶子则非常迷人。秋季的落叶有巧克力香。土壤在夏季也不能干透。可培育成高树干。**培育：**以3～5根基生枝培育，剪掉其他枝条。**维护性修剪：**支撑枝的生命周期很长，必要时可剪掉向内生长或直立生长的枝条，疏剪枝条顶端。**恢复性修剪：**不能进行大规模的恢复性修剪，绝对不能修剪支撑枝，只能修剪较小的枝条。将分枝的枝条顶端转嫁至较低处的侧枝上。

**生长高度：**4～6米
**花期：**四月到五月

## 南欧紫荆 *Cercis siliquastrum*，WHZ 7a

**概述：**南欧紫荆开迷人的粉色花朵，甚至在粗壮的主干上也能直接长出花芽。喜好温暖、有所防护的种植地。花开在一年短枝上，在开花后进行修剪。**培育：**以3～5根基生枝培育，它们会一直保留到最后。**维护性修剪：**剪掉向内生长的枝条，除去多余的基生枝，必要时将支撑枝转嫁至低处的侧枝并疏剪。**恢复性修剪：**支撑枝几乎不会衰老，且能一直保持稳定。将衰老的侧枝或支撑枝顶端转嫁至充满活力的嫩枝上，并对其疏剪。

**生长高度：**2～3米
**花期：**十二月到三月

## 蜡梅 *Chimonanthus praecox*，WHZ 7a

**概述：**蜡梅的枝条容易向远处伸展，它们喜好温暖、有所防护的种植地，土壤应具备良好的排水性，同时又富含养料。冬季就开出香气浓郁的黄色花朵。花芽长在一年侧枝上，开花后进行修剪。**培育：**将5～7根基生枝培育成支撑结构，除去长势较弱的基生枝，疏剪支撑枝。**维护性修剪：**4～6年后用新的基生枝代替支撑枝，分枝的顶端转嫁至嫩枝，并疏剪。**恢复性修剪：**将衰老的枝条齐地剪掉（见68页，连翘）。

**鱼鳔槐** *Colutea arborescens*，WHZ 6a

**概述：** 鱼鳔槐开蝴蝶状的黄色花，间杂棕色。果实为羊皮纸状。植株对环境要求很少，最早的花开在一年枝上，主要的花开在当年枝上。在发芽后修剪。**培育：** 将 5 ～ 10 根基生枝培育成支撑结构，彻底除去长势较弱的枝条。**维护性修剪：** 4 ～ 6 年后齐地剪掉支撑枝并用从土中长出的嫩枝代替。每年将下垂的顶端转嫁至更靠内的嫩枝上。**恢复性修剪：** 齐地剪掉衰老的枝条，培育从土中长出的嫩枝作为代替。

**生长高度：** 2 ～ 3 米
**花期：** 五月到十月

**欧洲山茱萸** *Cornus mas*，WHZ 5a

**概述：** 欧洲山茱萸几乎可在任何地方生长，它们的支撑结构生命周期很长。花朵为黄色，红色的果实可实用。花开在一年短枝上，开花后修剪。**培育：** 以 3 ～ 5 根靠近地面的枝条为支撑枝，对其疏剪，剪掉其余枝条。**维护性修剪：** 剪掉向内生长的枝条，定期疏剪枝条顶端。**恢复性修剪：** 必要时用嫩枝代替支撑枝，将下垂和分枝的枝条顶端转嫁至靠近内侧且向外生长的嫩枝上。

**生长高度：** 4 ～ 7 米
**花期：** 二月到四月

**欧榛** *Corylus avellana*，WHZ 5a

**概述：** 大果品种长势相对较弱，紫叶榛（*C. maxima* ‘Purpurea’）就是这样。雌花和雄花序分开长在同一植株上，通常在一年侧枝上开花，春季开花后进行修剪。**培育：** 培育 7 ～ 10 根基生枝，剩余的在夏季拔掉。**维护性修剪：** 剪掉向内生长的枝条，将分枝的支撑枝转嫁至单独的枝条上或进行疏剪，拔掉基生枝。**恢复性修剪：** 剪掉单独的枝条或将整株植株剪至地面。如果恢复性修剪幅度过大，可能会刺激大量基生枝长出。

**生长高度：** 4 ～ 6 米
**花期：** 二月到四月

**扭枝欧榛** *Corylus avellana* ‘Contorta’，WHZ 6a

**概述：** 扭枝欧榛对环境的要求基本和作为其嫁接砧木的野生品种一致。旋转扭曲的枝条随着时间的推移会更加迷人，在开花后进行修剪。**培育：** 培育 5 ～ 7 根支撑枝，只有在最初 3 ～ 4 年中才可能有秩序地培育，其后枝条会互相纠缠。**维护性修剪：** 夏季拔掉正常生长的徒长枝，分枝严重或下垂的枝条转嫁至单独且较短的侧枝。**恢复性修剪：** 一般不需要。将衰老的支撑枝齐地剪掉，培育嫩枝作为代替，除去多余的枝条。

**生长高度：** 3 ～ 5 米
**花期：** 二月到四月

生长高度：3～5米
花期：六月到七月

### 黄栌 *Cotinus coggygria*，WHZ 6a

**概述：**黄栌需要温暖、排水性好的土壤。该种叶子普遍为绿色，“皇家紫”（Royal Purple）叶子为红色，“金色心情”（Golden Spirit）叶为黄色（见45页）。芳香的伞状花序开花时间很长。花开在一年枝上，由于开花较晚，因此在发芽前进行修剪。**培育：**培育5～7根靠近地面的枝条，疏剪螺旋状紧密排列的枝条，不要剪短。**维护性修剪：**剪掉向内生长的枝条，分枝严重或下垂的顶端转嫁至嫩枝，并对其疏剪。**恢复性修剪：**将衰老的支撑枝转嫁至靠近地面的侧枝上，避免形成大的伤口。

生长高度：2～5米
花期：五月到六月

### 栒子 *Cotoneaster*-Arten，WHZ 5a

**概述：**除了匍匐的种类（见128页），还有灌木状的：皱叶型、伸展型和柳叶型的矮生栒子（*C. bullatus*、*C. divaricatus*、*C. salicifolius* var. *floccosus*）。花开在一年侧枝上，在开花后进行修剪，需要把果芽摘除。**培育：**以5～7根基生枝为支撑结构。**维护性修剪：**剪掉向内生长的枝条，将严重分枝的顶端转嫁至单独的枝条并疏剪，受火疫病侵袭的枝条剪至健康部位以内的10厘米处。**恢复性修剪：**将衰老的枝条靠近地面转嫁至充满活力的侧枝上。

生长高度：4～8米
花期：五月

### 卡里雷山楂 *Crataegus* x *lavallei* ‘Carrierei’，WHZ 5b

**概述：**卡里雷山楂光亮的绿叶和能在树上保留较长时间的红色果实特别迷人。彩叶山楂（*C. laevigata* ‘Paul’s Scarlet’，WHZ 5b）开红色重瓣花开在一年侧枝上，开花后修剪。**培育：**选择3～5根靠近地面的枝条为支撑结构，并对其疏剪。**维护性修剪：**剪掉向内生长、直立生长，或受火疫病侵袭的枝条，疏剪顶端。**恢复性修剪：**保留支撑枝，只将衰老的顶端转嫁至充满活力的嫩枝上并疏剪。

生长高度：0.4～1米
花期：四月到六月

### 瑞香 *Daphne*-Arten，WHZ 5

**概述：**欧亚瑞香（*D. mezereum*）最高可达1.5米，伯克伍德瑞香（*D.* x *burkwoodii*）高1米。两种都开白粉色的花。南欧瑞香（*D. cneorum*）高仅0.4米，开粉色花。所有种类都芳香浓郁。它们喜好排水性佳的土壤，各部位均有毒。花开在一年枝上，开花后修剪。**培育：**开花后将细瘦的枝条剪短一半。**维护性修剪：**谨慎修剪，必要时疏剪旋涡状的分枝。**恢复性修剪：**由于瑞香老化的植株很难再恢复生机，因此最好直接用新的植株代替。

### 胡颓子 *Elaeagnus*-Arten，WHZ 4–7a

**概述：**沙枣（*E. angustifolia*，WHZ 4）叶子呈灰色，金心胡颓子（*E.* x *ebbingei*，WHZ 7a）光亮的叶子为冬季常绿，长势相对较弱的秋胡颓子（*E. pungens*，WHZ 7a）为四季常绿。所有种类都偏好排水良好的土壤。在春季发芽前进行修剪。**培育：**将 5 ～ 7 根基生枝培育成支撑结构，长势弱的枝条齐地剪掉。**维护性修剪：**将下垂、分枝的枝条顶端转嫁并疏剪，剪掉灌木内部过长的枝条，除去多余的基生枝。**恢复性修剪：**将衰老的支撑枝转嫁至靠近地面的嫩枝上。

**生长高度：**1 ～ 7 米
**花期：**五月到十月

### 布纹吊钟花 *Enkianthus campanulatus*，WHZ 6b

**概述：**布纹吊钟花通常直立生长，随着时间的推移整体结构会变宽变疏松。钟形偏黄色的花朵成团长在一年枝顶端。土壤应富含腐殖质，呈酸性，夏季保持湿润，且排水性佳，和杜鹃花对土壤的要求相似。开花结束后修剪。**培育：**分枝密集的幼苗无须刻意培育，只需将过长的枝条剪短一半即可。**维护性修剪：**除去凋谢的花枝，将植株内部向外伸展过长的枝条转嫁至较短的侧枝上。**恢复性修剪：**衰老的枝条靠近地面剪短成小木桩，衰老且分枝的顶端转嫁至嫩枝上。

**生长高度：**2 ～ 3 米
**花期：**五月到六月

### 欧石楠 *Erica carnea*，WHZ 5a

**概述：**欧石楠有多个品种，花色从白色到红色，且能形成茂密的地毯状。杂交种（*E. darleyensis*，WHZ 7b/8）抗寒性较差，需要采取冬季防护。欧石楠偏好夏季保持湿润且排水性良好的土壤。花沿一年枝开放，通常在开花结束后便立即修剪。**培育：**不需要，因为没有支撑结构。**维护性修剪：**每年至少将带叶子的枝条剪短三分之二，单独的植株剪成半圆形。**恢复性修剪：**用篱笆剪将呈地毯状的欧石楠的长叶子区域剪短，枝条光秃的部分用适量的泥土覆盖（见 119 页）。

**生长高度：**0.2 ～ 0.5米
**花期：**二月到四月

### 扶芳藤 *Euonymus fortunei*，WHZ 6a

**概述：**虽然四季常绿的扶芳藤能很好地覆盖地面，但给予适当的辅助也能攀缘到墙上。有白色或黄色彩色叶子的品种，也有小叶子品种小叶扶芳藤（Minimus），均偏好向阳或半阴处夏季湿润且排水性佳的土壤。在春季发芽前进行修剪。**培育：**不需要。只需在种植后将过长的枝条剪短一半即可。**维护性修剪：**剪掉受霜冻的枝条，剪短长得过远的枝条，把攀缘在墙上离墙较远的枝条靠近墙壁剪短。**恢复性修剪：**将衰老或光秃的植株靠近地面剪短。

**生长高度：**0.5 ～ 3 米
**花期：**五月到六月

生长高度：3 ～ 4 米
花期：五月

## 白鹃梅 *Exochorda racemosa*，WHZ 5b

**概述：**白鹃梅开纯白色花，杂交品种“新娘”（*E.* x *macrantha* ‘The Bride’）高 1.5 米，植株紧凑。喜好向阳的位置，土壤需新鲜、富含养料，且石灰质含量低。花开在一年枝上，开花结束后修剪。**培育：**春天种植后将一半的一年枝靠近地面剪短。**维护性修剪：**每年将四分之一的支撑枝靠近地面转嫁至嫩枝上，剩余的转嫁至低处的枝条上。**恢复性修剪：**只有当能把衰老的支撑枝转嫁至靠近地面的嫩枝时才能实现。

生长高度：2 ～ 5 米
花期：—

## 箭竹 *Fargesia*-Arten，WHZ 7a

**概述：**箭竹最大的特征在于其四季常绿的细长茎干。如果不希望箭竹长成丛状，则应在根部预防。也有长势相对较弱的品种，刚竹（*Phyllostachys*-Arten）更高，长匍匐茎。在春季发芽前进行修剪。**培育：**不需要。**维护性修剪：**剪掉受霜冻损伤的枝条，拔掉长得过远的新枝，而不只是剪短。剪掉过于密集的枝条，使植株保持通气。**恢复性修剪：**齐地剪掉过老的枝条。

生长高度：0.5 ～ 1.5 米
花期：五月到六月

## 丽果木 *Gaultheria*（syn. *Pernettya*）*mucronata*，WHZ 7a

**概述：**丽果木的花不如其秋季的果实抢眼。想要结出果实就必须同时种植雌株和雄株。这种四季常绿的植物喜好有所防护的种植地，土壤应为酸性，且湿润。春季发芽前进行修剪。**培育：**不需要。**维护性修剪：**只有在必要情况下，才将突出整株灌木过长的枝条或者已经光秃的枝条转嫁至更靠近内侧的侧枝上。修剪力度越大，秋季结果数量越少。**恢复性修剪：**过老的丽果木采用和杜鹃花同样的方法分阶段大幅修剪。

生长高度：0.2 米
花期：七月到八月

## 平铺白珠树 *Gaultheria procumbens*，WHZ 5b

**概述：**常绿的平铺白珠树可凭借其蔓生的根形成覆盖地面的毯状。红色的果实可以一直长到春季。需要在夏季仍保持湿润的土壤和半阴的种植地。花开在当年枝末端，在春季发芽前修剪。**培育：**春季种植后用篱笆剪将基生枝剪短一半，不需要其他培育。**维护性修剪：**不需要。只在必要时拔掉长得过远的匍匐茎。**恢复性修剪：**将现有的枝条用篱笆剪靠近地面剪短，至新的覆盖物能保持其湿润为止。

### 长阶花 *Hebe*-Arten，WHZ 7–8

**概述：**长阶花四季常绿。有些长有精细、鳞片状的叶子，有些则像黄杨树叶。喜好酸性、夏季保持湿润且排水性佳的土壤。有些秋季开花的品种生长于 WHZ 8 区域，不具备耐寒性。春季开花品种花开在一年枝顶端，秋季开花品种则花开在当年枝上。春季修剪。**培育：**不需要。春季种植，植株直到冬季都能再生根。**维护性修剪：**将受到霜冻的枝条剪掉，将过长的枝条转嫁至低处的枝条上。**恢复性修剪：**发芽时将衰老的枝条转嫁至靠近地面的嫩枝上。

**生长高度：**0.6～1.2 米
**花期：**六月到九月

### 七子花 *Heptacodium jasminoides*，WHZ 7a

**概述：**六月会预先开一小批花，主要在夏季开花。秋季结红色的果实。种植地应有所防护且向阳，如果周围环境较温暖，则可选择半阴的种植地。主花开在当年枝上，春季发芽前进行修剪。**培育：**选择 3～5 根枝条作为支撑结构，不要剪短这些枝条，只需疏剪即可。**维护性修剪：**剪掉向内生长或直立生长的枝条，分枝的顶端转嫁至长在下方的幼嫩侧枝，必要时疏剪。**恢复性修剪：**将衰老的支撑枝转嫁至靠近地面的嫩枝上，将其作为替代培育。

**生长高度：**2～4 米
**花期：**八月到十月

### 沙棘 *Hippophae rhamnoides*，WHZ 4

**概述：**沙棘的花很不明显，鲜亮的橙色果实维生素含量丰富。植株分雄株和雌株，在合适的土壤中会长出匍匐根。花开在一年枝上，在春季发芽前修剪。当心刺！**培育：**以 3～5 根基生枝为支撑结构，并对其疏剪。**维护性修剪：**剪掉交叉生长或直立生长的枝条，分枝的枝条转嫁并疏剪，夏季拔掉匍匐枝。**恢复性修剪：**将衰老的支撑枝转嫁至低处更具活力的嫩枝上。

**生长高度：**4～8 米
**花期：**三月到四月

### 大萼金丝桃 *Hypericum calycinum*，WHZ 6b

**概述：**这种金丝桃开巨大的金黄色花朵，为冬季常绿，在温暖的气候中为四季常绿。它对环境几乎没有要求，在落叶乔木下也能很好地生长。杂交品种“希德科特”（Hidcote）最高可达 1.3 米，花朵为鲜亮的黄色。花开在当年枝上，在春季发芽前进行修剪。**培育：**春季种植后将所有枝条靠近地面剪短成小木桩。**维护性修剪：**如果受到霜冻，将所有枝条剪短成 5 厘米的小木桩，拔掉长得过远的匍匐茎。**恢复性修剪：**用篱笆剪将衰老的植株齐地剪短。

**生长高度：**0.3～0.4 米
**花期：**七月到十月

**生长高度：**1～3米
**花期：**七月到十月

## 槐蓝 *Indigofera*-Arten，WHZ 6–7a

**概述：**异花木蓝（*I. heterantha*，WHZ 7a）开粉紫色花，多花木蓝（*I. amblyantha*，WHZ 6，见插图）开浅粉色花。两者都偏好排水性佳的土壤，在寒冷的冬季会被冻死。花开在当年枝上，春季发芽前修剪。**培育：**以5～7根基生枝为支撑结构，种植后将所有一年枝剪短成小木桩。**维护性修剪：**每年将侧枝靠近支撑结构剪短成5～10厘米的小木桩（见112页，木槿），剪掉受霜冻的枝条。**恢复性修剪：**支撑枝靠近地面剪短成小木桩，培育嫩枝作为代替。

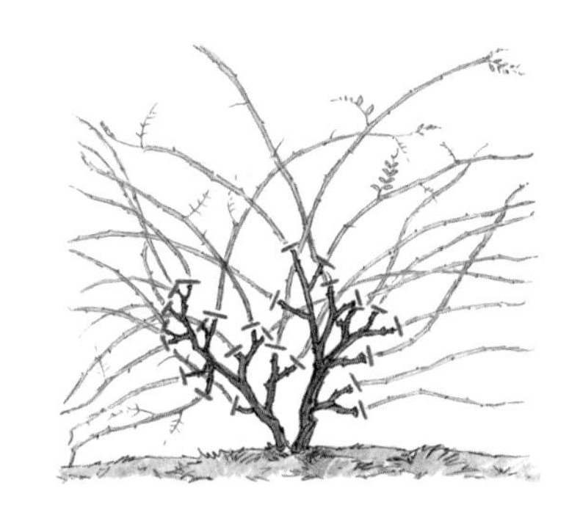

**生长高度：**0.6～2米
**花期：**五月到七月

## 山月桂 *Kalmia*-Arten，WHZ 5b

**概述：**绵羊山月桂（*K. angustifolia*）最高只能长到1米，开粉色花。阔叶山月桂（*K. latifolia*）长势较旺，且有多种迷人的品种。两者均为四季常绿植物，且喜好富含腐殖质的酸性土壤，需要较高的空气湿度。花开在一年枝末端，在开花结束后修剪。**培育：**对于茂密的植株不需要培育。**维护性修剪：**每年除去凋谢的花枝，剪掉内部过长的枝条，将分枝严重的顶端转嫁至嫩枝。**恢复性修剪：**将衰老的枝条剪短成小木桩（见122页，杜鹃花属）。

**生长高度：**5～7米
**花期：**五月到六月

## 毒豆 *Laburnum*-Arten，WHZ 5a–6b

**概述：**毒豆（*L. anagyroides*）可长到7米高，开浅黄色花，形成约20厘米长的花序。果实有毒。毒豆几乎可在向阳处的各种土壤中生长。在六月到九月间进行修剪，但它对修剪非常敏感。**培育：**将3～5根基生枝培育成支撑结构，并对其疏剪。**维护性修剪：**向内生长的枝条趁其还是绿色时就剪掉，疏剪枝条顶端。**恢复性修剪：**不推荐。如果一定要进行，则应避免大的伤口，只在侧枝上修剪。

**生长高度：**1～2米
**花期：**九月到十月

## 日本胡枝子 *Lespedeza thunbergii*，WHZ 7a

**概述：**日本胡枝子会长出深深下垂的枝条，开紫色花。需要温暖向阳的种植地，土壤需排水性佳。由于枝条很容易被冻伤，因此几乎不可能实现支撑结构的培育。推荐在根部施加冬季防护。花开在当年枝上，在春季发芽前进行修剪。**培育：**种植后为使枝条更好地分枝，将所有枝条都剪短至10厘米。**维护性修剪：**将较老的枝条靠近地面转嫁至一年枝上，将这些枝条剪短至最长10厘米。**恢复性修剪：**只在特定情况下能成功。如果需要，则在发芽时将老化的植株大幅剪短。

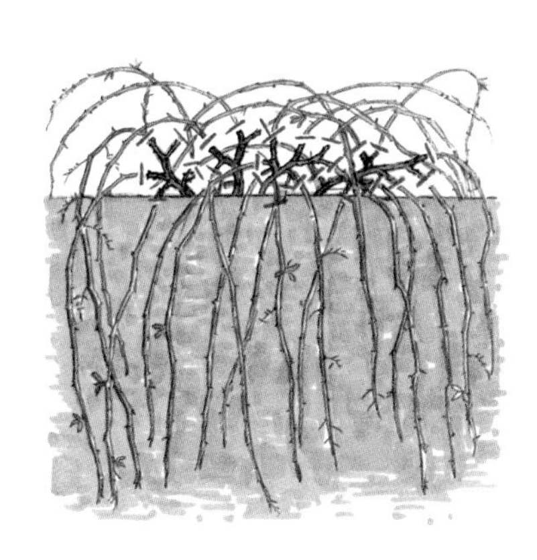

**金银花** *Lonicera x purpusii*，WHZ 6b

**概述：**这种一定程度上冬季常绿的植物，其奶白色的花朵香气非常浓郁。起初它的结构非常松散，随着时间的推移会变紧凑，偏好富含养料的土壤，种植地应向阳或半阴。花开在一年长枝和侧枝上，开花后进行修剪。**培育：**以 5 ～ 7 根基生枝为支撑结构，长势弱的枝条齐地剪掉。**维护性修剪：**支撑枝可保持 10 年的活力，必要时齐地剪掉，留下嫩枝作为代替，转嫁分枝的顶端并疏剪，过长的枝条在夏季剪短一半。**恢复性修剪：**同连翘（见 68 页）。

**生长高度：**2 ～ 2.5 米
**花期：**十二月到三月

**星花木兰** *Magnolia stellata*，WHZ 6a

**概述：**星花木兰花呈白色，香气浓郁，“皇家之星”（Royal Star）长势非常旺盛。喜好向阳地，土壤应在夏季仍保持湿润。花开在一年枝顶端，开花后修剪。**培育：**以 3 ～ 5 根基生枝为支撑结构，齐地剪掉长势弱的枝条。**维护性修剪：**支撑结构可保持多年活力，将分枝的顶端转嫁至嫩枝上，并疏剪，剪掉向内生长或直立生长的枝条，夏季拔掉徒长枝。**恢复性修剪：**在一定条件下可行。在初夏将衰老的支撑枝顶端转嫁至靠近内侧的嫩枝上，要避免形成大的伤口。

**生长高度：**2 ～ 4 米
**花期：**三月到四月

**顶花板凳果** *Pachysandra terminalis*，WHZ 5b

**概述：**顶花板凳果的白色花序直立生长。偏好稀疏的阴凉地和排水性好、干燥的土壤。如果土壤中石灰质含量较高，则植株生长状况不佳，叶子变黄。由于能长出匍匐枝，顶花板凳果会形成茂密的地毯状。花开在一年枝上，在开花后修剪。**培育：**不需要，因为无法培育出能长时间存在的支撑结构。**维护性修剪：**不必每年进行修剪，用篱笆剪靠近地面水平剪掉光秃的枝条，拔掉长得过远的匍匐枝。**恢复性修剪：**对于衰老的顶花板凳果，采用和维护性修剪相同的方式修剪。

**生长高度：**0.2 ～ 0.3 米
**花期：**四月到五月

**波斯铁木** *Parrotia persica*，WHZ 5a

**概述：**波斯铁木非常漂亮，但所占空间也很大。花为红黄色，秋季变色后在阳光下非常壮观。土壤应较深，且在夏季仍保持湿润。花开在一年侧枝上，在开花后修剪。**培育：**选择 3 ～ 5 根基生枝为支撑结构（见 102 页，枫树），疏剪枝条顶端。**维护性修剪：**修剪应谨慎，定期剪掉直立生长或向内生长的枝条，疏剪枝条顶端。**恢复性修剪：**支撑结构生命周期长，将分枝严重的枝条顶端转嫁至较低处生命力旺盛的嫩枝上，避免形成大的伤口。

**生长高度：**5 ～ 8 米
**花期：**三月到四月

**生长高度：** 0.5～1 米
**花期：** 七月到十月

### 滨藜叶分药花 *Perovskia atriplicifolia*，WHZ 6a

**概述：** 滨藜叶分药花在一年枝顶端长蓝紫色花序。喜好向阳的种植地和排水性绝佳的土壤。灰色披绒毛的枝条通常会被冻死，因此人们将其归入亚灌木一类（见 104 页）。春季发芽前进行修剪。**培育：** 春季种植后将所有枝条贴近地面剪短成 5 厘米长的小木桩。**维护性修剪：** 较老的枝条靠近地面剪短成 2 厘米长的小木桩，一年枝剪短至 10 厘米。**恢复性修剪：** 只有在一定条件下可行。衰老的枝条靠近地面剪掉，只有保持活力的块根上才能长出新的嫩枝。

**生长高度：** 1.5～3 米
**花期：** 五月到六月

### 红叶石楠 *Photinia* x *fraseri*，WHZ 6a

**概述：** 红叶石楠为四季常绿植物，“红罗宾”红叶石楠（Red Robin）品种的嫩芽为鲜亮的红色。需要种在有所防护的向阳处，土壤应富含养料，夏季保持湿润且排水性佳。花开在一年枝上，开花后修剪。**培育：** 密集的幼苗不需要培育，过长的一年枝剪短一半。**维护性修剪：** 谨慎修剪。将内侧过于突出到植株外部的枝条转嫁，疏剪顶端。**恢复性修剪：** 分 3 年进行，将直径小于 5 厘米的枝条转嫁至较短的侧枝上，疏剪顶端。

**生长高度：** 1～3 米
**花期：** 三月到五月

### 马醉木 *Pieris japonica*，WHZ 6b

**概述：** 马醉木可形成紧凑的灌木形，花朵为白色花序。“森林之火”马醉木（Mountain Fire）的嫩叶为红色，“花叶”马醉木（Variegata）有白色的叶边。各品种均需要阴凉的种植地，土壤应为酸性，富含腐殖质，且夏季保持湿润。花开在一年枝顶端，开花后修剪。**培育：** 由于幼苗生长密集，因此不需要进行培育。**维护性修剪：** 剪掉凋谢的花枝，过长或内部分枝严重的枝条剪短成小木桩，必要时疏剪顶端。**恢复性修剪：** 和杜鹃花属类似（见 122 页）。

**生长高度：** 0.5～1.5 米
**花期：** 六月到十月

### 金露梅 *Potentilla fruticosa*，WHZ 2

**概述：** 金露梅几乎对环境没有要求，“阿伯茨伍德”（Abbotswood）开白色花，“金毛毯”（Goldteppich）为黄色，“公主”（Princess）为浅粉色。喜好向阳的地方，几乎可以在任何土壤中生长，但偏好夏季保持湿润的土壤。花开在当年的基生枝和侧枝上，在发芽前修剪。**培育：** 齐地剪掉长势弱的枝条，否则无须培育。**维护性修剪：** 齐地剪掉两年枝和多年枝，部分一年枝剪短一半，它们比新的基生枝开花要早。**恢复性修剪：** 将所有枝条齐地剪掉。但衰老严重的植株恢复程度有限。

### 樱桃李 *Prunus cerasifera* ‘Nigra’，WHZ 5a

**概述：**樱桃李叶子为红色，花朵为粉色，可食用的果实为红色。喜好夏季仍保持湿润的土壤，可长成具有稳定支撑枝的树状灌木。花开在一年侧枝上，开花后或在夏季修剪。**培育：**选择3～5根枝条为支撑枝，疏剪这些枝条。**维护性修剪：**剪掉向内生长或直立生长的枝条，转嫁下垂和分枝的枝条顶端并疏剪。**恢复性修剪：**在夏季将衰老的枝条顶端转嫁至靠近内侧充满活力的嫩枝上，避免形成大的伤口。

**生长高度：**5～7米
**花期：**四月到五月

### 火棘 *Pyracantha*-Hybriden，WHZ 6b

**概述：**火棘开白色花，其果实视品种不同有黄色、橙色或红色，在灌木上能保留很长时间。在向阳的位置，火棘几乎可以在各种排水性佳的土壤上生长，但容易受火疫病侵袭。花开在一年枝上，发芽后修剪。坚硬的木质树枝和刺使修剪相对较难。**培育：**选择5～7根枝条为支撑枝，对其疏剪。**维护性修剪：**剪掉向内生长的枝条，转嫁下垂和分枝的枝条顶端并疏剪。**恢复性修剪：**衰老的枝条齐地剪掉，培育嫩枝作为代替。

**生长高度：**2～4米
**花期：**五月到六月

### 柳叶梨 *Pyrus salicifolia*，WHZ 5b

**概述：**柳叶梨中散布最广的是嫁接至树冠高度的垂枝柳叶梨（Pendula）品种。它的枝条下垂，非常漂亮。叶子呈灰色，容易与橄榄树的叶子混淆。花开在一年侧枝上，通常在开花后修剪。**培育：**以4～5根枝条为支撑结构（见140页，阔叶树），清晰的结构使护理较为简单。**维护性修剪：**定期剪掉横向长进树冠内部或笔直向上生长的枝条，疏剪枝条顶端。**恢复性修剪：**夏季将分枝严重的枝条顶端转嫁至独立的嫩枝并疏剪。

**生长高度：**4～6米
**花期：**四月到五月

### 欧鼠李 *Rhamnus frangula*，WHZ 3

**概述：**欧鼠李是一种长势非常旺盛的野生树。它在阴凉地也能很好地生长，在光照充足的位置秋季叶子会变成鲜亮的黄色。花不明显。**培育：**以5～7根基生枝为支撑结构，定期疏剪。**维护性修剪：**5年后将支撑枝靠近地面转嫁至新的嫩枝，转嫁分枝的顶端并疏剪，夏季拔掉匍匐枝。**恢复性修剪：**齐地剪掉衰老的枝条，培育嫩枝。

**生长高度：**2～4米
**花期：**五月到六月

**生长高度：** 3 ～ 8 米
**花期：** 六月到八月

### 鹿角漆树　*Rhus typhina*，WHZ 6a

**概述：** 鹿角漆树最迷人的地方在于其果实和秋季鲜亮的橘红色叶子。“裂叶”鹿角漆树（Dissecta）叶子为精细的羽状。皮肤碰到植株的任何部位时都会引起过敏反应，因此在修剪时需要戴上手套。在发芽前进行修剪。**培育：** 约 5 根支撑枝，并对其疏剪。**维护性修剪：** 不定期剪掉分枝的顶端，或将其转嫁至较低处的枝条上，夏季拔掉根部长出的嫩枝。**恢复性修剪：** 齐地剪掉支撑枝，保留嫩枝作为代替，大幅的恢复性修剪会催生大量基生枝。

**生长高度：** 0.3 ～ 0.8米
**花期：** 四月到六月

### 迷迭香　*Rosmarinus officinalis*，WHZ 7b–8a

**概述：** 大部分迷迭香品种只在有限的情况下能耐寒，且需要冬季防护。喜好向阳的种植地，土壤应贫瘠，且排水性极佳，这也有助于提高植株的耐寒性。花沿一年枝开放，开花后修剪。**培育：** 只在春季种植，将所有枝条剪短至 5 ～ 10 厘米。**维护性修剪：** 将一半枝条剪短至 5 ～ 10 厘米，第二年春季剪短另一半，即可能培育靠近地面的嫩枝。**恢复性修剪：** 将衰老的枝条转嫁至较低处的嫩枝上，一定要避免剪到老的枝条中。

**生长高度：** 0.4 ～ 0.6 米
**花期：** 五月到七月

### 芸香　*Ruta graveolens*，WHZ 6

**概述：** 芸香是一种极具价值的香料。其蓝灰色的叶子，尤其是“杰克曼蓝”（Jackman’s Blue）的叶子非常迷人。喜好向阳处排水性佳的土壤。汁液碰到皮肤时会引起过敏反应。在春季开始发芽时修剪，必要时可在夏季再修剪一次。**培育：** 没有支撑结构，可在春季种植后将所有枝条剪短至 5 厘米。**维护性修剪：** 齐地剪掉两年及以上枝条，只留小树桩。一年枝剪至 5 厘米长。**恢复性修剪：** 当存在靠近地面的嫩枝时才能实现修剪。剪掉所有衰老的枝条，剪短嫩枝。

**生长高度：** 0.4 ～ 6 米
**花期：** 三月到四月

### 柳树　*Salix*-Arten，WHZ 4–5

**概述：** 柳树的形态非常多样，从匍匐型、紧凑的灌木型到大型灌木都有。柳树对环境要求不高，但最好是在夏季仍能保持湿润的环境。柳树在一年枝上开花，开花后修剪。**培育：** 选择 5 ～ 7 根基生枝作为支撑结构，剪掉长势弱的枝条。**维护性修剪：** 每 3 ～ 5 年需将整株灌木靠近地面剪短，重新培育。**恢复性修剪：** 支撑枝靠近地面剪掉，培育嫩枝作为代替。避免形成大的伤口，否则会导致它们腐烂，植株部分部位会枯死。

### 茵芋 *Skimmia japonica*，WHZ 7a

**概述：** 茵芋为紧凑的四季常绿灌木，花朵芳香浓郁，之后会结出圆形的红色果实，整个冬天都长在灌木上。茵芋偏好半阴处排水性佳且湿润的土壤。植株雌雄分株，如果想结果，则需种植雄性品种红星茵芋（Rubella）。花开在一年枝顶端。在开花后修剪，会减少结果的量。**培育：** 不需要。**维护性修剪：** 只需剪掉内部过于突出的枝条。**恢复性修剪：** 分 2 ～ 3 年进行，将灌木内部光秃的枝条剪短成小木桩转嫁至侧枝上。

**生长高度：** 0.6 ～ 1 米
**花期：** 四月到五月

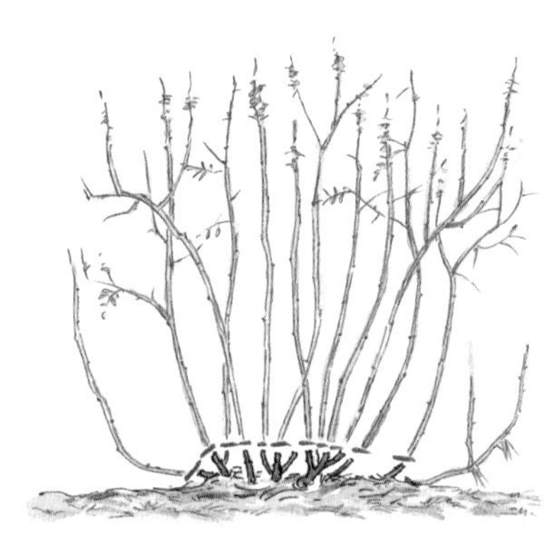

### 珍珠梅 *Sorbaria sorbifolia*，WHZ 3

**概述：** 珍珠梅枝条顶端长有长长的乳白色花序。它对环境基本没有要求，是一种木本小灌木，能长出大量匍匐枝。花开在当年侧枝末端。春季发芽前修剪。**培育：** 种植后齐地剪掉长势较弱的枝条，其余的剪短至第一个有活力的嫩芽处。**维护性修剪：** 在夏季将当年过长的枝条剪短三分之一，一年枝春季除去干枯的部分，更老的枝条齐地剪掉，拔掉匍匐枝。**恢复性修剪：** 完全剪掉衰老的枝条。

**生长高度：** 1.5 ～ 2.5 米
**花期：** 六月到八月

### 小米空木 *Stephanandra incisa*，WHZ 5b

**概述：** 小米空木长势茂盛，白色的花香气浓郁，秋季叶子为橙色。在大部分环境中都能较好地生长，不喜石灰质的土壤。**培育：** 选择 7 ～ 12 根枝条作为支撑结构，长势较弱的枝条齐地剪掉，其余的稍加疏剪。**维护性修剪：** 每年将三分之一的支撑枝齐地剪掉，培育嫩枝作为代替，转嫁严重下垂或分枝的枝条顶端，横卧在地面上的枝条会长出根。**恢复性修剪：** 将衰老的植株整株剪掉，重新培育。

**生长高度：** 0.5 ～ 1.5 米
**花期：** 六月到七月

### 红果树 *Stranvaesia*（syn. *Photinia*）*davidiana*，WHZ 7a

**概述：** 四季常绿的红果树和石楠（见 205 页）非常相近，伞状花序为白色，秋季长出红色的果实。种植地应有所防护，为半阴环境，土壤应富含腐殖质，在夏季仍保持湿润。花开在一年侧枝上，开花后修剪。**培育：** 茂盛的幼苗不需要培育，否则将过长的枝条剪短一半。**维护性修剪：** 过于突出植株外围的当年枝在七月中前剪短至灌木内部，转嫁分枝严重和下垂的枝条顶端并疏剪。**恢复性修剪：** 和桂樱类似（见 125 页）。

**生长高度：** 2 ～ 3 米
**花期：** 五月到六月

生长高度：6～8 米
花期：五月到九月

## 红荆 *Tamarix*-Arten，WHZ 6b

**概述：**小花柽柳（*T. parviflora*）五六月间在一年枝上开花，开花后修剪（A）。多枝柽柳（*T. ramosissima*）夏季在当年枝上开花，春季发芽前修剪（B）。**培育：**选择 3～5 根靠近地面的枝条作为支撑枝，疏剪枝条顶端。**维护性修剪：**A：剪掉向内生长的枝条，将分枝的枝条顶端转嫁至单独的枝条上。B：大幅剪短侧枝，必要时转嫁。**恢复性修剪：**两种都在发芽前将衰老的支撑枝转嫁至充满活力的嫩枝上，重新培育，疏剪剩余的枝条顶端。

生长高度：1.5～3 米
花期：二月到四月

## 地中海荚蒾 *Viburnum tinus*，WHZ 7b–8a

**概述：**这种四季常绿的植物不能接受冬日阳光直射，在适合生产葡萄酒的气候条件下通常在冬季就会开花。蓝色的果实非常醒目，土壤应具极佳的排水性。花开在一年侧枝末端，在开花后修剪。**培育：**选择 3～5 根基生枝作为支撑结构。**维护性修剪：**夏季剪掉灌木内部过长的枝条，严重分枝或下垂的枝条在春季转嫁至单独的侧枝。**恢复性修剪：**内部衰老的枝条转嫁至侧枝，重新培育之后会长出的新枝（见 125 页，桂樱）。

生长高度：1～3 米
花期：七月到九月

## 穗花牡荆 *Vitex agnus-castus*，WHZ 7b

**概述：**穗花牡荆花序为蓝色，种植地需向阳且有所防护，土壤应具备较好的排水性。在温度较低的气候条件下需提供冬季防护。花开在当年枝末端，发芽前修剪。**培育：**种植后将所有枝条齐地剪短。**维护性修剪：**一年枝剪短至 10 厘米，较老的靠近地面剪短，只有在适合生产葡萄酒的气候条件下才可培育出 30～50 厘米长的支撑结构（见 114 页，醉鱼草），剪掉凋谢的花枝。**恢复性修剪：**当还有靠近地面的嫩芽或枝条保持活力时才能进行，在发芽时修剪最容易成功。

生长高度：6～8 米
花期：六月

## 紫葛 *Vitis coignetiae*，WHZ 6a

**概述：**紫葛是一种茂盛的攀缘植物，需要攀缘辅助物。秋季，其向阳处的叶子会变成鲜亮的橙色至红色。定期修剪可使植株保持鲜明的结构并激发其活力。在春季发芽前进行修剪。**培育：**培育一条支撑枝，必要时可促使其分枝，每年长长 1.5 米，侧枝每年剪短至 10 厘米。**维护性修剪：**使支撑枝长长，侧枝剪短至 10 厘米。**恢复性修剪：**将衰老的支撑枝转嫁至靠近内侧的嫩枝上，将其培育成新的枝条顶端。

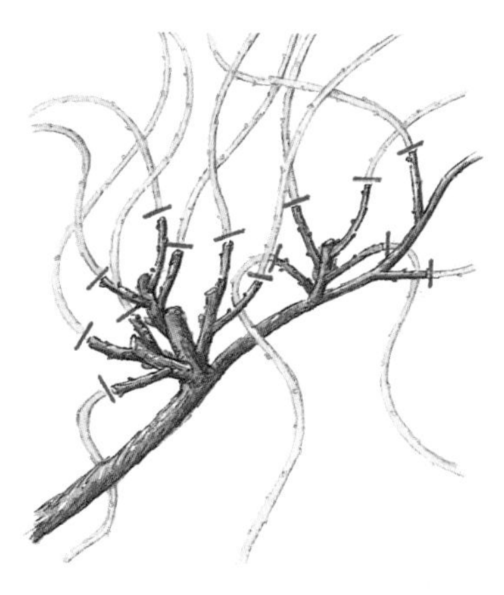

# 果树——

# 合理修剪提高果实产量

果树不仅能结出可口的果实，同时也是花园里不错的装饰元素。合理的修剪可以让它们保持优美的外形并结出更多的果实。虽然不同的品种有不同的修剪方法，但本质上都是一样的。

# 果树：从圆形树冠到墙树

果树形体高大且能结出许多果实。从高大的高干形到装饰性极高的纺锤形再到墙树，无论你想把果树种在什么地方，总能找到合适的形状。

果树的品种非常多样。其形状包括有着笔直的主干和巨大树冠的传统形状，极富装饰性的纺锤形和充满艺术气息的墙树。虽然不同的果树形状各不相同，但它们都能结出丰硕的果实。而它们的花虽然也有不错的装饰价值，但总体而言仍只是配角。

由于果树的生长方式各不相同，并且都按照各自自然的节奏生长，每一种果树都需要不同的修剪方式。有一些果树如桃树和欧洲酸樱桃树每年都需要一次大剪。其他的，比如已经长成的欧洲甜樱桃树或苹果树则只需每两年稍加修剪即可。

### 果实的培育

修剪果树的目的是促进果木的生长，使结果枝保持生命力，进而开花、结果。

果树通常在春季长出花芽。桃树和欧洲酸樱桃树一类的果树最容易结果的是一年枝，像苹果树或梨树则是两年或三年枝，有少数果实也长在更老的枝条上。

因此，人工培育对果树比对观赏类树木有着更大的意义。此后，在数十年内，你只需要偶尔修剪维护一下，就能一直享受可口的果实。等果树最后衰老时还可通过修剪使其恢复一定的活力。

## 不同的培育形状

果树通常都需要嫁接。有不同的砧木可供选择，整棵果树的生长力和培育形状均由砧木决定（见 13 页和 46 ～ 47 页）。

**圆形树冠** 由主干和有 4 根支撑枝的树冠组成（214 页起）。在最初的 4 ～ 15 年，树冠还没有完全长成，需要经常对这些树枝进行修剪。花园中需留出至少 25 平方米的空间，但通常需要更多，像欧洲甜樱桃树或胡桃树的树冠通常能伸展近 100 平方米。圆形树冠的一种特殊形式是**空心树冠**：这种树冠的主干会被剪短，以确保更多的光线射入树冠内部。

**纺锤形** 果树的砧木生长力相对较弱，只由主干和侧枝组成（230 页起）。只有定期修剪才能使其保持形状。

**墙树** 是最耗费精力的培育形状。需要将果树修剪平整贴合在墙壁的支架上，或者直接用来分隔不同的空间，每年都需要多次修剪（238 页起）。

**柱状树** 只由主干和结果枝组成，所需空间最小，而且几乎不用修剪（244 页起）。

## 预先检查

在种下一棵果树前你需要先检查一下它是否真的适合你的花园。

预留的空间是否足够？等果树几年后完全长开时是否仍能保持必要的间距？此外，种植时还要保证果树与你的房子有足够的距离。

果树可能遮住花园的大部分面积，你想过如何合理地利用这片遮阴吗？例如，炎热的夏天作为乘凉的地方？

你是否有梯子可进行后期的维护？还有你是否恐高？如果存在这些问题，你可能就需要在修剪时寻求专业帮助了。

墙树也适合空间较小的花园。在夏天进行修剪。

# 苹果树和梨树：培育出圆形树冠

苹果树和梨树的圆形树冠可作为果树圆形树冠的代表，都在春天开花，秋天结果。

在此我们将以苹果树（*Malus domestica*-Sorten，WHZ 5a）为例说明圆形树冠的培育，这与梨树（*Pyrus communis*-Sorten，WHZ 5b）的培育方式区别不大。苹果树的培育大约需要 6～12 年，梨树大约需要 6～15 年。在春天进行修剪。

## 促进结果枝的生长

苹果树和梨树的一年长枝通常不开花，但长度小于 15 厘米的苹果树一年枝或长度小于 20 厘米的梨树一年枝通常会在顶端开花。最具生命力的结果枝一般长在两年枝上，这些枝条本身已经长出了带花芽的一年侧枝，即所谓的新梢。到第二年，这些新梢会长出新的花芽，并仍保持生命力。这个过程年复一年地进行，果树便形成了枝条浓密的树冠。6 年后，最初的结果枝将丧失生命力，需要由新的枝条代替。这时，人们需要将顶端转嫁到内侧的枝条上，这些枝条应当至少已生长两年，且长出了花芽。自然生长的果实会吸取果树的营养，导致生长停滞。如果转嫁至无花芽的一年枝上则可大大促进生长。

## 修剪

在购买时需要注意树苗是否包括 1 条笔直的树干和 5～7 条一年枝。种下后，确定 4 条支撑枝。选择 1 条笔直的作为主干，3 条与中心呈 60 度角的作为侧枝，其余枝条全部去掉。3 条侧枝剪掉三分之一，使其长度一致，如果比较细弱，则剪短一半。枝条顶端的嫩芽需朝向外侧，以确保枝条向外生长，而不是向树冠内侧生长。然后剪短主干，使其与侧枝呈 90 度到 120 度角。这样，所有支撑枝都将由同样的基础开始生长。

如果侧枝长得太平，可以用麻绳将其按照合适的角度绑到

**1. 结果枝**

苹果树和梨树最佳的结果枝是两年枝上短小的新梢。等它们长大后便会分枝，最终衰老。

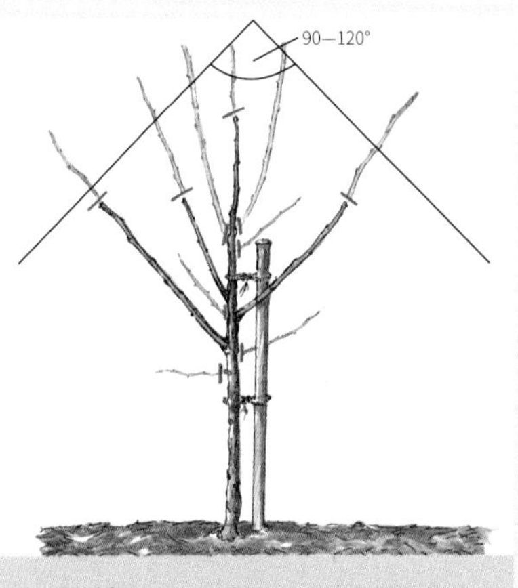


**2. 修剪**

除了 1 根主干和 3 根侧枝，除去其他所有枝条。将这些枝条剪短至向外生长的嫩芽处。所有支撑枝形成 90 度到 120 度夹角。

**3. 支撑枝条**

如果一段枝条起初水平生长，后变成笔直生长，可用木头支撑使其按照合适的方向生长。在木头两端刻槽，以使其摆放更加平稳。

主干上。在培育树冠时绝对不能使用从主干上直立长出的枝条，即所谓的劈裂枝（见 220 页）。如果枝条先是水平从主干长出，其后才笔直生长，则可用一段木头将其调整至合适的位置（见插图 3）。在此需使用较软的木头，如柳木或接骨木。可在两侧刻槽，使其能更好地承载枝条，确保枝条在合适的位置上生长。等枝条生长成熟后可除去用来纠正的木头。

## 培育

种下幼苗的下一年便会长出新的一年枝。支撑枝已经长成，剪切口下方则会长出竞争枝。首先剪去向内生长和笔直生长的枝条，以及与支撑枝争夺营养的竞争枝，保留水平生长的枝条。然后将 4 根支撑枝新长出的部分剪短三分之一，侧枝仍剪至向外生长的嫩芽的高度。剪短主干，使其与侧枝形成 90 度到 120 度的角。主干笔直生长，其顶端的嫩芽需和前一年剪枝后嫩芽的方向相反。如果某条侧枝的生长力度明显弱于其他枝条，则加大对其的修剪力度。

## 后几年中的培育

第三年的培育按照以下规则进行：定期除去垂直生长或向内生长的枝条。和前一年一样剪掉竞争枝并剪短主干和侧枝。疏剪顶部水平生长的结果枝，但不要剪短。支撑枝上的结果枝之间应保持 10 ～ 20 厘米的距离，疏剪生长过密的结果枝。

第五年前每年剪短支撑枝，

**4. 苹果树：培育**

剪掉向内生长或直立生长的枝条。疏剪顶端生命力过旺的枝条。按照和前一年同样的方式剪短支撑枝。

**5. 梨树：培育**

剪掉向内生长或直立生长的枝条。自然直立生长的侧支撑枝需用木头撑开，并剪短。

经过合理的培育，一株生长 5 年的圆形树冠果树已经拥有了稳定的支撑结构。

对于生长力弱的果树需一直剪到第 7 年或第 8 年。剪掉顶端的竞争枝，以及笔直生长和向内生长的枝条。疏剪结果枝。

## 梨树：培育

理论上，培育梨树的圆形树冠和苹果树一样。由于梨树的支撑枝比苹果树的更加直立，必要时需用木头支撑这些枝条，使其按照与主干呈 60 度角的方向生长。“田园梨”（Pastorenbirne）与“亚历山大卢卡斯”（Alexander Lucas）枝条较为瘦弱，可在修剪后的支撑枝上各绑一根竹竿，使其按照合适的角度笔直生长。只有这样才能培育出一个长期稳定的果树支撑结构。

# 苹果树和梨树：保持圆形树冠

护理得当的苹果树树冠结构稳定，且光照良好。

培育完成后，无论苹果树树冠还是梨树树冠通常都只需每两三年进行维护性修剪即可，一般在春天进行。

## 苹果树：维护性修剪

首先剪掉向内生长和直立生长的枝条，接着疏剪支撑枝顶端的枝条并剪去长出的竞争枝。

通常从第六年开始就不需要再剪短支撑枝。到这个时间点它们的生长一般已经稳定下来。而且，在几年后，支撑枝顶端会越长越细，以保证阳光能照进树冠内部。对于已经开始向下生长的老结果枝，你可将其转嫁至内侧枝条中长出花芽的两年枝上。这些枝条应当倾斜向上向外生长。如果主干上长出生命力旺盛的结果枝遮蔽了支撑枝，则将其剪去。水平生长，且生长力不强，尤其是幼嫩的侧枝则应保留，它们将长成新的结果枝。

最佳情况是，结果枝的围度不能大于支撑枝的一半。如果你无法确定某条结果枝是否生命力过于旺盛，在嫩枝数量充足的前提下最好将其剪去。如果剪得太晚，可能导致树冠内部光秃，或产生巨大的修剪口。

## 梨树：维护性修剪

梨树圆形树冠的维护性修剪原则上和苹果树的一致，只需注意，梨树的枝条生长更加直立。对于已经有一定年份的梨树，如果没有对过于直立生长的枝条进行支撑，后期也无法进行弥补。最好将其转嫁至平长且更靠里生长的侧枝上。新的枝条与主干应成钝角，以使养料能自由地输送。如果新的枝条与主干成直角或锐角，可能导致养料堆积，长此以往修剪口处会长出生命力旺盛的

## ！不结果

如果苹果树或梨树开花茂盛却不结果，很可能是因为缺少了授粉品种。因为苹果、梨、欧洲甜樱桃和部分李子在结果时需要同种植物内不同品种的花粉授粉。自己的花粉无法使其结果。授粉的果树可在两百米范围内种植。因此，你最好在购买时就问清楚自己购买的果树需要哪个授粉品种。

**1. 苹果树：维护性修剪**

剪掉向内或直立生长的枝条。分枝的结果枝转嫁至至少生长两年的侧枝上。疏剪其他所有枝条。

**2. 梨树：维护性修剪**

不进行修剪的话梨树的结果枝相对会秃得较快。因此，一般在4～5年后需要把它转嫁至两年枝上。

嫩枝。如果侧枝从基处长出时便已经直立生长，则将其剪去。梨树的结果枝视品种不同最多可保持 5 年活力。随后就会长出下垂的分枝，如果不进行修剪的话会演变成扫帚形，而且顶点处又会长出新的嫩枝。如果这些枝条从第二年开始长出花芽，便可代替老的结果枝。因为相对于苹果树，梨树从支撑枝上长出的嫩枝较少，你需要多促进这些枝条的生长，只有它们能代替老的结果枝。如果不能确定，可以将支撑枝上衰老的枝条剪短成大约 5 厘米长的小木桩，这可以刺激嫩枝的生长。等小木桩枯萎后，可在夏季或第二年春季将其除去。

剪掉其他位于树冠内部的直立枝条和主干的竞争枝（见插图 3）。如果枝条开始是水平生长，之后直立生长，则可将其保留，只稍加剪短。后期在果实的压力下它们会逐渐长成水平枝。

如果梨树修剪不当，6 ～ 8 年后侧支撑枝上方的主干上可能会笔直长出生命力旺盛的侧枝，需要剪掉这些枝条。如果它们的直径大于主干直径的一半，则将其剪成小木桩，第二年夏天除去小木桩。

## 夏季修剪

如果苹果树或梨树树冠生长过快，就需要进行夏季修剪。在这段时间里经过修剪的果树能更快地恢复，在内组织能立即与外界隔离开来，在外则伤口能更快愈合。而且，此时修剪更多的是能抑制生长，而不会进一步促进生长。对于长势非常旺盛的果树，通过夏季修剪可以使其恢复正常的长势。这种情况下，这一年的春季你就无须再进行修剪，以免进一步刺激果树生长。

夏季你也可除去直立生长和长在内侧的枝条（见插图 4 和 5）。由于此时木质较柔软，修剪也会更加容易。通过对生长的抑制，新的侧枝也会更少，而且会比经过春季刺激生长的修剪后长势更弱。

如果这些直立的枝条到五月底还没有木质化，可以通过转动将它拧掉。固定住底部，然后来回向内向外折，枝条就会从主干上折断。同时，嫩芽也被拔落，而且伤口很快就能愈合。如果枝条已经木质化，就需要进行修剪，因为折断时可能会伤到主干的树皮。

水平生长且长势不强的枝条可以保留，等到来年它们会长成新的结果枝。只有当这种结果枝过于密集时，才需要剪掉一些。

**3. 竞争枝**

如果不定期进行修剪，梨树直立枝条会长得很快。它们会和支撑枝形成竞争，甚至超过支撑枝的生长。

**4. 直立枝：修剪前**

在水平生长的枝条上，上半部分养料最充足，这里会长出直立生长的新梢，其长势极快。

**5. 直立枝：修剪后**

为抑制其生长，在夏季修剪直立枝。部分水平生长的被留下以代替结果枝。

# 苹果树和梨树：使圆形树冠恢复活力

如果多年未对苹果树和梨树进行维护性修剪，支撑枝上半部分会长出大量分枝呈扫帚状并下垂。树冠内部因照不到阳光而枝叶减少，结果枝最终也会下垂。果树逐渐衰老，很少再长出新的嫩枝，只有在树冠上端和外侧还能看到具有生命力的结果枝。在春天进行一次恢复性修剪可以让这些果树重新恢复活力。

## 促进生命力旺盛的结果枝生长

首先你需要检查是否还能辨认果树的支撑枝。如果无法辨认，则需要重新确定支撑枝，并剪掉所有竞争枝。即便果树有多条合适的支撑枝，你还是只能选择保留其中4条，以便阳光能重新照进树冠内部。但要注意不能出现直径大于10厘米的修剪口。如果枝条明显过粗，即便它不是理想的支撑枝你也只能选择保留，只修剪最外侧的部分。

尤其在梨树上，侧支撑枝上通常会长出大量与主干平行的直立枝，且生命力旺盛。它们长势绝佳，会促使原有的支撑枝不断衰老。你需要剪掉这些主干的竞争枝。如果这些枝条已经长得非常强壮，则最好在夏季进行修剪，并将其转嫁至更低处的侧枝上。

接下去你需要修剪支撑枝的顶端，选择以更靠内、更笔直的嫩枝代替下垂且分枝的扫帚形枝条（见插图2、插图3），这样可使支撑枝的生长尽量协调。

现在，你需要剪掉所有其他直立生长或向树冠内侧生长的枝条。对于长势过旺的结果枝，如果在苹果树上需完全剪掉，在梨树上则剪至剩下一截小木桩。直接从支撑枝上长出的嫩枝可以保留，作为替代枝。用长在内侧、朝斜上方向外生长且带有花芽的枝条代替过长的结果枝。

对于严重衰老的果树需要剪掉整个树冠约三分之一的长度。同时还是要避免造成直径大于10厘米的修剪口。这种修剪口很容易干瘪而且无法愈合，腐蚀性的真菌和细菌会从这里侵入树干，对整棵树造成损害。

**恢复性修剪：修剪前**

这棵苹果树的支撑结构上长了大量直立枝。支撑枝明显衰老。结果枝有大量分枝，果实质量不高。

**恢复性修剪：修剪后**

部分直立枝剪短至留下小木桩。下垂的顶端和分枝的结果枝转嫁至多年侧枝并疏剪。

**修剪一年后**

从小木桩上及支撑枝上长出新的嫩枝，果树仍保持着活力。剪掉所有直立枝，保留水平生长的枝条。

## 分阶段修剪

如果果树老化严重或多年未经维护，最好是分2～3年进行恢复性修剪。这样果树能更好地恢复长势且不会过于刺激生长。如果果树在经过第一次恢复性修剪后只长出了少量新枝，最好将其除去，用新的幼苗代替。如果这棵果树对你的价值不在于果实，而是其整体造型，则可以继续保留新枝。但你仍需要对树冠区域外侧的树枝进行一些小的修剪，避免其被风吹断。

## 修剪一年后

由于恢复性修剪对果树来说是一次不小的干涉，会使果树调整生长，并试图在树冠和树根之间建立新的平衡。因此，在接下去的2～3年，较大的几个修剪口上会长出许多新枝，你每年都需要剪掉一半到三分之二的枝条。如果在夏天修剪，可比在春天进行修剪更好地抑制其生长（见217页）。首先剪掉直立生长和向内生长的枝条，保留水平向外生长的枝条作为结果枝。绝对不要剪短这些一年枝条，否则又会刺激新的生长。等果树的生长稳定下来后，每2～3年进行一次维护性修剪。

**1. 恢复性修剪**

修剪时避免造成大的伤口。剪掉直立生长和向内生长的枝条。放弃顶端分枝明显且下垂的枝条，选择斜向上向外生长的两年枝条，剪掉前者。

**2. 修剪扫帚形枝条**

当结果枝老化时，它会年复一年不断分枝，形成短促的旋涡状。大量这样的枝条便组成了扫帚形。你需要将这些扫帚形的枝条转嫁至斜向上向外生长且至少已生长两年的嫩枝上。

**3. 恢复性修剪的效果**

在剪掉扫帚形枝条的位置会形成营养堆积，导致这里长出新的分枝，修剪口正下方也会长出生命力旺盛的嫩枝。剪掉直立生长的枝条并疏剪顶端的分枝。

# 弥补修剪圆形树冠时的错误

即便你多年来一直用错误的方法在修剪苹果树和梨树的圆形树冠，或长期没有修剪，也可以通过纠正修剪来弥补。

首先你需要检查此前犯了哪些错误，这样你才能进行必要的修剪来弥补损失。但你仍需明白，这些重复了多年的错误不可能一年就纠正过来。对于已经老化的果树，可能再也无法修剪出完美的树冠。在这种情况下，最重要的就是保持果树的生长平衡，使阳光能照进树冠，结果枝能恢复活力。

## 剪掉劈裂枝

劈裂枝与主干呈锐角生长。在连接点上方可看到两个突起，由一条直线分开。这种枝条与主干的连接并不稳固，通常会随着时间的增长因果实的负载而劈裂。如果你想用木头将其撑开，也会导致其折断。因此，最好尽早剪掉这种枝条。

## 支撑枝过多

如果在修剪时留下超过 3 根侧支撑枝，树冠内将长出过多长势旺盛的枝条。这种情况下，你需要选定 3 根在主干周围均匀分布，分别与主干呈 45 度到 60 度角的侧枝作为支撑枝。如果新的侧支撑枝过于水平生长，则可用绳子将其以合适的角度绑到主干上，使其向上生长。但绳套不要绑得太紧，否则绳子会嵌入树干中。过于直立的支撑枝则用木头撑开。剪掉剩下的支撑枝。如果它们直径已超过 5 厘米，则剪短成小木桩，并在 2～3 年后的夏季将其除去。主干这时已经发展得更加粗壮，可以更快愈合伤口。如果枝条直径已经超过 10 厘米，为了避免造成较大的创口，将其转嫁至靠近支撑枝的侧枝上。不要剪短水平生长的结果枝，而应疏剪。如果结果枝的粗细达到了支撑枝的一半，且已经长出了许多嫩枝，则在靠近支撑枝的地方将其剪掉。

## 过于直立的支撑枝

如果支撑枝从开始就直立生长，则其底部的角度将无法改变，只能将其剪掉（劈裂枝）。但大部分情况下枝条都是水平从主干上长出，1～2 年后才开始直立生长。虽然这种枝条长势比较稳定，但对于支撑结构来说过于直立，而且会和主干形成竞争。如果它们还能弯折，则可使用支撑木将其撑开至与主干呈 45 度到 60 度角。为了更好地发挥作用，撑开后木头与树枝的角度应为直角。你可以使用刚刚剪下的木头，将其剪到适当的长度用来支撑，或者你也可以用

**1. 幼嫩的劈裂枝**

枝条从主干上笔直长出，两者间通过两处突起分隔。劈裂枝与主干的连接处不稳定，很容易劈裂。

**2. 劈裂的劈裂枝**

这条已生长多年的劈裂枝由于不堪其果实的重负而劈裂。其上半部分没有很好地与主干贴合。

接骨木或柳木。在支撑木的顶端锯出或刻出三角形的凹槽，使其更好地固定在枝条上而不会滑动。

## 成熟果树上的直立枝

对于成熟的果树来说，将直立枝撑开的策略并不现实，因为侧支撑枝已经长得很粗。最好还是将其转嫁至支撑枝上更靠内，且水平向外生长的枝条上。新的枝条应与主干呈钝角，这样养分不会堆积。然后修剪主干，使其与侧支撑枝呈 120 度角。剪掉主干上在支撑枝上方直立生长的结果枝。如果只是将其剪短的话，只会进一步刺激它的生长。

## 多根主干

如果没有尽早剪掉树冠中直立生长的枝条，几年后它们就会长得和主干一样粗。它们会遮蔽住树冠内侧，导致下方的枝条无法健康生长。果树不再长新的结果枝，而原有的结果枝也只能长出小而无味的果实。而且，果树将沿纵向疯长，而不再横向生长。因此，需要剪掉主干的所有竞争枝，即便这样做也会在树冠上留下过多空隙。第二年切口处就会长出许多新的嫩枝，剪掉直立枝，留下水平生长的作为新的结果枝。同时，这些新的嫩枝还能加速伤口的愈合。

**3. 支撑枝过多**

如果果树有多条粗壮的侧支撑枝，则选择 3 条均匀分布的，剪掉其他枝条。为了避免在主干上造成大的伤口，必要时将枝条剪短成 10 ～ 20 厘米长的小木桩，等后期再将其除去。

**4. 过于直立的支撑枝**

如果还能弯折的支撑枝起初与主干呈合适的角度，但随后开始直立生长，可将其撑开至合适的角度。可以使用顶端开口的木头，使其稳稳地固定在枝条之间。

**5. 成熟果树上的直立枝**

无法再将成熟的支撑枝撑开。为了让阳光能照进树冠，应将其转嫁至下方水平生长的侧枝上。新的枝条顶端应与主干呈钝角。

**6. 多根主干**

和主干形成竞争的直立枝应尽早剪掉。如果其直径已超过 5 厘米，则将其剪短成小木桩，后期再将其除去。保留水平生长的嫩枝，它们可以促进伤口愈合。

# 甜樱桃树圆形树冠：红色的诱惑

甜樱桃树的果枝在很多年后也能结出丰富的果实。

欧洲甜樱桃树（*Prunus avium*，WHZ 5b）能长得非常高大。它们红色的果实甜美多汁，深受喜爱。

甜樱桃树喜爱排水性好的土壤，无法承受水涝。如果土壤干旱与水涝交替，则果树会表现应急状态。枝条枯死，或出现流胶病，即树皮上流出胶状分泌物。

## 结果枝

甜樱桃树一般在两年枝上开花，一年长枝不开花，只有长度小于 10 厘米的一年枝才在其基部长有花芽。结果枝寿命很长，短枝也开花茂盛。欧洲甜樱桃树是唯一一种不再生长的多年枝还能长出有效花芽的果树。这种枝条我们称之为花束枝。在光照良好的圆形树冠中，支撑枝位于树冠内侧的部分也能长出生命力旺盛的结果枝。因此，甜樱桃树的维护性修剪不需要像其他果树那样频繁。

## 培育

支撑结构由 1 条直立的主干和 3 条侧枝组成。从一开始就应剪掉劈裂枝（见 220 页），以促进生长。

在最初的 6 ～ 8 年需要在春天发芽前就对甜樱桃树进行培育修剪。首先剪掉向内生长和直立生长的枝条。然后疏剪支撑枝顶端发散的枝条。侧支撑枝剪短约一半，至向外生长的嫩芽处。剪短主干，使其与侧支撑枝形成 120 度夹角。对于长势旺盛的果树，从第六年开始就无须再剪短支撑枝了。

结果枝只需稍加修剪。如果幼苗支撑枝上只有少量结果枝，可通过春天时在嫩芽上方划出小刻痕的方式来促进生长。可以用小刀在树皮上划两道刻痕至形成

**1. 结果枝**

圆形的花芽很容易和尖尖的叶芽区分开来。一年长枝最多也只可能在基部开花，两年枝则有密集的花芽。

**2. 培育**

在春天发芽前修剪甜樱桃树幼苗。剪掉向内或直立生长的枝条，疏剪顶端。如有需要，剪短支撑枝。

**3. 恢复性修剪**

恢复性修剪通常在夏季进行。将长势旺盛的结果枝靠近支撑结构转嫁至多年侧枝上，将支撑枝顶端转嫁至嫩枝上。

层，划出一个小的新月形。下方营养堆积，这里很可能会长出多个嫩芽。如果没有，则在发芽时再划一次。

## 维护性修剪

由于甜樱桃树对修剪的温度较为敏感，因此在夏季进行修剪是最可行的。每 3 ～ 4 年进行一次修剪。

剪掉直立枝和支撑枝的竞争枝。这时树冠基本上是“空”的。等到下一年夏季再观察这棵果树，可以看到树冠变得疏松，光线能照入内部，结果枝保持了活力。

最初水平生长的枝条通常会长势变旺，几年后变成直立生长。这些枝条需要在夏季剪短至留下 10 ～ 20 厘米的小木桩在支撑结构上。这样做可以使伤口远离支撑结构，并促进支撑枝上长出嫩枝。1 ～ 2 年后除去小木桩和直立生长的嫩枝，留下基部水平生长的枝条。它们能促进伤口的愈合并长成新的结果枝。但要注意避免造成直径超过 10 厘米的伤口。

甜樱桃通常成串长出。在顶端叶芽下方会在同一高度长出 4 ～ 7 根侧枝，只保留 2 ～ 3 根长势较弱的枝条，即对顶端进行疏剪。

## 恢复性修剪

甜樱桃树的恢复性修剪和苹果树类似。由于它的承受能力较好，这样的修剪也是在夏季，六月到九月初之间进行。

将下垂的支撑枝顶端和衰老的扫帚形枝条转嫁至低处的嫩枝上，然后疏剪新的顶端。避免形成大的伤口。只修剪外侧区域，这样产生的伤口较小。如果要剪掉一根粗壮的枝丫，将其靠近支撑结构转嫁至侧枝上。这样支撑枝上不会产生伤口。如果没有嫩枝，则将其剪短成 10 ～ 20 厘米的小木桩。较细的木桩在 1 ～ 2 年后除去，对于较粗的木桩，可留下几根水平长出的嫩枝。

### ! 适用的授粉品种

除了少数例外，甜樱桃需要由另一个品种来授粉。由于并非所有品种都能两两授粉，你需要先了解哪些品种可以授粉。此外，需要选择果实不会爆裂的品种。相对于中晚熟和晚熟的品种，早熟品种更不容易受到樱桃果蝇的侵袭。

**4. 修剪一年后**

剪掉老修剪口上的直立枝，留下水平生长的。疏剪顶端发散的枝条。必要时继续进行恢复性修剪。

**5. 恢复性修剪后的萌发**

粗壮的枝条转嫁至侧枝上。木桩上长出的嫩芽可确保伤口不会干枯至新的枝条顶端。

## 修剪一年后

恢复性修剪一年后，同样在夏季剪掉修剪口上的直立枝，留下水平生长的枝条。如果在木桩上已经长出了新的枝条，除掉最上方的新枝以上干枯的部分。如果必要，再次疏剪支撑枝和结果枝末端发散的枝条。如果还有衰老的结果枝，将其转嫁至长在内侧的嫩枝上。接下去每 3 年进行一次维护性修剪。

# 李子类的圆形树冠：多样的芬芳

只有定期修剪，李子树等果树才能长出高品质的果实。

欧洲李、李子树（*Prunus domestica* ssp. *domestica*，WHZ 5）、米拉别里李子树（*P. d.* ssp. *syriaca*，WHZ 5）和莱茵克洛德李树（*P. d.* ssp. *italica*，WHZ 5）都能结出蓝色或黄色的可口果实。它们的生长和开花都非常相似，因此它们的修剪要求也一样。为了让这些果树保持活力，对其修剪的力度要大于对苹果树和甜樱桃树的修剪力度。因为李子类果树的结果枝衰老很快，此时结出的果实就会变得很小。

**! 预防光秃**

莱茵克洛德李和一些新品种的李树通常在3～4年后其结果枝就不再结果。为了避免这种情况，你需要在夏季到七月中旬修剪两年长枝，促进更靠内的一年侧枝生长。支撑枝上多余的一年枝剪短成10厘米的小木桩。

## 结果枝

大部分李树及其近亲的果实都结在两年和三年枝上。只有少量新品种才会在一年长枝上长出花芽，它们的短枝则通常会长满花芽。四五年后各结果枝会衰老。如果老化的结果枝下垂，将其转嫁至长在内侧的嫩枝上。因此，定期修剪可以促进新结果枝的生长。这些硬果类果树无法承受大规模的恢复性修剪，出现大的伤口容易导致主干内部干枯。因此，最好通过多次小规模的修剪来刺激其生长。

## 培育

在春天培育支撑结构，其方法和苹果树类似。但李树除了主干外还可以选择4条侧支撑枝，因为较为频繁的维护性修剪可以使结果枝保持较短的长度，且不会互相遮蔽。李树和上面提及的品种通常都会长出和主干形成竞争的直立枝，大部分已经形成了劈裂枝（见220页）。你需要剪掉这些直立枝、干枝和其他多余的枝条，然后将支撑枝剪短一半。侧支撑枝最高的叶芽应朝向外侧，主干最高的叶芽应位于主干基部上方。第二年主干最高的叶芽仍应位于主干基部上方，但方向相反，这样主干才能尽可能直立生长。在接下去的5～7年仍应继续剪短侧支撑枝，这样能促使它们长得更加粗壮并在此后承受住果实的重负。但你不需要剪短侧结果枝，而应进行疏剪。

## 维护性修剪

每1～2年需要进行一次维护性修剪。你可以在夏季进行，对早熟的品种来说，正好在收获时或收获后。此时伤口较易愈合，而且可以同时完成修剪与果实的采摘。首先剪掉直立枝和耸立在树冠内部的树枝。如果结果枝长势过旺，与支撑枝形成了竞争，则将其剪短至只留下小木桩或将其转嫁至靠近支撑结构的水平侧枝上。修剪超过三年的结果枝，使更靠内的嫩枝代替它生长壮大。这类枝条至少应为两年枝，且已长出花芽，这样可保证其长势稳定。在分枝严重的结果枝上或侧支撑枝顶端，你需要将长势最旺且已下垂的扫帚形分枝转嫁至水平或稍向上倾斜生长的枝条上。必要时疏剪新的顶端。

## 恢复性修剪

如果几年没进行维护性修剪，则有必要进行一次大规模的恢复性修剪。为了让果树能更好地承受修剪造成的伤害，最好在夏季进行。修剪力度比对苹果树要小。首先剪掉直立枝，如果切口直径大于 5 厘米，留下 10 ～ 15 厘米的小木桩。将衰老下垂且发散成扫帚状的枝条转嫁至更靠近树冠内部，且向外生长的侧枝上。将衰老且分枝过多的结果枝转嫁至靠近支撑结构且更具活力的枝条上。如果没有这样的枝条，则将衰老的结果枝剪短成 10 厘米的小木桩。这些小木桩会部分干枯，但在基部会长出新的嫩芽。两年后将干枯的小木桩剪至最上端的嫩枝处。保留水平生长的嫩枝作为新的结果枝，剪掉直立生长的嫩枝。

## 修剪小木桩

对李子类果树要尽量避免直径大于主干直径一半的伤口，因为这种伤口会干死到内部，并导致果树被致命的病菌侵袭。要使伤口和主干保持一定的距离，因此修剪时需要留下至少 10 厘米的小木桩。2 ～ 3 年后，当主干变得更加粗壮，而小木桩基部也长出了新的嫩枝时，在夏季将小木桩剪掉。这时，果树的伤口能更快愈合。

如果因为枝条折断形成巨大的伤口，需要将其边缘修剪整齐，并涂上薄薄的一层伤口愈合剂。露出树芯，使其风干。

**1. 结果枝**

李子类果树最具生命力的结果枝一般长在两年枝上，三年枝也仍然保有活力。但从第四年开始，就需要将分枝越来越严重的结果枝转嫁至更加年轻且充满生命力的枝条上。

**2. 培育**

与苹果树和梨树一样，李树的圆形树冠也是由 1 条主干和 3 条均匀分布的侧支撑枝组成。种下时就要注意剪掉直立生长的枝条。将侧支撑枝剪掉约一半的长度，主干稍长于其他枝条。

**3. 维护性修剪**

剪掉向内生长和直立生长的枝条。将分枝的支撑枝顶端和结果枝顶端通过细心的修剪转嫁至单独生长的嫩枝上。以同样的方式修剪下垂的结果枝。最后疏剪枝条顶端。

**4. 恢复性修剪**

将下垂的枝条顶端转嫁至水平生长的侧枝上。长势过旺的结果枝靠近支撑枝修剪至侧枝。避免大的伤口，如果不能确定，可以留下小木桩。剪掉向内生长和直立生长的枝条。

# 核桃树圆形树冠：美味的南部坚果

核桃树（*Juglans regia*，WHZ 6a）最早源于地中海区域，因此，在温暖、光照充足且土壤透气的地方它们能更好地生长。

核桃树对修剪非常敏感，为了不让伤口干死至主干内部，最好在六月中旬到九月中旬进行修剪。如果希望修剪能促进生长，则最好在发芽后立即进行。

**！ 最佳品种**

核桃花经常受晚霜损害，因此，在这些区域最好选择晚花或晚发芽的品种。这样的品种包括“克隆 26 号”（Klon Nr. 26）和“克隆 139 号”（Klon Nr. 139）。优良的核桃品种长在黑胡桃的根块上，它们在 4～5 年后就会长出第一批果实，且树冠较小。

在气候温暖的区域经常会出现核桃果蝇，它们生活在核桃壳内，附着在核桃上，最终使内核发霉。只能通过清除掉落的果实来控制这种虫害。

## 培育

将核桃树培育成由主干和 3 根侧支撑枝组成的圆形树冠结构需要 4～6 年。在树苗发芽后剪掉直立的枝条和支撑枝的竞争枝，只有当后者特别长时才需要将其剪短。如果主干上长出侧枝，在夏季将其剪掉。

虽然核桃树比较敏感，但它们会长出大量可口的果实。

## 纠正树冠

核桃树经常长出直立的支撑枝的竞争枝。如果出现两根主干，其中一根多半为劈裂枝（见 220 页）。侧枝经常沿主干生长过旺，导致遮蔽了侧支撑枝，如果不加以修剪，侧支撑枝几年后就会衰老。在八月底剪掉这些枝条，同样需要修剪的还有直立枝和侧支撑枝的竞争枝。使用蜡涂抹伤口边缘。为了避免形成大的伤口，对于长势旺盛的枝条，可将其转嫁至靠近支撑结构的侧枝上。

**1. 培育**

核桃树的圆形树冠由 3 根侧支撑枝和 1 根主干组成。发芽后剪掉直立生长的枝条，并疏剪枝条顶端。

**2. 纠正树冠**

在夏季剪掉沿主干生长或长在侧支撑枝上的直立枝，否则它们会长成竞争枝。疏剪支撑枝的顶端。

## 剪成木桩

虽然可以用蜡直接涂抹在支撑枝留下的大伤口上，但这样的伤口还是会枯死至主干内部。最好留下 20～30 厘米的小木桩。这种木桩虽然仍会枯死一半，但下半部分还保持着活力，而且会长出新的嫩芽。留下 2～3 根水平生长的嫩枝，将其余的剪掉。几年后，剪掉木桩干枯的部分至最上端的侧枝处。

生的榅桲味道不佳，但经过加工后会变得非常美味。

# 榅桲：苹果形或梨形

榅桲（*Cydonia oblonga*，WHZ 5b）分为苹果形榅桲和梨形榅桲。两种榅桲其实是同一个品种，只不过果实形状一种是苹果形，另一种是梨形。两种果实都散发诱人的香气。

榅桲树喜欢温暖的环境，土壤需要透气且石灰质含量低。榅桲很容易受火疫病侵害，需要在夏季定期对榅桲树进行检查。在受害位置下方 10 厘米处剪掉干枯的枝条。

## 结果枝

春季在开花前榅桲树才长出短枝，但花芽早在上一年便开始酝酿。榅桲完美的结果枝是两年长枝，但一年长枝的某些部位也会开花。结果过多时需要在六月底前减少果实数量，以避免枝条因负载过重而折断。

## 培育

虽然榅桲树长势比苹果树弱，但大部分情况下其培育方式和苹果树相似。所有品种生长都有点“不规则”，因此很难培育出完美的圆形树冠。

支撑结构由 1 根主干和 3～4 根侧支撑枝组成。前 5 年中每年春季都需要将它们剪短三分之一的长度。嫩枝经常会交错生长。通常如果最顶端的叶芽没有长出，则枝条很容易朝相反的方向生长。因此，你需要在初夏检查幼苗，剪短支撑枝，如有需要使其转至向外生长。在最初的 4～8 年，需要注意使果树保有一个规则、疏松的支撑结构，剪掉交错生长或向内生长的结果枝。

## 维护性修剪

如果支撑枝下垂或长出扫帚形的发散枝条，将其转嫁至更靠近内部且向外生长的枝条上，并且对其疏剪。在 3～4 年后将下垂且分枝严重的结果枝转嫁至更靠内部的枝条上。将较老的结果枝转嫁至靠近支撑结构的位置，并对其疏剪。如果没有嫩枝，则修剪留下 5～10 厘米的小木桩，并在一年后将其除去。

## 恢复性修剪

只能通过在树冠外侧进行小规模的修剪来促进榅桲的生长。应尽量避免在支撑结构上留下大的伤口。将衰老的枝条顶端转嫁至更靠内生长且更具活力的嫩枝上。

**1. 结果枝**

榅桲的一年枝(1)和两年枝(2)是最具价值的结果枝。如果这些枝条随着时间的推移产生了较多分枝，则将其转嫁至靠近支撑结构的位置。

**2. 维护性修剪**

将分枝严重的结果枝转嫁至更靠近内侧的侧枝。在修剪口下方已经长出了新的结果枝。

只有每年定期修剪，桃树才会结出美味的果实。

# 桃树和油桃树的空心型树冠：娇惯的日光之子

桃树（*Prunus persica* var. *persica*，WHZ 6b）和油桃树（*P. p.* var. *nucipersica*，WHZ 6b）的果实和用这些果实做成的果酱一样美味。这两种果树都源自中国和中亚地区，喜欢温暖、温和的环境。每年都需要对它们进行一次大规模的修剪，否则很容易衰老。

## 结果枝

最具活力的结果枝通常长在 20～40 厘米长的一年长枝上。长度小于 20 厘米的枝条被称为假结果枝，这些枝条上长满了花芽，但只在顶端长有尖尖的叶芽。而真结果枝则在每个结节处都长有两粒花芽，花芽之间长一粒叶芽。这些叶芽长出后可以为果实提供养料。假结果枝上的果实无法长大。

## 培育

春末的培育修剪可以促进果树的生长。剪掉主干，通过选出 4 根侧支撑枝可以将桃树和油桃树培育出空心型树冠。这种树冠结构非常适合喜欢温暖的果树（见 47 页）。在修剪时将支撑结构剪短三分之一。最上端的嫩芽必须是叶芽，且向外生长。整个培育过程需要 4 年的时间。在这段时间里，你需要使支撑枝保持每年长长约 30 厘米。假结果枝、多年结果枝，以及长势过于旺盛或直立生长的枝条，都剪短至留下 2 厘米的小木桩。不要剪短真结果枝。每 10 厘米支撑枝上保留 3 根真结果枝。

## 维护性修剪

每年夏天都需要将一年枝剪掉最多三分之二的长度，这可以保证果实的质量，并确保果树来年能长出生命力旺盛的嫩枝。在空心型树冠结构中可以允许部分枝条向内生长，这可以保护树冠不被晒伤。桃树和油桃树基本上不可能进行恢复性修剪，因为它们无法承受大的伤口。

**1. 结果枝**

桃树和油桃的最佳结果枝长在一年长枝上（1）。杏树（见 241 页）的最佳结果枝则为长度小于 15 厘米的一年枝（2）。

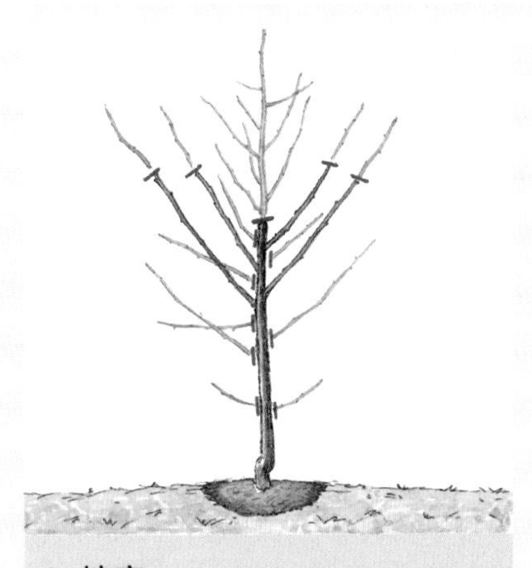

**2. 培育**

桃树和油桃树的主干会被剪掉，以确保更多的阳光能照进树冠。空心型树冠由 4 条均匀分布成环形的侧枝组成，这些枝条每年长长约 30 厘米。

**3. 细节：培育结果枝**

修剪分枝严重的结果枝，只留短短的小木桩在支撑结构上。留下一年长枝作为结果枝，短枝剪短成小木桩。

定期修剪的欧洲酸樱桃在一年枝上结果最多。

# 酸樱桃树圆形树冠：清爽的夏季小食

欧洲酸樱桃树（*Prunus cerasus*，WHZ 3）以其略带酸味的果实俘获了人们的心。它嫁接在甜樱桃树上，但长势相对较弱，而且喜欢更加湿润的土壤。如果枝条在开花不久后就枯死，很可能是受褐腐病的影响（见 48 页）。应立即将受侵袭的枝条连带底部一段健康的部分一起剪掉并妥善清理剪下的枝条。最好种植有抗性的品种，如“狂欢节”（Karneol）。

## 结果枝

酸樱桃只在一年枝上开花，3～4 年后就会丧失活力。最佳的结果枝为 20～40 厘米的一年枝。有些品种的短枝也会开花，对于这些品种最好采取和李树同样的修剪方式（见 224 页）。如“热尔马”（Gerema），“路德维格的春天”（Ludwigs Frühe）等品种。

## 培育

整个支撑结构由 1 根主干和 4 条侧枝组成。在最初的 5 年中每年都需要将支撑枝长长的部分剪短一半。夏季还要剪掉徒长枝。

## 维护性修剪

每年进行维护性修剪时需要剪掉顶端的直立枝和竞争枝，然后是结果枝。每 10 厘米支撑枝上可以留下 3 根 20～30 厘米长的一年枝。其余枝条都剪至只留下靠近支撑结构的小木桩。这些木桩本身会干枯，但在其基部会长出新的嫩枝。

## 恢复性修剪

如果 3 年，甚至更久不修剪酸樱桃树，果树很快就会衰老，并长出拖把状的枝条。

在收获果实后将衰老的支撑枝和拖把状的枝条转嫁至靠近支撑结构的嫩枝上。如果没有这样的枝条，则将衰老的枝条剪短成 5 厘米的小木桩留在支撑结构上。对于老化严重的酸樱桃树，需要在 2～3 年分阶段进行恢复性修剪。

**1. 维护性修剪**

剪掉直立生长的枝条，将老化或长势较弱的结果枝转嫁至更靠近支撑结构的一年枝上。如果没有这样的一年枝，则将这些枝条剪短成小木桩留在支撑结构上。

**2. 维护性修剪：修剪前**

支撑枝很容易辨认，支撑枝上长出相对较弱的结果枝。除了一年枝，还有较老且部分光秃的枝条。

**3. 维护性修剪：修剪后**

较老的枝条经过修剪向靠近支撑结构的嫩枝发展，或被剪短成支撑结构上的小木桩。其余枝条被剪掉。

# 苹果树和梨树：纺锤形的培育

一株种植两年的纺锤形果树除了主干已经长出水平生长的侧枝。

如果圆形树冠的苹果树或梨树对你的园子来说太占地方，纺锤形是一个不错的选择。纺锤形苹果树或梨树只需要 3～5 平方米的空间，且在两年后就能结果。

纺锤形的果树终生都需要支撑竿，而且不能出现与之形成竞争的植物根。它只有一根支撑枝，即主干。所有从主干上长出的侧枝均为结果枝。苹果树特别适合培育成纺锤形，因此我们以它为例来描述整个过程。护理得当的话，纺锤形的苹果树可以长到 2～2.5 米高，存活 15～20 年。

## 种植纺锤形果树

纺锤形果树种植的深度只能和树苗在苗圃里的深度一致，从主干上由灰色转为棕色的分界线即可辨别。如果种得太深，则嫁接点会埋入土中，导致砧木品种生根，丧失了其原本抑制生长的作用。在最初的 1～3 年还能纠正种植过深的问题，只需将根挖出、抬高，再在土球下垫上腐殖质即可。

## 修剪果树

种植纺锤形苹果树时需互相保持 1 米的间距。买来时适合修剪成纺锤形的果树应该在主干 60 厘米上方有 5～7 根均匀分布在主干周围水平生长的枝条。剪掉直立枝，尤其是在主干上半部分的直立枝。不要剪短主干和侧枝。主干超出最高处的侧枝的长度不能超过 60 厘米。

## 培育

下一年，需剪掉所有直立长在主干和侧结果枝上的枝条。然后疏剪主干和侧枝的顶端。侧枝也可稍稍向下悬垂。不要剪短剩下的枝条。只有当两根结果枝非常靠近时，才需要剪掉其中一根。

大部分情况下，第三年就能形成纺锤形。但仍需疏剪主干。如果已经长出了果实且枝条下垂，则进行维护性修剪（见 232 页和 233 页）。

## 纠正树苗

如果新种植的纺锤形树苗主干上很长一段没有侧枝或主干比最上端的侧枝高出不止 60 厘米，则将其剪短至 60 厘米。这样，新

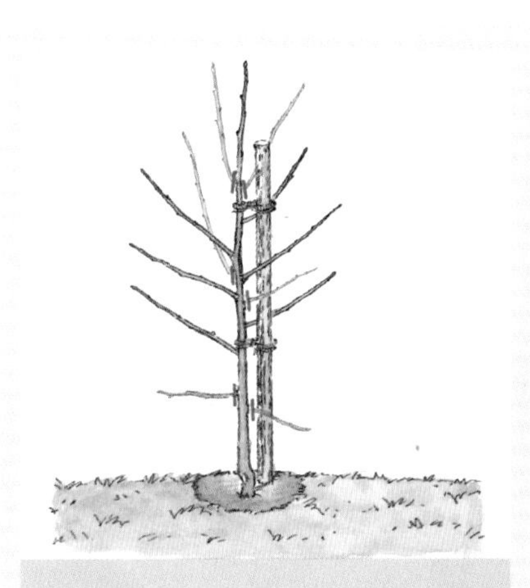

**1. 修剪**

对于理想的纺锤形树苗，只需在种下后剪掉所有直立的枝条并疏剪主干。不需要将其剪短。

**2. 培育**

一年后剪掉结果枝和主干上重新长出的直立枝。疏剪侧枝顶端和主干的竞争枝。

长出的水平侧枝便能均匀分布在主干四周。但由于营养堆积，下一个夏季，新长出的侧枝下方还可能会长出 2～3 根直立生长且长势旺盛的枝条（见插图 4）。最好在夏季就剪掉这些枝条，一直剪到其与主干垂直的位置。随后几年中无须再剪短主干，只需继续疏剪即可。在下方水平生长的侧枝是理想的结果枝，将其保留。

## 梨树：培育

纺锤形梨树一般都嫁接在榅桲的根块上。它们的长势比纺锤形苹果树要旺盛，且更加直立，因此其种植间距为 1.2～1.5 米。纺锤形梨树结果更多，且生长年限比纺锤形苹果树更长。

和苹果树不同，梨树更容易长直立枝，且主干长势极旺。部分嫩枝刚长出时便是直立枝，有些则是在 1～2 年后才由水平生长转为直立生长。最好在这些枝条还是绿色的夏季便将它们剪掉，疏剪主干。如果梨树的纺锤形树冠比预想的要大也无妨。等细长的主干上开花结果后，其生长就会大幅受到抑制。每年一次修剪可使其生长保持平衡，且下部的结果枝也能长期保持活力。

## 夏季修剪

无论哪种果树，如果“纺锤”的生长失去了控制，则最好在夏季进行一次抑制生长的修剪。在六月就需剪掉多余的直立枝，使果树集中将养料用于催生花芽。在经过初夏的这种修剪后，通常还会长出理想的长势较弱的嫩枝。相对地，如果在八月才进行修剪，虽然果树仍能修复伤口，但不会长出新的枝条，而且花芽早已长出，修剪对其已经没有催生作用。从九月中以后就不能再进行修剪。

## 保护树根

由于各个品种的纺锤形树苗的根块都比圆形树冠的要小，而且毛细根的比例较高，因此更容易受啮齿动物的侵害。从土壤中打出的小洞可以辨别出田鼠的痕迹，野鼠则会留下大堆圆饼状的泥土和地下通道。针对后者，可以设置装有诱饵的陷阱。还可以将树苗种在铁丝笸（专卖店有售）中防止鼠类侵害。此外，你还可以除掉树苗下方的植被，这样鼠类会因感到不安全而远离树干和树根。

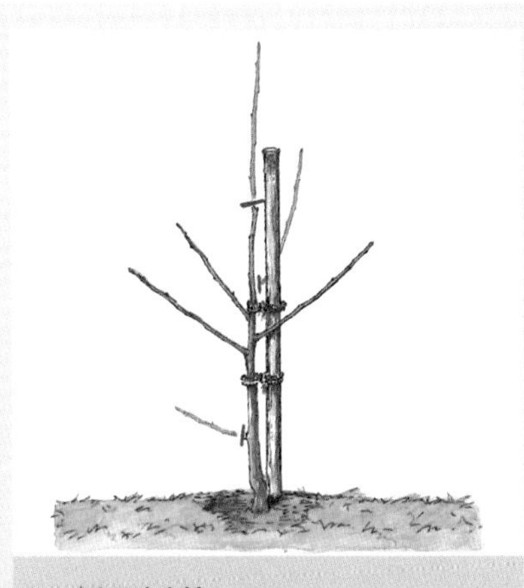

**3. 纠正树苗**

如果主干超过最上方的侧枝 60 厘米以上，则将其剪短至 60 厘米。剪掉长得过低或过于直立的侧枝。

**4. 修剪一年后**

修剪口下方长出了许多直立枝。留下一根主要的枝条，剪掉其余杂枝，疏剪侧枝，并剪掉直立枝。

**5. 梨树：培育**

梨树生长更加笔直，也更容易长直立枝。剪掉长出的直立枝，并疏剪主干和结果枝。

# 梨树和苹果树：纺锤形的维护

一棵培育好的纺锤形树能很容易地结出 15 千克的苹果。

3～4 年后，纺锤形果树就不会再长大。此后几年中，修剪的目的就仅限于疏剪主干和侧结果枝的顶端。

## 维护性修剪

每年都需要对纺锤形苹果树和梨树进行修剪。

不要剪短一年枝。剪掉从基部开始便直立生长的枝条。注意要保持纺锤形上端纤细，如果在上半部分长出了过长的水平枝，无法形成所需的楔形，且遮蔽了下半部分的枝条，则将其剪掉。如果嫁接点下方长出徒长枝，则趁其未木质化前将其除去。纺锤形梨树上特别容易出现这种徒长枝（见 233 页）。

大部分纺锤形果树的树干顶端在 4～5 年后都会因为果实的重负而下垂。在由此形成的顶点会长出嫩枝。每年都需要进行修剪，只留下其中一根。如果留下的嫩枝在两年后长出花芽，则将下垂的老枝顶端转嫁至该嫩枝。在下一年中，新的主干又会下垂。你只需重复以上步骤即可：留下一根一年枝条，在下一年将老的顶端转嫁至这根枝条。

如果侧枝的基部比主干在相应高度直径的一半要大，则将该枝条剪短至只剩 2～5 厘米的小木桩。修剪由于营养堆积而长出的嫩枝，只留下一到两根水平生长的作为替代。等小木桩后期干枯后，在夏季将其除去。剩下的结果枝如果下垂严重且分枝明显，则将其转嫁至更靠内侧且长有花芽的枝条。此后仍需疏剪这些枝条。

**1. 苹果树：维护性修剪**

将主干和结果枝下垂的顶端转嫁至更靠内侧且至少生长两年的枝条。疏剪这些枝条的顶端。

**2. 苹果树：下垂的主干**

主干的顶端由于果实的重负而下垂。在由此产生的最高点上会长出嫩枝，留下一根作为替代。

## 特殊护理

定期检查将纺锤树干固定在木桩上的绳子。它们必须结实、稳定，否则就可能导致主干，甚至整棵果树因为果实的负担而折断。如果绳子老化碎裂，必须尽快更换。但支撑的绳子也不能绑得太紧，更不能勒进树皮。为了避免和果树根系的竞争，应定期除去主干周围的野草并松土。

## 梨树：维护性修剪

纺锤形梨树的顶端通常长势旺盛。尽管如此，却不应剪短顶部，因为这会更加促进生长，而且比苹果树的长势旺盛得多。2～3年后顶部就会出现明显的分枝，它会汲取整棵果树的养料，并遮蔽下方的结果枝。为了纠正这种修剪错误，你需要剪掉所有直立枝，只留下一根两年枝。保留水平生长和长势较弱的枝条。如果几年前就剪短过主干的顶端，且现有的枝条长势非常旺盛，则只需留下一根枝条，将剩余的全部剪掉。这种修剪的最佳时间是夏季，可抑制生长，春季修剪则容易刺激生长。如果想持续抑制顶端的生长，则需在接下来的两个夏季中重复这个过程。

相对于苹果树，梨树更需要注意楔形的维护。对于上三分之一部分的长结果枝，最好将其剪短成主干上的小木桩，而不必使其转嫁至其他嫩枝上。这样可以促进主干上直接长出新的结果枝，也可使主干顶部保持纤细。

## 使侧枝恢复活力

如果在维护性修剪时没有疏剪主干，则其长势会过于旺盛。后果是结果枝衰老，长得越低的衰老越明显。为了使果树的生长重新恢复和谐，可以通过夏季修剪抑制纺锤形果树上半部分的长势。下半部分衰老的侧枝则通过春季修剪来刺激其生长。将下垂的枝条顶端转嫁至更靠近内侧且长有花芽的嫩枝。如有需要，进一步疏剪该枝条。对于长势非常旺盛的结果枝需将其剪成只留在主干上的小木桩。即便看起来非常麻烦，仍需要分两步进行修剪。你的付出总会有回报的，经过修剪梨树会长期保持活力，而且果实质量很高。

## 除掉徒长枝

许多纺锤形梨树的砧木部分都会长出榅桲徒长枝。如果不定期除掉这些枝条，则果树容易衰老，几年后就会停止生长。因此，需要在夏季这些枝条刚长出时就将它们拔掉。如有必要，将这些枝条从根部挖出。绝对不要只剪掉土表的徒长枝，这只会促进它们的生长，下一年你可能需要处理更多的徒长枝。在主干嫁接点以下长出的枝条也同样需要在夏季刚长出时就将其拔掉。

**3. 梨树：维护性修剪**

梨树的顶端很容易长出生命力旺盛的枝条，而且有些分枝明显。疏剪这些枝条，只留下一根两年枝，它能吸收养分。

**4. 梨树：转嫁结果枝**

如果结果枝下垂，则将其转嫁至更靠内侧且稍向上生长或水平生长的枝条，并疏剪其顶端。

**5. 梨树：除掉徒长枝**

纺锤形梨树嫁接在榅桲树上，随着时间的增长，根部会不断长出徒长枝。趁这些枝条还是绿色时便将其拔掉。

# 苹果树和梨树：使纺锤形恢复活力并纠正其形状

养料充足、培育良好且定期修剪的纺锤形果树可保持多年的活力。但如果修剪次数过少，甚至不加以修剪，或者修剪出错，则需要进行一次恢复性修剪或者纠正性修剪。

### 恢复性修剪

恢复性修剪的目的是促进衰老果树的生长。因此，最好在春季发芽前进行修剪。衰老的纺锤形果树经常会出现结果枝顶端下垂的现象，此时结出的果实通常质量不高。需要对这些下垂的枝条进行修剪，使其转嫁至至少生长两年且水平向外生长的嫩枝上。之后还需疏剪这些新的枝条顶端。如果结果枝的直径大于同等高度主干直径的二分之一，则将枝条剪短成只剩下 5 厘米长的小木桩。之后在新长出的嫩枝中选出一到两根水平生长的枝条作为原有结果枝的替代，剪掉其余枝条。修剪下垂的主干顶端，使其转嫁至生长至少两年且斜向上生长的枝条上。最后疏剪该枝条。直接剪掉纺锤形果树上半部分主干上长势旺盛的独立枝，下半部分的剪短成小木桩。但是，即便定期进行修剪，一棵树龄达到约 20 年的纺锤形果树也无法再恢复活力。此时最好种一棵新的树苗来代替。

在进行大规模的恢复性修剪后，从地下部分或者嫁接点以下部分会长出更多徒长枝。在夏季趁这些枝条还是绿色未木质化的状态时将其拔掉。

### 果树顶部负担过重

当纺锤形果树生长超过其预计的高度时，人们通常会错误地剪短其顶端。但这种办法只会更加促进主干的生长，并刺激果树长出更多直立枝。如果不进行纠正性的修剪，则果树顶端会形成浓密的扫把形散枝，下半部分则会衰老。因此，需要在夏季将顶端多余的直立枝剪至只剩下一根，留下水平生长且长势较弱的枝条。理想情况下会有一根已长出花芽的两年枝可培育成新的顶端。在该枝条上长出的果实可以进一步抑制生长。如有需要，在第二年夏天继续剪掉新长出的直立枝。

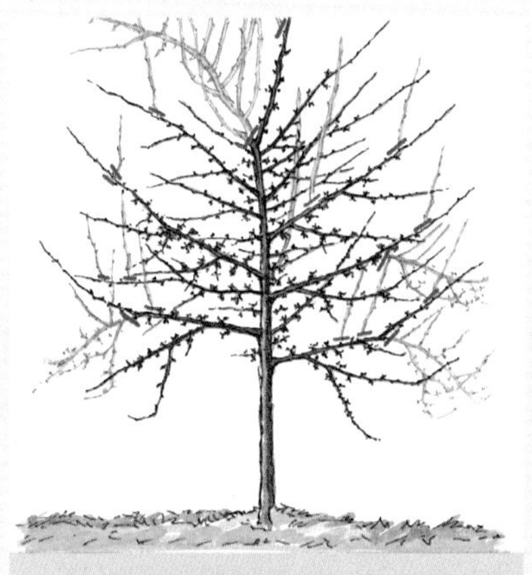

**1. 恢复性修剪**

修剪下垂的结果枝和主干，转嫁至更靠内侧生长且至少生长两年的枝条上并对其进行疏剪。剪掉支撑结构上长势过旺的枝条。

**2. 细节：恢复性修剪**

修剪下垂的结果枝顶端，转嫁至两年侧枝上。接下去非常重要的一步是对这些枝条也进行疏剪。

**3. 顶部负担过重的果树**

如果没有疏剪主干顶部或不慎将其剪短，则果树顶部会形成明显的分枝。将这些枝条剪掉，只剩一根已长出花芽的两年枝。

## 两根主干

如果没有从一开始就剪掉直立生长的侧枝，它就会长成主干的竞争枝。对于这种树枝，即便已经长到和主干一样粗细也要剪掉。为了使伤口和主干保持一定距离，可以将这种枝条剪短成5厘米长的小木桩。即便在修剪后整棵树会显得很空，也一定要在秋季进行这样的修剪。

第二年夏天，小木桩周围会长出大量嫩枝。剪掉这些枝条，只留下一到两根水平生长的枝条。如果小木桩已部分干枯，则将其剪短至最上端的嫩枝处。

## 长势过旺的侧枝

如果在几年的时间里一直对侧枝进行剪短处理，则其长势会增强。它们会长出大量嫩枝，结果枝顶端分枝严重，而正常情况下，它们本该保持较弱的长势，且保持顶端纤细。为了抑制其生长，你需要在夏季进行一次纠正性修剪。修剪分枝严重的结果枝顶端，使其转嫁至靠近内侧且水平生长的枝条。理想情况下，最好选择已经长出花芽的两年枝。因为夏季长出的果实可以抑制枝条的长势。如果主干上仍长出直立枝，则将其剪短成小木桩。

但这样的纠正性修剪并不能一下子实现抑制侧枝生长的目的。你还需要在接下去的2～3年中定期疏剪枝条顶端，最好是在夏季进行。此后，要注意绝对不能剪短嫩枝。

## 针对纺锤形果树的土壤护理

如果纺锤形果树在自然衰老前便出现生长停滞的情况，则很大可能是土壤的问题。你可能需要进行一次土质测试，看其中是否包含足够的养料。此外，还要注意是否存在田鼠或野鼠危害，因为它们经常会翻开土壤来挖地道（见231页）。

又因为纺锤形果树的根部较弱，因此通常无法和其他植物竞争。要保证纺锤形果树周围没有其他植物，且每年都需要适量施肥。从五月开始，可以在土壤表面施加一层由有机物组成的薄薄的覆盖物，以保持土壤湿润，并为其提供额外的养料。冬天需要将覆盖层除去，否则它们会成为田鼠的藏身之地。而且，没有了覆盖物，土壤在春季也能更快回温。

经常剪短枝条顶端的纺锤形果树会长出大量粗壮的嫩枝。

**4. 两根主干**

需在夏季将和主干形成竞争的直立枝剪短成小木桩。只留下新长出的嫩枝的一到两根水平枝。

**5. 长势过旺的侧枝**

剪短或错误修剪侧枝都会增强其长势。剪掉主干上粗壮的枝条和侧枝，疏剪枝条顶部。

一株疏松的纺锤形甜樱桃树可长期保持结果枝的活力。

# 培育纺锤形甜樱桃树和李树

李树和甜樱桃树的果实非常适合用来制作甜点。但它们的果实通常长得比苹果或梨要高，因为它们的长势更强。加之这些果树对修剪较为敏感，因此最好在夏季对其进行修剪。

这类纺锤形果树通常比纺锤形苹果树要长寿，能活 20 年甚至更久。

## 培育：抑制生长

基本上甜樱桃树和李树的纺锤形培育方式和苹果树一致。但甜樱桃树和李树的砧木生命力更加旺盛，因此它们能长到 3 米甚至更高。可以通过培育修剪来抑制其长势。过早地试图转变枝条的生长方向或剪短枝条都会刺激枝条顶端的生长，因此，在最初的 4 年中需要疏剪主干，直至其长出水平生长且带有花芽的侧枝。在这个阶段，主干的高度可能会比理想的高度高出 1 米。需要定期剪掉直立枝，或者将其撑开（见插图 3）。定期疏剪结果枝。为了能尽可能有效地抑制生长，最好在夏季进行修剪。对于早熟品种，可在收获后修剪，其他的则在初夏修剪。修剪时可剪掉部分果实，这样剩余的果实品质会更高。

## 甜樱桃树：维护性修剪

甜樱桃树很容易长出直立枝，且主干长势较旺。因此，每年的维护性修剪需要达到的目标就是保持纺锤形下半部分的活力，并减缓其顶端的生长。最合理的修剪时间是夏季收获果实之后。疏剪主干顶端，并将直立枝剪成 10 厘米长的小木桩。对于较老的侧结果枝也用同样的方法进行修剪。小木桩基部会重新长出嫩枝。留下其中一根水平枝作为代替，其余的剪掉。在下一个

**1. 甜樱桃树：维护性修剪**

剪掉直立枝，疏剪主干和侧枝。如果结果枝长势过旺或长得过于粗壮，将其剪成主干上的一截小木桩。

**2. 甜樱桃树：纠正直立枝**

如果在第一个夏季将直立枝剪短成主干上的小木桩，它会长出新的水平侧枝。留下这些枝条。剪掉其后长出的直立枝。

**3. 甜樱桃树：撑开嫩枝**

如果直立生长的侧枝还未木质化，可以用洗衣夹将其撑开。之后它们便能水平生长，成为绝佳的结果枝。

夏季剪掉干枯的小木桩。

要等到成功减缓了整棵纺锤形果树的长势，才可修剪长得过高的主干，使其由更下方已长出花芽的枝条代替。剪掉转折点上长出的枝条。如有需要，可留下一条作为现有顶端树枝的代替（见 232 页和 233 页）。

**甜樱桃树：纠正直立枝**

甜樱桃树通常会在主干上直接长出直立枝。你需要在第一个夏季就当机立断，将这些直立枝剪成小木桩。如果六月完成修剪，通常七月就能长出新的水平枝。修剪口下方的叶芽同时也会长成花芽。通过这样的修剪，对培育果树不利的直立枝就能转变成有益的短结果枝。但如果在春季进行修剪，就不可能实现这样的转变，而只会刺激枝条更加疯长。

**甜樱桃树：撑开嫩枝**

如果侧枝刚刚长出并开始生长，你还可以轻松地将它撑开。将洗衣夹固定在主干上，便可小心地将侧枝纠正至水平生长。几周后，等枝条已经稳定生长在这个位置，便可拿掉洗衣夹。但这样做的前提是枝条的基部还没有木质化。如果基部已经木质化，则无法靠洗衣夹将其撑开。

**李树：维护性修剪**

和甜樱桃一样，李树的纺锤形培育也在 4 年后结束。此时，你就需要进行维护性修剪了。修剪下垂的主干顶端，使其转嫁至 2.5 米高处且至少已生长两年的侧枝。在夏季将直立的嫩枝剪成 2 ～ 5 厘米的小木桩。将下垂、衰老的结果枝转嫁至靠近内侧的两年嫩枝上。李树结果枝的寿命比甜樱桃树要短，因此，为了维持其活力，每年进行一次维护性修剪非常重要。

**李树：恢复性修剪**

树龄较大的李树，几年后会出现枝条顶端下垂的现象。在其顶端会长出嫩枝，有时甚至会长出长势旺盛的直立枝。将下垂、衰老的主干顶端转嫁至直立生长且已长出花芽的嫩枝上。这个过程每 3 年就需重复一次。同样，将分枝严重且已下垂的结果枝转嫁至水平向外生长的嫩枝上。将长势旺盛且内部没有分枝的侧枝剪成 5 ～ 10 厘米长的小木桩。在夏天进行修剪，这样可避免真菌感染或树干内部干枯。虽然小木桩会部分枯萎，但其基部会长出嫩枝。1 ～ 2 年后将小木桩剪至最上方的水平嫩枝处。剪掉其他多余的枝条。

随着树龄增加，有些纺锤形李树会长出越来越多的徒长枝。趁它们还未木质化前将其拔掉。为了达到这个目的，有时需要用铲子挖开土壤将其从根部直接除去。

**4. 李树：维护性修剪**

将分枝的顶端转嫁至靠近内侧的侧枝上，并对其进行疏剪。过粗的侧枝可剪短成小木桩。

**5. 李树：恢复性修剪**

将粗壮的结果枝剪成支撑结构上的小木桩，随后将衰老的枝条转嫁至嫩枝上。如果没有合适的替代枝条，则将分枝的枝条剪掉。

# 培育墙树的基本法则

培育良好的墙树结构清晰，生长温和。

将果树培育成墙树的传统始于 17 世纪。其目的一方面在于将果树培育出建筑结构，另一方面则是可以充分利用墙体的保温功能。

墙树由平贴着墙面或独立架子生长的果树组成，这些果树通常都为圆形树冠。为了使其保持形状并结出高品质的果实，需要对其进行一番特殊的修剪。

修剪还有另一个好处：可以在一定程度上抑制生长。这样，你便能在较小的空间里种植尽量多的品种的树木来绿化墙体、回廊，或用墙树来分隔空间。

## 不能没有支撑物

对墙树来说，支撑物不仅起到支撑的作用，同时还在一定程度上确定了墙树的形状。无论你是使用对气候有较高抗性的洋槐木或橡木，还是金属，支撑物必须做到在墙树活着时一直能保持稳固、可靠。另外，在选择支撑物的材料时，还需注意它们是否与周围的环境以及花园的风格相协调。

## 合适的果树种类

较小的墙树可以选择砧木长势较弱的果树，稍大点的则可选择根块长势中等的。

最好选择具有稳定的支撑结构且结果枝寿命较长的果树品种。因此，苹果树和梨树是常用的墙树。它们非常容易造型，而且只要修剪得当，其结果枝可保持多年的活力。而且，它们还适合被修剪成 U 形或长条形的大型墙树（见 243 页）。如果要选择甜樱桃树，就得做好每个夏天修剪 2～3 次以抑制其长势的准备。而桃树、油桃树、酸樱桃树则由于其结果枝寿命较短，因而也很少被推荐用来培育成墙树。但在气温较低的区域也常用这些果树进行培育，因为只有在墙体的保护下，这些果树才能在那里生长。大部分情况下它们都会被培育成扇形，其支撑枝均无规则地分布在墙体上（见 243 页）。

由醋栗树培育成的高度 1.5 米以下的墙树，非常适合用来分隔空间。它们由 3～5 根从土里长出的支撑枝组成，这些枝条每 4～6 年就需要由新的基生枝来代替（见 248 页）。

## 种植后修剪

在培育的最初几年中需要确定支撑结构并促进结果枝的生长。

购买树苗时，应选择有 1 根笔直的主干和 4～6 根健壮侧枝的树苗，而且后者不能环绕主干分布。关键是至少要有 2 根健壮的侧枝对称分布。被作为整个支撑结构侧臂的枝条应当稍低于第一层横向铁丝，这样枝条中的养料就无须转过直角传输。

在发芽前要把所有不能作为支撑枝的水平枝都剪短成 3～5 厘米长的小木桩。剪掉直立枝和长在第一层侧支撑枝下方的枝条。将作为第一层侧支撑枝的枝条水平绑到铁丝上，并将其剪短至 60 厘米，这样可确保所有叶芽都沿枝条方向长出。将主干剪短至距未成形的第二层枝条上方 4 个叶芽 60～80 厘米处。各层枝条间应保持至少 60 厘米的间距。

## 夏季修剪

在培育墙树时，春季修剪并不占主导地位，主要的修剪都是定期在夏季进行的。

七月初首先剪掉主干顶端下方 2～4 根直立生长的枝条。在稍低于预期第二层的位置留下2根侧枝。将这些枝条以与主干呈60度角的角度绑在一根竹竿上，后者也需固定在支撑结构上。对于第一层支撑枝长长的部分也做同样的处理。这样，养料可在整根枝条上均匀分布，所有叶芽都能均衡生长。当两层侧枝之间的主干和第一层侧支撑枝上长出的嫩枝已经长有10片叶子时，在六月将其剪短至剩下2～4片叶子。这些结果枝最上端的叶芽会在夏季再次长出。如果这些枝条在七月又长出了10片叶子，则重复这个过程（见插图4）。这样的修剪可保持果树形状并促进花芽的萌发。

## 春季修剪

在第二年春季，拿掉支撑用的竹竿，并将第二层枝条和第一层新长出的部分拉到水平位置绑在支撑铁丝上。将前一年长长的部分重新剪短至60厘米。在夏季剪短过两次的结果枝需要剪短至只剩4个叶芽（见插图4）。在理想的情况下，这些叶芽本身就是花芽。如果你还想培育出第三层，则再次将主干剪短，留出金属丝上方5个花芽的长度。第二年夏天，修剪的位置会长出新的嫩芽，采用和处理结果枝同样的方法进行修剪。剪掉直立且长势过旺的枝条。

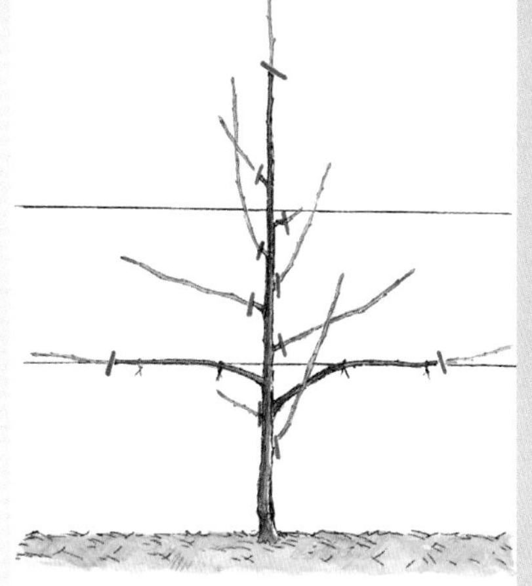

**1. 种植后修剪**

选定2根长势旺盛的侧枝作为支撑结构，并将其水平绑在支撑的金属丝上。然后剪掉主干上的直立枝，长势较弱的则剪短至3～5厘米。最后剪短主干和侧支撑枝。

**2. 夏季修剪**

剪掉主干顶部的直立枝。第二层支撑枝和第一层新长出的部分斜向用支撑竿绑定。夏季多次剪短支撑结构上长出的结果枝，将其培育成短枝。

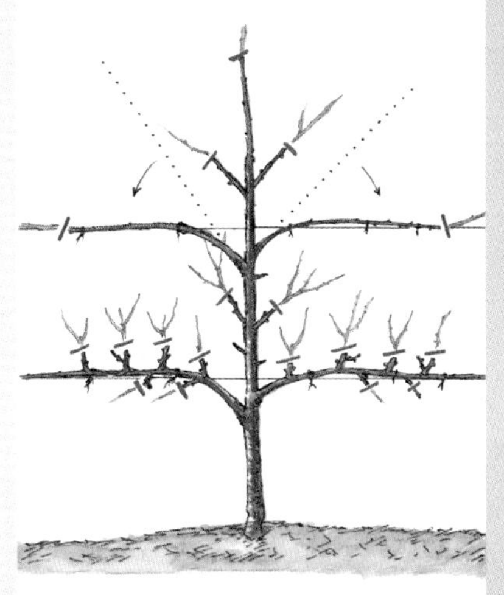

**3. 春季修剪**

春季将斜向生长的支撑枝水平绑到金属丝上，并剪短其长长的部分。如果还需要第三层结构，则剪短主干，否则将其剪掉。结果枝剪短至只剩4个叶芽。

**4. 细节：结果枝**

夏季将10片叶子的结果枝剪短至2～4片叶子（1和2），此后长出的部分也同样处理（3）。这样可将长枝转变成带花芽的短枝。春季将其剪短至剩4个叶芽（4）。

# 墙树的照料和维护

每年七月底到八月中进行的夏季修剪可以促进花芽的萌生，并保持结果枝的活力。再晚点进行的修剪就无法达到促进花芽生长的目的，而只能减缓果树的生长。几年后长出的分枝只会少量长长，并长出大量花芽。如果一年里结出太多果实，通常这些果实会无法良好生长。所以需要在六月摘掉其中一部分，以促进剩余果实的生长。

## 维护性修剪

当墙树已经长成预期的形状时，便可以过渡至维护性修剪了。为了不形成空隙，每年最多只能允许支撑枝长长 60 厘米。在夏季将这些长长的枝条斜向用支撑竿绑定，直到第二年春天再将其水平绑定。每年夏季都需对结果枝进行两次修剪，春季还需进行后期修剪（见 238 页和 239 页）。

剪掉朝墙面生长的侧枝。如果支撑枝下侧生长的结果枝在几年后衰老，则在春季剪掉其约四分之一的分枝。如果上侧当年长出的新枝长势过旺，则在夏季将其剪至老结果枝的位置。在进行维护性修剪时需要注意观察每一根结果枝的衰老或旺盛程度。相应地，你可以通过在春季或夏季进行修剪来促进或抑制其生长。

## 使结果枝恢复活力

墙树结果枝的分枝可以存活数十年。由于侧支撑枝上侧的养料比下侧充足，因此其衰老也相对较慢。一旦老的结果枝不再长出花芽，则剪掉分枝的四分之一至一半。通过在春季发芽前进行修剪可以最大限度地促进其生长。如果长出了长势旺盛的新枝，则和处理其他结果枝一样在夏季将其剪短一到两次。大部分较老的墙树都不需要再进行抑制生长的夏季修剪。

**1. 充满活力的结果枝**

沿支撑结构方向每隔 10 厘米就长有结果枝。通过定期的夏季修剪可使其保持活力。在春季只需对其稍加纠正即可。

**2. 衰老的结果枝**

如果不对结果枝加以修剪，它就会衰老。作为修正，可在春季对最多四分之三的分枝进行修剪，使其转嫁至靠近支撑结构的侧枝上。

**3. 使结果枝恢复活力**

如果结果枝严重衰老，将其转嫁至靠近支撑枝的嫩枝上。如果没有这种枝条，则转嫁至侧分枝上，以促进嫩枝生发。

## 较老的墙树

苹果树和梨树的墙树经过有规律的培育，即便多年后，我们仍能看得出其结构。对支撑枝分阶段式的培育可以避免某些位置的枝条光秃，让整根枝条上都长出结果枝。像这种墙树，是否需要对其进行夏季修剪，修剪的频率要多高，就应由其长势决定。如果要抑制其顶部的生长，可先在夏季进行修剪，再在春季剪掉衰老的基部。墙树衰老越明显，就越需要将修剪从夏季转移到春季发芽前。

## 特例：杏树

虽然杏树（*Prunus armeniaca*，WHZ 7a）在温暖的地区也可以独立生长，但在德国通常只能以墙树的形式贴墙生长。最佳位置是通风的东墙或西墙，这可以保护早花品种不受晚霜侵袭。靠南墙种植会导致其过早发芽。屋檐下的位置非常合适，你可以将一块带孔的帷布用钩子直接挂在椽上，保护杏树在开花时不受霜冻的侵袭。杏树最佳的结果枝是长度 15 厘米以下的一年枝（见 228 页，插图 1）。

## 培育墙树

杏树墙树的培育方式和其他品种一致（见 238 页），但杏树很容易在支撑结构上长出直立的长枝。在六月底前，将这些枝条剪短成 5 厘米长的小木桩。虽然它们还会再次长出，但此时下端就会长出花芽。在夏季将支撑枝顶端长长的部分剪短至 60 厘米。如果同一个夏季这里又长出新枝，重新将其剪短至 10 厘米。剪掉支撑枝顶端的竞争枝和主干上的直立枝。在收获果实后，将较老且已分枝的结果枝转嫁至当年生，且靠近支撑结构的 10 厘米以下的短枝上，将多余的结果枝剪短成小木桩。每 10 厘米的支撑枝上均匀保留 4 根结果枝。基本上杏树的结果枝需要比苹果树的相对长一些，因为杏树过短的结果枝生命力相对较弱。对于较老的墙式杏树，如果其长势明显变弱，可以在春天发芽前就进行修剪，以刺激其生长。但此前不能进行修剪，因为杏树对修剪非常敏感。如果部分枝条干枯，多半是由褐腐病引起的（见 48 页）。把这些枝条剪留健康的部分，其他的则扔到垃圾堆里。

苹果树沿支撑结构长满了结果枝。

**4. 墙式杏树**

杏树很适合在能为其提供防护的东墙边种植。每年夏季和春季发芽时各修剪一次，可以使果树保持良好的长势。

**5. 杏树：夏季修剪**

独立生长的杏树需要在夏季剪掉直立枝，分枝的顶端和侧枝修剪后转嫁至 15 厘米长的当年枝上。

# 墙树的形状：精心修剪或随性发展

培育藤廊需要很大的耐心，成形后则非常壮观。

培育墙树不仅需要遵循规律，还需要极大的耐心。从种植到最后成形可能会需要超过 10 年的时间。但小型的墙树还是比藤廊长成要快。和大型墙树相比，小型墙树的根块所需供给营养的树冠较小，因此其长势更快，每个夏天可能需要进行最多三次修剪。

要想将墙树培育出一定的形状，需要预先用金属或木制的支架设定其形状。果树的支撑结构培育得越清晰，后期越容易辨认其形状。每根支撑枝或每层支撑结构之间的间距至少应为 60 厘米。这样，对于独立生长的墙树，你也可以通过各层枝条间的间距修剪另一侧的枝条或采摘果实。而且，即便结果枝在几年后变老，长出长达 10 厘米的分枝，树冠也仍然能保持圆形。

## 带形：基本形状

带形是一种基本形状，墙树的其他许多形状都建立在其基础之上。其基本特征为 1 根或 2 根侧支撑枝构成的水平结构。对于单臂的带状树来说，它只从主干向左或向右长出支撑枝，双臂的则左右两侧均有支撑枝。每条支撑枝每年长长 60 厘米，结果枝需剪短。主干较矮的带形树非常适合用来分隔花坛。将斜的单臂墙树沿墙种植可以大大节省空间，在尽可能小的土地上培育尽可能多的果树品种。

## U 形多干形

多干形即分枝的带形。其构造也和其他形状的墙树类似。主干每年可长长 60 厘米，侧枝则通过每年夏季和春季的修剪保持较短的水平。多干形直立的支撑枝顶端通常比基部长势要旺。U 形多干形从一开始就剪掉了主干，在第一年夏季培育侧支撑枝斜向上生长，此后再引导其水平沿铁丝生长。根据所需宽度，在 1～2 年后将侧支撑枝长长的部分垂直绑定。如果在第一个 U 形之内还要再培育第二个甚至第三个 U 形，则保留主干，直至上面长出可作为下一层侧支撑枝的侧枝。随后剪掉主干。U 形多干形形状越明显越好看。因此，就算是已经生长较久的墙树也需要定期修剪。

为了使基部的结果枝保持活力，在春季对其进行修剪。修剪明显的分枝，将其转嫁至靠近支撑结构的嫩枝上。位于上半部分的结果枝一直生命力旺盛，因此应在夏季进行修剪。

## 扇形多干形

扇形多干形的支撑枝以扇形分布，不像一般的墙树是水平生长的枝条，能更久地保持活力。因此，扇形多干形特别适合桃树和酸樱桃树，因为这些果树水平生长的枝条特别容易衰老。整个支撑结构由最多 6 根均匀分布的支撑枝组成，这些支撑枝每年可长长 60 厘米，因此需要相应地修剪其新长长的部分。侧面的结果枝需要在夏季剪短。由于桃树只在一年枝上结果，需在春季修剪结果枝。修剪分枝，将其转嫁至距离支撑结构最近的侧枝上。将桃树和油桃树（见 228 页）不合适的结果枝剪短成 1 ～ 2 厘米的小木桩。

**藤廊**

墙树也可以培育成拱门形状的藤廊。每道支撑的拱门之间至少相距 1 米，各层支撑枝之间的距离则至少 60 厘米。这样可方便你通过这些间距实现对外侧结果枝的修剪。由于拱门顶部的枝条明显比侧面的长势要强，因此推荐在夏季进行三次修剪。

**自由形墙树**

如果你觉得传统的墙树过于死板，你也可以将它培育成自由形状。这种墙树也由支撑枝和结果枝组成，但培育支撑枝时没有固定的流程，你只需注意保持支撑枝彼此间 60 厘米的间距即可。

**1. 带形**

带形墙树由一根低矮的主干和一根或两根支撑枝组成，支撑枝长可达数米，水平或垂直培育。

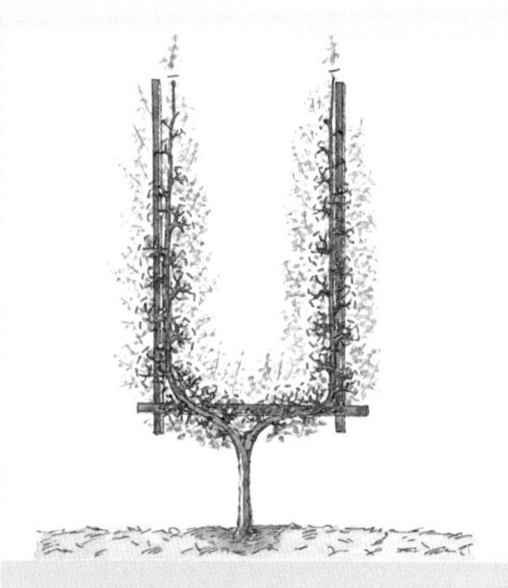

**2.U 形多干形**

U 形多干形没有主干，相当于一株双臂的带形，对其枝条先进行水平培育，后垂直培育。

**3. 分枝的 U 形多干形**

分枝的 U 形多干形有多层 U 形结构，直到最后一层 U 形结构培育完成后才剪掉主干。

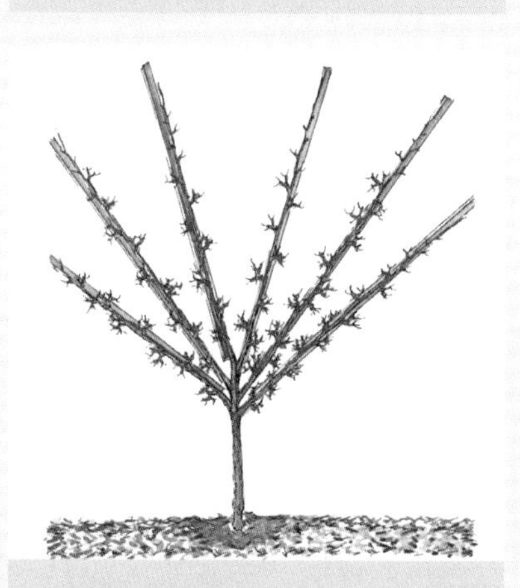

**4. 扇形多干形**

支撑枝以扇形从主干长出，该形状非常适合桃树，因为桃树的水平枝衰老得很快。

**5. 藤廊**

在金属制成的圆弧形支架上培育。侧枝从主干向两侧生长，形成支撑结构。

**6. 自由形墙树**

没有固定的形状，只有支撑枝和结果枝的区分，比其他种类的墙树容易培育。

# 柱状树：最节约空间的果树

结小果的柱状品种“五月柱”(Maypole)开粉红色花，结出的苹果为紫红色。

如果你能利用的空间不大，柱状树是不错的选择。而且，培育这种果树不需花太多精力：你只要偶尔修剪一下即可。只有苹果树有真正的柱状树，它们是经突变产生的，由一根最高可达4米长的直立主干组成。主干上会长出短枝，即结果枝。

由于柱状树非常适合空间较小的花园或进行盆栽种植，因此其他品种也开始培育这种形状。但像梨树、李树或甜樱桃树，虽然也已经培育出了这种形状，却并不是真正的柱状树，而只是比其他形状更紧凑。一段时间后，它们就会长出长的侧枝，因此需要经常进行修剪。

柱状苹果树的株距应为50厘米，梨树、李树和甜樱桃树则为70～80厘米。为了避免与果树争夺营养，需清理掉周围的植被。夏季可铺一层覆盖物，保持土壤湿润，这对果树非常有利。

## 柱状苹果树

市面上出售的柱状苹果树品种繁多。有些品种生命力旺盛，可有效抵抗疮痂病菌。“五月柱”品种开粉色花朵，叶子和果肉均偏红色。

购买树苗时需注意该品种是否嫁接在主干结实的砧木上。只有这样，才能保证后期不需要支撑的木桩。如果砧木的生命力不够旺盛，则果树会衰老得很快。

对于柱状苹果树来说，春季修剪时只需偶尔剪掉主干的竞争枝即可（见插图1）。侧枝基本不需要维护性修剪。如果果树在10年后衰老，则将其剪短一半，使其转嫁至侧枝上。下一年夏季长出的直立嫩枝中留下一根作为新的主干（见插图3）。分枝严重或已经光秃的结果枝在初夏剪短成5～10厘米长的小木桩。剪掉新长出的嫩枝中直立或向内生长的枝条，保留与整体形状协调的短枝。作为新的结果枝（见插图4）。如果长出了和主干形成竞争的直立枝，则在夏季将其沿支撑结构剪短成小木桩。

## 柱状梨树

柱状梨树的长势比柱状苹果树要强。有些紧凑型的品种不是真正的柱状树，通常几年后就会长出长侧枝。为了使果树保持纤细，需要在六月底前将这些枝条剪短至10厘米（见插图2）。它们会长出短小的侧芽，并发展成理想的结果枝。定期疏剪主干，但绝对不要将其剪短。如果果树长得过高，则修剪主干，使其转嫁至较低处的多年侧枝上。

## 柱状甜樱桃树和李树

甜樱桃树和李树也有紧凑型的柱状品种。培育柱状的甜樱桃树推荐自花结果的早熟品种“克劳迪娅”(Claudia)和“莎拉”(Sara)，而且，这些品种相对比晚熟品种更不容易受樱桃果蝇的侵袭。

李树也有自花结果的品种可培育成结果枝紧凑的柱状结构。其果树都需要定期疏剪主干。当长势缓和下来，但主干长度超过了理想的高度时，可通过且只能通过转嫁的方式来控制其长度。从六月中到六月底将主干上的长侧枝剪短成小木桩。如果几年后长出短小的分枝，则根据需要在夏季修剪这些分枝，使其转嫁至靠近支撑结构的侧枝上。如果多年后果树下半部分长势减弱，且结果枝衰老，则在春季进行修剪，将其转嫁至靠近支撑结构的侧枝上。对于这些果树而言，在夏季修剪果树长势旺盛的上半部分，在春季修剪相对长势不够旺盛的下半部，这非常有用。

### 新品：矮株品种

酸樱桃树、桃树、油桃树和杏树还有一种所谓的矮株品种。由于其果实都长在一年枝上，因此一年后就能结果，而且树冠很小。这些品种特别适合在露台或阳台上进行盆栽种植。花盆的容积应至少为 20 升。冬天应把这些植物置于靠墙的位置，盖上薄膜和毛毡，使其不受寒霜侵袭。用毛毡遮挡使植物不受冬日阳光直射，这样可避免枝条冻伤。

这些果树的培育和护理原则上和上述品种类似，只不过其规模较小。由 4 根枝条组成的基础支撑结构在前四年中每年最多只能长长 10 厘米。在第二年将侧结果枝剪短成小木桩，保留一年枝。这些枝条很少会长得过长。如果出现这种情况，在六月底前将其剪短成 10 厘米的小木桩即可。

**1. 柱状苹果树**

柱状果树只由一根笔直的主干和短小的侧枝组成。长势旺盛的直立枝（如图左上的枝条）是主干的竞争枝，在夏季就需将这些枝条剪短成小木桩。

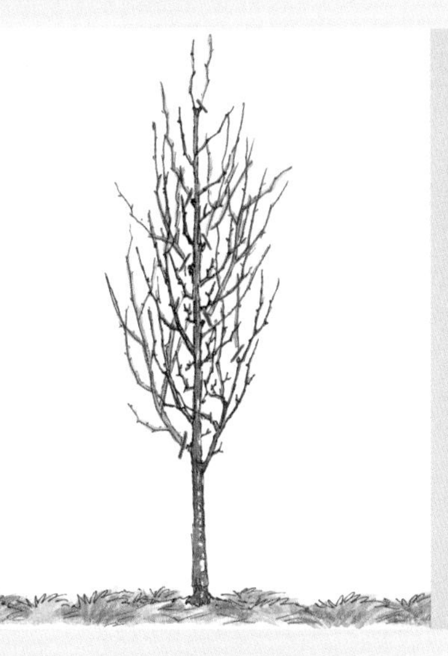

**2. 修剪侧枝**

梨树、甜樱桃或李树会长出长侧枝，它们与主干形成竞争，而且会破坏柱状结构。将它们剪短成主干上的小木桩，并培育靠近主干的嫩枝作为代替。

**3. 转嫁主干**

如果主干长得过高，则对其进行修剪，使其转嫁至较低处的多年侧枝上。修剪过的伤口上会长出新的嫩枝。留下一根作为新的主干，并在其后几年中对其进行疏剪。

**4. 促进结果枝生长**

把长势过猛或过长的侧枝在靠近支撑枝处剪短成小木桩。许多新的嫩枝通常会从这里长出。最多留下 3 根水平生长的短枝，它们会长成新的结果枝。

# 浆果灌木和异域品种

从草莓到秋季覆盆子，浆果灌木整个夏季都能为人们提供芳香的高品质果实。葡萄和猕猴桃之类的攀缘植物能绿化墙壁。无花果和柿子则是有着浓厚异域色彩的美味果实。

大部分浆果灌木的根都很浅，因此需要夏季仍保持湿润的土壤。为了避免伤害根系，不能随意松土。浆果灌木喜好稍偏酸性的土壤，在含石灰质高的土壤中则长势不佳，葡萄和鹅莓除外。树皮覆盖物可以在一定程度上使土壤酸化。无花果和柿子还需要在能提供防护的位置种植，如果所在地区较冷，则还需为其提供冬季防护。

## 生长形态

浆果灌木的生长形态各不相同。

草莓从本质上讲是一种带有多年生块根的常绿亚灌木。块根上每年都会长出新的叶芽，单独的一株植物寿命并不长，大部分品种可通过匍匐茎恢复生机。

覆盆子和黑莓都是树苗灌木（见 20 页），每年都会从地下长出不分枝且生命周期较短的嫩芽，这些嫩芽第二年会长出开花结果的侧枝。大部分情况下，在这之后枝条就会枯萎。

秋季结果的覆盆子品种属于例外，它们当年生的枝条就能结果。虽然这些枝条到第二年还能结果，但为了保证果实质量，人们通常在第二年春季就会剪掉这些枝条。

醋栗和鹅莓能长出支撑枝。基生枝长到 6 年之后就会加速衰老，可以用每年新长出的嫩枝代替。

蓝莓同样也以灌木形态生长。单独一根枝条的寿命可达 10 年，随后便开始衰老，可用从土中长出的嫩枝代替。

葡萄和猕猴桃属于攀缘植物，需要支撑物。它们的支撑枝可保持多年生命力。

无花果和柿子都是具有稳定支撑结构的灌木。无花果较老的支撑枝会被冻死，需要用新的嫩枝来代替。在较冷的地区，这两种灌木都能作为盆栽种植。

## 浆果灌木的培育

和果树一样，浆果灌木也有不同的培育方法。

醋栗和鹅莓的传统培育方式是作为独立生长的灌木培育。但按照这种方式，枝条长到一定高度后便会弯折，需要修剪来使其转嫁至较低处的侧枝上，或者贴地面将其剪掉。如果为其增加支架或支撑用的木桩，则灌木可以长得更高，寿命也更长久。

高干醋栗和鹅莓是将其嫁接在树干上的品种。它们的寿命没有灌木长久，嫁接点是其弱点。

覆盆子和黑莓都需要支撑物，以防止长枝条在果实的重负下折断。这些浆果通常被多株一起培育成线形墙树，但也可以单独造型。黑莓可攀附在弧形支架上，覆盆子则以木桩为支架培育。

蓝莓通常以灌木形态培育，但也可以培育成高度 2 米以内的墙式灌木。

猕猴桃和葡萄虽然有稳定且寿命长久的支撑结构，但它们仍需要攀缘辅助物。侧枝经过严密的修剪，因此整体结构清晰。

无花果通常以灌木的形态培育，有多条支撑枝。要这些枝条保持健康、活力，就需要剪掉一年的基生枝。必要时可保留这些枝条作为替代。

猕猴桃通常作为嫁接的果树培育，但也可培育成有多条支撑枝的灌木。

鹅莓最佳的结果枝长在一年侧枝上。

# 红醋栗和鹅莓

红醋栗（*Ribes rubrum* var. *domesticum*，WHZ 4）果实口感清爽，鹅莓（*Ribes uva-crispa*，WHZ 5）略带酸味，各有风味。两种浆果灌木的生长和结果方式都非常相似，而且修剪方式也基本相同，但相对而言，鹅莓的长势不如红醋栗旺盛。

## 结果枝

红醋栗和鹅莓主要的结果枝为两年和更老枝条上长出的一年枝。结白果和粉红果的红醋栗品种也一样。修剪可促进一年结果枝的生长。红醋栗的此类结果枝长 5 ～ 15 厘米，鹅莓的结果枝则可达 20 厘米。虽然短枝上也会开花，但这种枝条上长出的鹅莓很小，红醋栗的花序则很短。通常在春季发芽前和夏季果实收获后进行修剪。

在修剪时如果需要剪掉整根枝条，一定要保证齐地剪掉，不能留下小木桩。从这些木桩上长出的嫩枝不如从土中长出的有活力。

## 种植时的修剪和培育

两种浆果都需在种植时剪掉细小且向内生长的枝条。留下 1 根主干和 4 根侧枝作为支撑结构，将这些枝条剪短三分之一至一半的长度，使侧枝最上方的叶芽向外，且主干最上方的叶芽位于上一年修剪过的伤口上方。下一年就无须再剪短支撑枝，只要疏剪其顶端即可。完全剪掉长势较弱的一年基生枝，留下长势旺盛的作为额外的支撑枝。在理想情况下，你可以培育出 10 ～ 12 根不同年份的基生枝作为灌木的支撑枝。在第一年，剪短一年基生枝，这样可促进其生长，避免之后弯折。第二年只需疏剪其顶端即可。

## 红醋栗

从第三年开始，每年春季都需要进行维护性修剪。

**维护性修剪** 首先齐地剪掉生长四年及以上的枝条，留下长势旺盛的一年枝作为代替，剪掉其他一年枝。修剪过长且不够稳定的两年至三年枝，将其转嫁至长在稍低处的侧枝上，并疏剪这

**1. 结果枝**

红醋栗（1）和鹅莓（2）主要在中等长度的一年侧枝上结果，黑醋栗（3）和杂交醋栗（见 251 页）主要在一年长枝上结果。

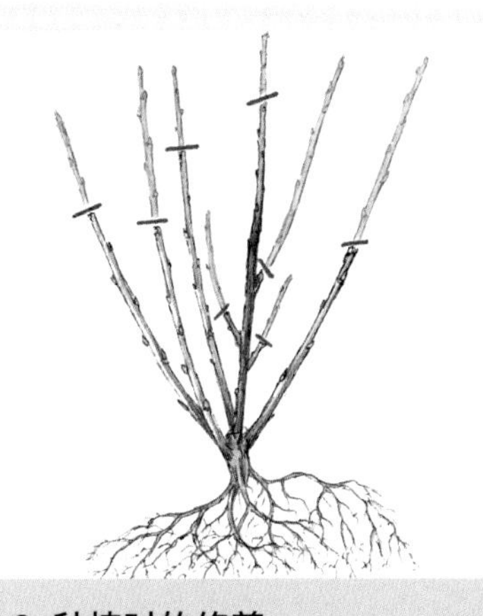

**2. 种植时的修剪**

选择最多 5 根长势旺盛的一年枝作为支撑结构，将其剪短约三分之一。剪掉其他所有多余枝条。侧枝最上端的叶芽应向外生长。

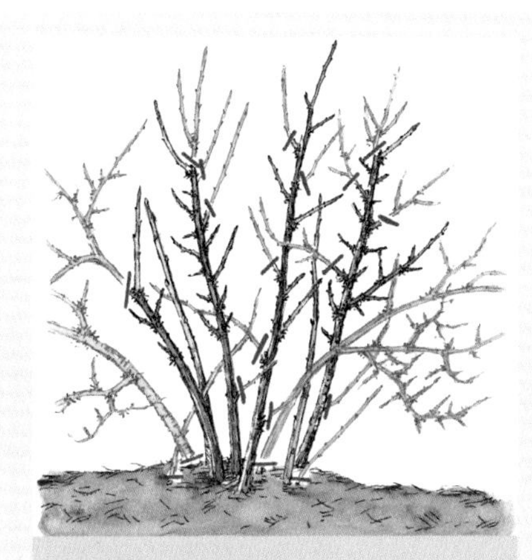

**3. 醋栗：维护性修剪**

用嫩枝代替 3 根较老的枝条。修剪分枝严重的支撑枝，将其转嫁至嫩枝上 . 把两年结果枝剪短成小木桩。

些枝条的顶端。把所有靠近地面的侧枝剪短至约 30 厘米。主干上每隔 10 厘米应该有一根一年侧枝。生长在其间多余的两年枝可剪短成 2 厘米的小木桩，从这些小木桩上会长出新的嫩枝，并在第二年成长为结果枝。将前一年的结果枝重新剪成小木桩。

**恢复性修剪** 齐地剪掉所有生长四年以上的支撑枝。你可以通过颜色来识别红醋栗的这类枝条：随着生长年限的增加，其颜色会从浅灰色变为深灰色。如果有从土中长出的一年嫩枝，留下这些枝条作为代替。如果没有这种嫩枝，说明这株灌木前几年剪枝力度不够。你需要疏剪老支撑枝的茎尖，修剪过长的枝条，使其转嫁至长在稍低处的一年侧枝上。把生长过密的侧枝或两年侧枝剪短成小木桩。一年结果枝则不需要剪短。

## 鹅莓

鹅莓的主枝经常因为果实的重负而垂至地面，因此，对其修剪的目的就在于尽可能地促进强健枝条的生长。

**维护性修剪** 在维护性修剪时，只选择最强健的一年枝作为老枝的替代。必要时，第二年也可适当剪短从土中长出的支撑枝，以使其长得更加结实。修剪过长或不稳定的支撑枝，使其转嫁至长在低处的侧枝上。鹅莓的支撑枝通常会比醋栗长出更多侧枝，因此也需要相应地加大剪枝力度。每 10 厘米支撑枝上应保留一根一年结果枝。将多余的，或已生长两年的结果枝剪短成小木桩。

红色的鹅莓长在一年的侧枝上。

**恢复性修剪** 鹅莓比红醋栗衰老得要快，一旦枝条衰老，其果实无法长大，而且枝条会垂在地面上。齐地剪掉所有衰老的枝条，即便这样做会导致灌木只剩下小部分枝条。然后，再像进行维护性修剪时一样培育从土中长出的新的嫩枝。

**4. 醋栗：恢复性修剪**

用嫩枝代替衰老的支撑枝。如果没有这样的枝条，剪掉老枝，将衰老的茎尖转嫁至富于活力的枝条上。

**5. 鹅莓：维护性修剪**

用嫩枝代替四分之一的支撑枝。修剪下垂的支撑枝，使其转嫁至嫩枝上。将侧枝剪短成小木桩。

## 夏季修剪

生命力旺盛的灌木可以轻松地在夏季进行修剪，不会对其生长造成负面影响。剪掉所有多余的基生枝和受损的侧枝，疏剪茎尖。

收获和修剪可以同时进行，这样可以从剪下的枝条上轻松地采摘果实。反之，剪短一年基生枝的工作则应在春季进行，这样能更好地刺激生长，且使枝条能更结实。

# 黑醋栗和杂交醋栗

虽然这两种浆果的果实口味酸涩，可能并不受所有人欢迎，但其丰富的维生素含量几乎没有别的果实可与之匹敌：黑醋栗（*Ribes nigrum*，WHZ 5）和杂交醋栗（*Ribes x nidrigolaria*，WHZ 5）是德国常见的水果中维生素 C 含量最高的品种。

## 结果枝

两种灌木都是自花结果型。它们的长势比红醋栗和鹅莓要旺盛。但同时，它们也衰老得更快，因为它们的果实主要长在一年长枝上（见 248 页，插图 1）。两种灌木的嫩枝，尤其是一年枝通常呈黄棕色，有光泽，随着树龄的增长则颜色变深。

杂交醋栗是黑醋栗和鹅莓杂交的结果，虽然它每个花序上长的果实数量和黑醋栗相仿，但每个果实的大小却是后者的两倍。在口味上，杂交醋栗也继承了黑醋栗和鹅莓各自的特色，但黑醋栗的香味更胜一筹。

## 黑醋栗

黑醋栗种植时的修剪和红醋栗类似（见 248 页，插图 2）。选择 4 根侧枝和 1 根主干作为支撑结构。由于植株通常长有生命力旺盛的嫩枝，最多将其剪短四分之一。

**培育**　黑醋栗的培育通常包括了约 12 根不同年限的基生枝。把长势旺盛的一年枝剪短四分之一，从两年枝开始就只进行疏剪或修剪使其转嫁。完全剪掉长势较弱的枝条，它们不适合作为支撑枝培育。

黑醋栗的果实属于维生素含量最高的水果之一。

**维护性修剪**　维护性修剪时，直接齐地剪掉四年及生长更久的枝条，用同样数量的长势旺盛的一年枝代替。你可以通过浅棕色的树皮颜色轻松地识别这些一年枝条。彻底剪掉多余的或长势较弱的枝条。修剪过长的支撑枝，使其转嫁至长得较低且向外生长的一年侧枝上。必要时疏剪这些枝条，以及其他支撑枝的顶端。把已经生长两年且受损的结果枝剪短成小木桩。每 10 厘米支撑枝长度只保留 1 根结果枝。如果这些枝条过短，将其剪短成小木桩，即便这样做会使结果枝的数量低于下限。经过维护性修剪后，灌木的外侧应只剩下一年长枝。不要剪短这些枝条，因为在这些枝条上会长出当年的花芽。

**恢复性修剪**　如果多年时间里只对黑醋栗进行少量修剪或未

**1. 黑醋栗：维护性修剪**

用嫩枝代替 3 根老枝。修剪支撑枝，使其转嫁至一年长枝上，剪短两年侧枝。

**2. 黑醋栗：恢复性修剪**

剪掉过老的枝条，将仍具备活力的枝条转嫁至嫩枝上。下一年选择最多 5 根嫩枝作为新的支撑结构。

修剪，其支撑枝会很快衰老。它会长出很短的一年枝，其花序上只结出一到两个果实。此外，如果灌木长得过于茂密，则阳光无法到达地面，也就无法长出新的基生枝。对于这种植株，需要齐地剪掉过老的枝条，即便剪完后只剩下四分之一甚至更少的枝条。在接下去的几年中培育新的基生枝作为代替的枝条。

修剪剩下的支撑枝，使其转嫁至低处的嫩枝，最好是一年嫩枝上。得益于灌木内部形成的养料储备，这个位置会长出新的枝条，并结出高品质的果实。疏剪顶端的扫把形分枝。下一年继续进行维护性修剪。

## 杂交醋栗

杂交醋栗长势明显比黑醋栗旺盛，但也有更多向侧边蔓生的枝条。如果不修剪，枝条很容易变秃，而且会长出扫把形的分枝。

**培育** 杂交醋栗最多由12根支撑枝培育而成。其基本原则和黑醋栗的培育相同。向内生长的侧枝需完全剪掉。从一开始就要修剪支撑枝，使其转嫁至长在低处的侧枝上，并对其疏剪。

**维护性修剪** 绝对不要剪短一年枝，这样做只会不必要地刺激其生长。为了减缓过旺的长势，可以在夏季收获果实后再修剪。如果当年的枝条长得过长，可以在六月底前剪短至少一半。它们在当年夏天还会长出明显较短的新枝。用嫩枝代替老基生枝，转嫁支撑枝。

**恢复性修剪** 如果杂交醋栗需要进行恢复性修剪，流程和黑醋栗类似。

## 修剪作为对植物的保护

春季，黑醋栗或杂交醋栗的一年枝上偶尔会长出明显圆形的叶芽，没有尖头，这种叶芽不会萌发。造成这种现象的原因是醋栗瘿螨。在三月初前趁瘿螨还没有扩散时剪掉这些枝条，不要用这些枝条做堆肥，而应直接作为垃圾处理。此外，也可用菜油产品喷洒这些枝条。黑醋栗中的“泰坦尼亚”（Titania）比较不容易受到侵袭。

此外，黑醋栗还容易受醋栗条锈病侵袭（Johannisbeer-säulenrost）。被这种病菌侵袭后，叶子背面会长出一层棕色的覆盖物，之后叶子凋落。病菌可在某些针叶植物上过冬，到第二年春天再回到醋栗灌木上。剪掉受袭的枝条。抗性较强的品种有“泰坦尼亚”（Titania）。

白粉病也对黑醋栗和鹅莓存在一定的威胁。如果已经受到感染，剪掉受袭的枝条，并扔进垃圾桶处理掉。如果要采用花园中可用的针对白粉病的植物保护剂，包括生物产品，应提前采取措施，以确保其发挥作用。但最好的防护措施就是选择具有抗性的品种。对这些品种来说，一般至少果实不会受到侵袭。

**3. 杂交醋栗：纠正生长**

杂交醋栗通常会蔓生出下垂的枝条。这些枝条当年就应剪短一半。修剪分枝的枝条使其转嫁。

**4. 杂交醋栗：维护性修剪**

用幼嫩的基生枝代替已生长四年的枝条，修剪支撑枝，使其转嫁至低处的枝条上，以保证植株不会变秃。

# 纺锤形、墙树和小高干

高干型浆果所需空间较小，但生命周期比灌木要短。

如果你能利用的空间很小，则纺锤形和墙式的浆果相对于大型灌木来说是不错的选择。由于它们几乎到地面为止都长满了侧枝，因此能结出丰硕的果实。同样，小高干也只需相对较小的空间。而且，它们的造型非常有趣：可以种成一条“小路”，或者和高干玫瑰组合种植。醋栗、鹅莓或杂交醋栗都很适合这三种形态。

## 纺锤形浆果

纺锤形浆果本质上是一株单臂的墙树。

**培育** 要将浆果灌木培育成纺锤形，可以把一根生长已超过四年的基生枝拉高绑到 1.8 米高的木桩上，之后就不要再剪短这根枝条。每年剪掉一部分其他基生枝。主干上的侧枝保持在每 10 厘米距离一根，其他多余的都剪短成 2 厘米长的小木桩，生长两年且已有损伤的枝条也同样处理。这可以刺激植物长出新的结果枝。5 ～ 7 年后用新的基生枝代替主干。

**维护性修剪** 前一年春季修剪留下的木桩会长出一年枝。剪掉这些枝条中长势最弱的。把有损伤的两年侧枝剪短成小木桩。为了使下端的侧枝不衰老，在春季将其剪短成小木桩，这样就能有足够的阳光照进纺锤形的下部。如果在靠近主干顶端的位置长出了生命力旺盛的嫩枝，则将老的主干顶端转嫁至这根嫩枝上，并将其向上扎起作为新长长的枝条。

## 墙式浆果

墙式浆果的培育需要将 2 ～ 4 根基生枝拉高绑到木质或铁丝支撑结构上，不要剪短这些枝条。垂直的枝条应在铁丝上保持 20 厘米的间距，这样可保证每根枝条都得到充足的光照。5 ～ 7 年后，用新的基生枝代替这些枝条。支撑枝上每隔 10 厘米保留一根结果枝。剪掉多余的、相互交叉或长势过弱的结果枝。用这种方式你可以将长势旺盛的醋栗培育至 1.8 米高，鹅莓培育至 1.5 米高。如果你想在同一排种植多株墙式浆果，应保持 3 米的间距，这样可保证靠近地面的区域也能获得充足的光照。

## 小高干浆果

小高干浆果的生长周期不长：通常经过约 10 年的时间其树冠就会枯萎。这种植株一般需要坚固的支撑物。可选择硬木木桩。商店里能买到长 1.5 米、边缘宽度 2.5 厘米的刺槐木桩。通常它们能保存 10 年。将木桩敲入地面，至其稳定，且上端仍能够到树冠。为了防止树冠折断，将其绑在木桩上，主干需绑两圈。

**红醋栗和鹅莓** 要将这些浆果灌木培育成小高干，在构建树冠的支撑结构时，需要选择 1 根主干和 4 根均匀分布的水平侧枝。在前三年中将这些枝条的顶端分别剪短约二分之一，并对其进行疏剪。在其后几年中，将其转嫁至低处的侧枝上，并继续疏剪。支撑枝的长度不能超过 30 厘米，其侧枝发展为结果枝。将生长过密的枝条和两年枝剪短成小木桩。剪掉长在支撑结构最内侧 5 厘米上的侧枝。小高干是在树冠的高度嫁接的，需要避免在嫁接点造成伤口，否则会导致树冠枯死。

**黑醋栗**　这种浆果的小高干由 1 根主干和 6 根均匀分布的水平侧枝组成。在第一年，将这些枝条剪短一半。此后，每年都将支撑枝转嫁至更靠近内侧且向外生长的一年侧枝上。两年侧枝剪短成小木桩，以刺激新的结果枝的生长。可以在收获果实后直接进行这些修剪。但修剪的力度要比红醋栗大，因为需要促进黑醋栗一年长枝的生长。为了避免树冠在自身重量和果实的重负下折断，每年都需要检查黑醋栗是否牢固地绑在木柱上。

## 除去徒长枝

小高干浆果在树冠的高度嫁接在金醋栗上，因此经常会长出徒长枝。大部分这种枝条都是从土里长出的，还有小部分直接长在主干上。这些枝条会削弱主干的生命力，限制向嫁接品种输送养料。在夏季趁枝条还未木质化就拧掉主干上的徒长枝，土里长出的徒长枝则需挖开土至枝条所在根上的基部。如果枝条还是绿色的，可直接拔掉，如果已木质化，则需用剪刀将其从根上剪下。用叉子松土，不要用铲子，因为后者很容易伤到根部。

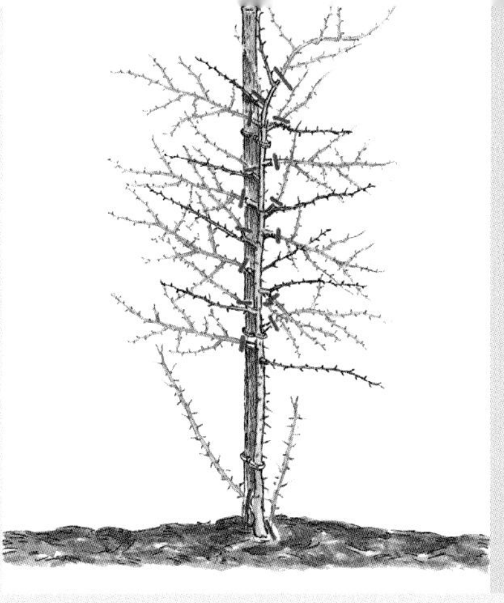

**1. 纺锤形浆果**

将 1 根基生枝绑在木柱上作为主干，剪掉其余基生枝。每隔 10 厘米保留 1 根结果枝。将其他多余的以及生长两年的结果枝剪短成小木桩。保持纺锤形上端纤细。

**2. 红醋栗和鹅莓的小高干**

两种浆果都应有 1 根主干和 4 根侧枝作为支撑结构。结果枝长在主干上，且每年都会被新的结果枝代替。将老枝剪短成小木桩。

**3. 黑醋栗小高干**

由于结果枝只由一年长枝组成，除了主干外，还需 6 根支撑枝。每年都将这些支撑枝转嫁至一年侧枝上。将两年侧枝剪短成小木桩。

**4. 小高干：徒长枝**

夏季趁枝条还是绿色，拧掉主干上的徒长枝。如果枝条从土中长出，用叉子挖开土壤，直接在根部拔掉徒长枝，如果已经木质化，则将其剪掉。

# 覆盆子：从初夏延续到秋季的美味

由于存在不同的品种，人们从夏季到秋季一直都能享用美味的覆盆子。

由于其独特的芳香，覆盆子（*Rubus idaeus*，WHZ 3）堪称是最受欢迎的浆果之一。它们喜欢夏季保持湿润、通气且腐殖质丰富的土壤。初夏结果的品种会长出长长的枝条，第二年在这些枝条的侧枝上结果。由于这些枝条在采摘果实后就会枯死，而且很容易受细菌感染，因此需要将其剪掉。秋季结果的覆盆子在当年生的枝条上结果。

## 初夏结果品种

这种覆盆子通常在一个高1.8米，至少有三根横铁丝的支架上培育。每隔10厘米保留一根长势旺盛的枝条，并将它绑定。使用包裹纸的铁丝或柳枝，以避免对枝条造成伤害。先把用来捆缚的材料缠在支撑的金属丝上，然后再绑住枝条。为了保证所有的养料都集中在该枝条上，在夏季就需要剪掉其他所有多余的枝条。到第二年春季将该枝条重新剪短至1.8米。收获果实后，将其彻底剪掉，并重新培育新的嫩枝。

## 秋季结果品种

像“秋福”（Blissy）品种生长和结果都在同一年完成，其果实也长在当年的枝条上。它们长在1.2米高的铁丝栅栏上，且不需要绑住。结完果的枝条可以一直留到第二年初夏，还会结出少量果实。但要想在秋季收获最佳的果实，最好在春季就齐地剪掉所有老枝。新长出的枝条会重新结出高品质的果实。

## 用木桩固定的覆盆子

如果可用空间很小，也可以利用一根2米高的木桩进行培育。每年最多绑定5根均匀分布的嫩枝，第二年春季将这些枝条剪短至木桩的高度。到初夏这些枝条上就会向阳长出结果枝。

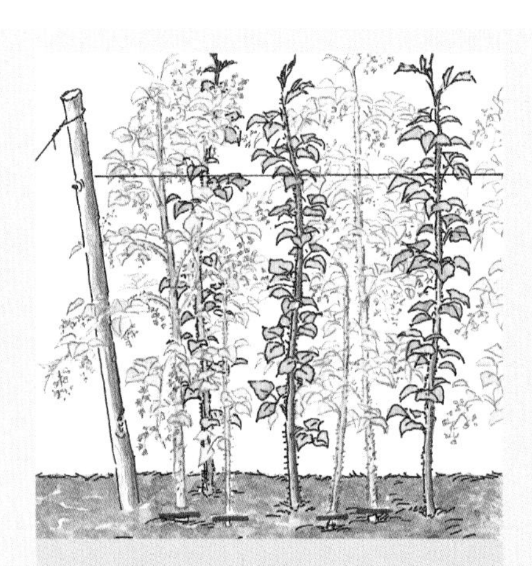

**1. 初夏结果品种**

每一米铁丝上绑定10根长势旺盛的覆盆子枝条。彻底剪掉其余枝条，结果后的枝条也要剪掉。

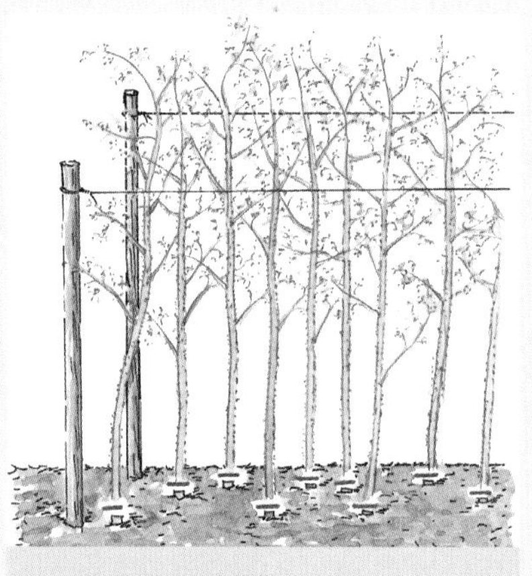

**2. 秋季结果品种**

春季剪掉所有前一年的老枝，当年长出的新枝会长得更加旺盛，结出的果实也更优质。

**3. 用木桩固定的覆盆子**

如果可利用空间很小，也可以用木桩进行培育。每年留下5根长势旺盛的枝条，并将其绑定，剪掉其他所有多余的枝条。

# 黑莓：酸涩的美味

黑莓（*Rubus fruticosus*，WHZ 5b）是覆盆子的酸涩暗色的近亲。它们可自花结果，会长出长长的枝条，第二年在其侧枝上结果。黑莓喜好夏季保持湿润且透气的土壤。和覆盆子一样，黑莓也是在类似树墙的架子上培育。支架最高可做成 2 米，横向有 4 根均匀分布的铁丝。首先把缠裹住的铁丝或绳子固定在支架上，防止其滑动，然后再松松地绑定枝条，这样用来固定的材料才既不会擦坏也不会勒进枝条。需要注意的是，对于没有刺的黑莓来说，黑色的果实不一定已经完全成熟，必须是在采摘时几乎要掉落下来的才算成熟，果实也才会美味。

## 春季修剪

黑莓不需要有目的的培育，因为它们没有固定的支架结构。

黑莓每年会长出长达 5 米的枝条，第二年这些枝条上会结出果实（见插图 1）。在 3 米的距离内，每年可保留 5～7 根当年生的长枝。这些枝条还会在当年长出长达 1 米的侧枝。不要剪短这些枝条，将它们编到支架中，这样所有叶子都能作为储备物资保留下来。在第二年春季发芽前将侧枝剪短至剩下 3 个叶芽，将主枝剪短至 3 米。没有这些严格的修剪，植株只会结出低品质的小果实。修剪后，将枝条绑到 2 米支撑物的方向上。每根枝条应保持约 30 厘米的距离。已经采摘完果实的枝条在采摘结束后就应齐地剪掉。

没有刺的黑莓在自己似乎要脱落的时候才完全成熟。

短枝的新品种如“纳瓦霍人”(Navaho)和“内西”(Nessy)的生长基本和长有短基生枝的茂盛的覆盆子类似。种植时应保持 2 米的间距，最多可留下 8 根一年枝。在春季将这些枝条剪短至 2 米，将其呈扇形绑在支撑物上。

**1. 结果的侧枝**

黑莓子在夏季会长出多根长势旺盛带长侧枝的基生枝，第二年这些侧枝上会结出果实。

**2. 春季修剪**

将主枝剪短成 2～3 米，侧枝剪留 3 个叶芽。然后将这些枝条在支撑物上以扇形均匀分布，并将其绑定。

## 冬季防护

在较冷的区域，黑莓经常会因为受冻而使下一年的结果量受到影响。在可能受冻的区域，秋季就将枝条从支撑物上松开，绑成束后以与攀缘辅助物平行的方向放至地面。用冷杉枝覆盖。等春季不再有严霜威胁后，除掉保护物，修剪枝条并将其绑至支撑物上。保留这些冷杉枝，在晚霜来临时将其挂在攀缘辅助物上。

蓝莓最优质的果实长在充满活力的一年侧枝上。

# 蓝莓：保留着野味的浆果

经过培育的蓝莓（*Vaccinium corymbosum*，WHZ 5）和黑果越橘（*Vaccinium myrtillus*，WHZ 1）相似，只不过其果实更大，且蓝色果肉更加厚实。

蓝莓喜欢酸性土壤，因此，可以用树皮或锯木屑为土壤增加养分。厚度不超过20厘米的树皮覆盖物也对其颇有好处（见插图3）。

蓝莓的生长周期长达数十年，为自花结果型，果实长在一年长枝的顶端，之后便长在其一年侧枝上。在春季发芽前修剪。

## 培育

蓝莓的支撑结构由多达10根基生枝组成。每根枝条都能保持约10年的生命力。在种植后的第一年需除去花朵。虽然这样会导致无法结果，但可以使养料集中于植株，使根系更加健壮。

## 维护性修剪

修剪的目的是为了促进支撑枝上一年侧枝的生发，因为这些枝条是最佳的结果枝。每年齐地剪掉一根支撑枝，留下一根新的一年枝作为代替，剪掉其他一年枝。为了更方便在灌木基部修剪，可以挖开一部分覆盖物。第三年后，可以修剪支撑枝和侧枝的顶端，将其转嫁到一年枝上。为了使阳光能更好地照进灌木内部，对上部分侧枝的修剪力度应大于对下部分侧枝的修剪力度。

## 恢复性修剪

几年后，结果枝就会分枝，此时长出的果实很小。需要定期将分枝靠近支撑枝或直接在支撑枝处转嫁至一年侧枝上。对于衰老的支撑枝应齐地剪掉，在后面几年中培育新的嫩枝作为代替。注意更新覆盖物，并对植株施用有机肥。

**1. 维护性修剪**

每年齐地剪掉一根支撑枝，并用嫩枝代替。把分枝的支撑枝顶端转嫁至长在较低处的一年枝上。

**2. 恢复性修剪**

几年后，结果枝分枝会越来越多，果实无法长大。此时需将枝条顶端在靠近支撑枝处转嫁至生命力旺盛的嫩枝和侧枝上。

**3. 覆盖物**

蓝莓喜好夏季保持湿润、透气的酸性土壤。你可以施用新鲜的树皮覆盖物，厚度最高20厘米，每三年需更换一次。

# 草莓：每个花园都适合的经典浆果

选对品种整个夏季都能收获草莓。

经过培育的草莓（*Fragaria* x *ananassa*，WHZ 5）几乎是每个花园都不可错过的浆果品种。草莓大部分品种都可自花结果，但也有一部分在旁边种上授粉品种后能结出更多的果实。从多年生的块根上每年都会长出嫩芽，单独的植株几年后就会衰老，但会长出带有幼苗的匍匐茎。只结一次果的草莓品种在上一年秋季就会长出花芽。植株在这段时间里长得越旺盛，长出的花芽就越多。因此，最好在八月初就种下草莓。对植株稍加遮阴，并定期浇水，对其生长很有好处。四季结果的品种第一季果实的花芽同样在前一年秋季长出，但它们还会在夏季长出新的花芽，继而开花结果。

## 结一次果的品种

草莓可以种植一年或多年。但为了不造成土壤贫瘠，最多在种植三年后就应更换地方，重新种植新的幼苗。

如果要将草莓植株留到下一年，则需在采摘果实后对其进行修剪。去掉老叶，但注意不要损伤心叶，这里会长出新的叶子和花芽。把光秃的枝条剪短至基部的小短桩处，每个块根只需留 5 片心叶即可。剪掉匍匐茎。然后给每平方米土地施加 5 升堆肥，并填入土中。此后就不需要再翻锄草莓植株之间的土地，只需用叉子适当松土即可。

## 四季结果品种

四季结果品种夏季会在嫩枝上开花，春季修剪时只需剪掉老枝即可。五月份除掉第一批花朵，这样植株可以为夏季和秋季的果实保存养分。定期去除匍匐茎。

## 草莓地

草莓地是指草莓平铺生长的一块花坛。每两年就需在夏季清理掉一部分植株，用堆肥为其施肥。幼嫩的匍匐茎很快就会覆盖花坛，恢复整体的造型。适合的品种有“佛罗里卡”（Florika）和“斯巴德卡”（Spadeka）。

## 野草莓

野草莓“亚历山德里亚”（*F. vesca* var. *hortensis*，WHZ 5）的果实口感和欧洲草莓很像。它们不长匍匐茎，也可作为小型花坛的边缘装饰植物。每三年就需将这些植物分株重新种植，使其恢复活力。

**1. 修剪草莓**

采摘后剪掉老叶，不要伤到心叶。长得过远且已光秃的枝条可靠近地面剪掉。

**2. 草莓地**

在草莓地中植株可自由生长，最终覆盖整个地面。需要不定时清除掉其中约三分之一的植株。用秸秆覆盖可以保持果实清洁。

# 葡萄：传统的栽培植物

葡萄（*Vitis vinifera* subsp. *vinifera*，WHZ 7a）是一种古老的栽培植物。如果选择合适的品种，人们连续几周都能享用到新鲜的葡萄。葡萄是攀缘植物，在自然界中，它们的攀缘茎会攀附到其他植物上（见 23 页）。而在花园中，人们则需要将它们绑到攀缘辅助物上。除了专门用来酿酒或做果汁的葡萄外，还有鲜食的品种。它们的果实更大，酸度更高。

传统的品种很容易被病菌侵袭，但近几年已经开发出了具有抗性的品种。对病菌具备抗性的鲜食品种有“比安卡”（Bianca）、“马斯喀特蓝”（Muscat Bleu）和“凤凰”（Phoenix）等。“摄政王”（Regent）是一种红色的酿酒品种，其叶子在秋季会变红。

在葡萄园里，人们通常将其培育成只由矮小的主干和一年枝组成的植株。一年枝被剪短至只留下 10 ～ 12 个叶芽。攀缘在墙上的经典造型通常为单臂或分枝的带形（见 242 页）。

虽然葡萄的花芽长在当年枝的下半部分，但其花芽在前一年就会长出。修剪可在春季，也可在夏季进行。

## 培育

墙式葡萄是通过将一根或多根支撑枝牵引至金属、铁丝或木质攀缘辅助支架上培育而成的。支撑枝每年可增长 7 个叶芽，但最多只能长长 1 米。如果有多层垂直的支撑枝，则每根枝条都只能按照这个规定增长。两层之间的距离至少需为 60 厘米。最长可达 10 米的支撑枝可保持长达数十年的活力。只有在特殊情况下才需要用嫩枝来代替这些枝条。从支撑枝上长出的侧枝为结果枝。你需要通过每年的修剪来保持植株鲜明的结构。没有定期修剪，枝条的长势将非常混乱，分层结构也将不再明显。

## 夏季修剪

第一年支撑枝的每个叶芽都会长出一根侧枝，在这些枝条的下半部分通常会结出两串果实。如果枝条在七月中或七月底前长

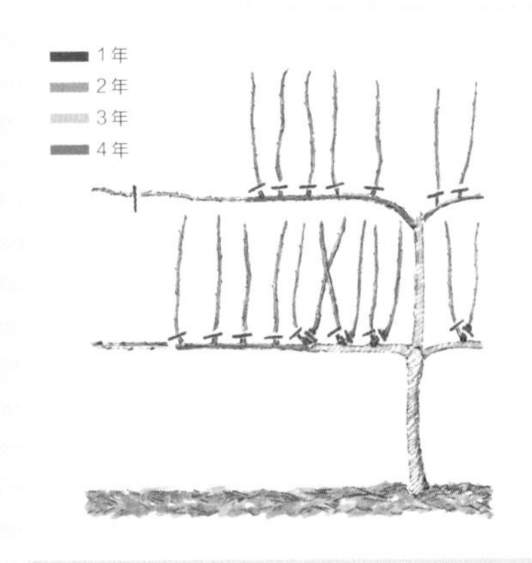


**1. 培育**

每年使每一层的支撑枝朝各个方向长长 1 米，侧枝长成结果枝。每年都需将这些侧枝剪短至只剩 2 个叶芽处。

**2. 结果枝**

结果枝从支撑枝上分枝而来，每根结两串果实。将这些结果枝剪短成只留 2 个叶芽的长度，当年的花芽就长在这些枝条上。

**3. 墙式结构**

没有叶子时能清楚地看到枝条的结构。春季，将支撑枝上外围前一年的结果枝剪短成只剩 2 个叶芽的长度。

出了 10～15 片叶子，将其剪短至最上端果实上方 2～4 片叶子处。这样，夏季葡萄树的养料不会被用于无谓的枝条生长，而是被用来促进果实的生长。八月前，切口处最上端的叶芽上会长出新的枝条。定期折掉这些枝条。对于幼嫩的葡萄树，可能得多次折掉这种新的枝条，而较老的植株则只需折掉一次。经过这样的夏季修剪，植株可保持结构清晰，且能促进果实生长。

## 春季修剪

第二年春季，根据需要，使支撑枝继续长长 1 米。所有老化的枝条都剪短至剩 2 个叶芽。这些枝条又会长出两根新的结果侧枝。如果你在下一年继续将这些枝条剪短至剩下 2 个叶芽，则植株分枝会越来越严重。因此，在多年结果枝上，需要将两根结果枝中靠外的一根完全剪掉，靠近内侧的则剪短至只剩 2 个叶芽处。这样，多年后，支撑枝的每个叶芽处仍然只长出两根结果枝，它们能获得充足的养料，并结出美味、高品质的葡萄串。

## 恢复性修剪

如果某条支撑枝在数年后长势开始减弱，可对其进行恢复性修剪。但需要注意不能造成太大的伤口，因为葡萄树愈合伤口的能力不强。如果在植株基部或主干上长有生命力旺盛的嫩枝，则可将其与现有的支撑枝共同沿攀缘辅助结构培育几年，然后再将老的支撑枝修剪成小木桩以转嫁至该嫩枝上。同样，这条嫩枝每年也只能长长 1 米。如果没有这样的嫩枝，可将整根支撑枝剪短成主干上或地面上的小木桩。虽然这样做会导致整个墙树结构留下缺口，但第二年，修剪口上就会长出生命力旺盛的嫩枝。留下这些枝条中长势最旺盛的一根，在夏季剪掉其他多余的嫩枝。绑定剩下的枝条，在第二年春季将其剪短至 1 米长。在其后几年中，重复培育时的修剪步骤。

培育良好的葡萄藤在支撑枝上结出最好的葡萄。

## 预防虫害

只选择嫁接的葡萄树种植。它们对葡萄根瘤蚜的抗性比非嫁接的品种要强。嫁接点一般位于地面上方 15 厘米处。种植后在其周围盖上土，这样可使植株更加稳定。葡萄树还容易受葡萄瘿螨的危害。这种虫子会导致叶片上出现变色的拱形，很容易演变成病菌。一旦出现这种状况，就无法再完全摆脱，每年都需要在春季发芽前喷洒生物药水。

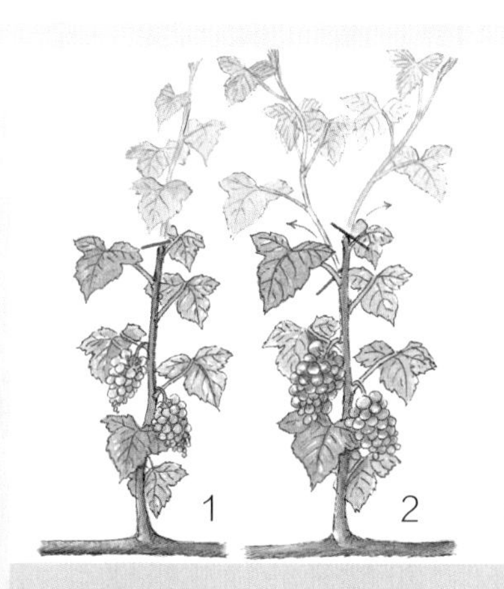


**4. 夏季修剪**

将结果枝剪短至留下最上端的葡萄串上方 2～4 片叶子处（1），这样养料将被用于促进果实的生长。折掉顶端长出的枝条（2）。

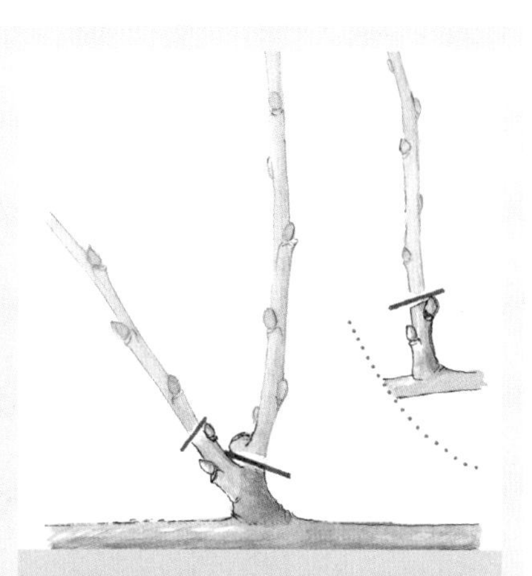

**5. 春季修剪**

将结果枝剪短至只剩 2 个叶芽处。如果已经有两根枝条，则完全剪掉外侧的一根，内侧的剪短至只剩 2 个叶芽处。

# 猕猴桃：来自异国的美味

雄花花粉为粉状，子房和花柱较小。

猕猴桃是来自远东的异国美味。它们源于中国南部，因此也被称为中国鹅莓，在德国只能种植在气候温暖的区域。有两种不同的种类：大果（*Actinidia deliciosa*，WHZ 6b）和小果（*A. arguta*，WHZ 5b）的猕猴桃。后者对霜冻的抗性更强，表皮光滑，可食用，长势相对较弱。

猕猴桃喜欢腐殖质丰富、排水性好且夏季仍保持湿润的土壤，种植的位置需要有所防护，东面或西面的墙边都很合适。

猕猴桃是和狗枣猕猴桃（见194页）类似且长势旺盛的卷攀类植物，攀缘在稳定的攀缘辅助物上。大部分品种为雌雄异株（见小贴士），因此，要想能收获果实，必须同时种植雌株和雄株。

花芽长在当年生的侧枝上，但在前一年的一年侧枝上就已开始酝酿。如果这些枝条受晚霜侵害，虽然还会长出新的嫩枝，但没有花芽。

雌花的子房上可以看到明显的辐射形花柱。

两种果树的修剪方式相同。通常在春季发芽前和夏季修剪。

## 培育

由于支撑枝可预见性地每6～8年就会被冻死，因此人们并不对其进行大动干戈的培育，而是以较小的间距种植多株植株。一般2～3年后就能收获第一批果实。猕猴桃植株一般培育成由一根主干和水平分枝的支撑枝及其结果侧枝组成的植株。支撑枝每年长长约1米，各层之间应保持0.8米的间距。

**! 猕猴桃的结果**

大果品种猕猴桃的雄花可以为大果和小果的雌花授粉，而小果的雄花只能为同种的雌花授粉。大果的“詹妮”（Jenny）品种为自花结果型，但有雄性植株时结果量会增加。迷你品种也一样。

**小果猕猴桃**

果实结成小串，且表皮光滑，有不同颜色的品种。和大果猕猴桃一样，小果也含有丰富的维生素C。

**稳定的攀缘辅助支架**

小果猕猴桃长势比大果要弱，但同样需要支撑物，供支撑枝攀缘。攀缘辅助支架的高度应为2米左右。

## 夏季修剪

在夏季将结果侧枝剪短成 1 米，拧掉之后长出的嫩枝，避免枝条纠缠。支撑枝长长的部分剪短至 1.5 ～ 2 米，将其绑到攀缘支架上。如果枝条缠绕在支架上，则将其松开后再绑住。

## 春季修剪

在第二年春季将受损的侧枝剪短成 5 厘米的小木桩，除去由此长出的分枝。如果较老的分枝生长明显减缓，则将其靠近支撑结构修剪转嫁至相对幼嫩的枝条上。如果支撑枝继续长长，则可以利用长在枝条顶端的侧枝，将其剪短至 1 米并绑到支撑结构上。

## 恢复性修剪

如果侧支撑枝在 5 ～ 10 年后衰老，在发芽前将其靠近主干修剪并转嫁至生命力旺盛的一年枝上。将其剪短至 1 米并绑到铁丝上。植株在修剪后会流出大量汁液，但这比因过早修剪而由霜冻造成的损伤要小。初夏长出的侧枝又会在下半部分结出果实。然后按照春季修剪的方法进行修剪。把因霜冻而死亡的枝条一直修剪到尚保持活力的部分。

**1. 夏季修剪**

在初夏将结果侧枝剪短至约 1 米，通常是在最上端的果实上方保留 4 ～ 8 片叶子。如果在同一个夏季修剪口下方长出了侧枝，则将其完全除去。

**2. 春季修剪**

在发芽前将受损的侧枝剪短成约 5 厘米的小木桩。修剪口处可能会长出新的分枝。如果长势减弱，可将其剪掉一部分。将支撑枝长长的部分剪短至 1 米，并绑到攀缘辅助支架上。

**3. 恢复性修剪**

如果支撑枝衰老，或在霜冻后枯死，则将其转嫁至富于活力的嫩枝上，重新构建支撑结构。用靠近支撑结构的嫩枝代替衰老的结果枝，并按照春季修剪的方法将其剪短。避免造成大的伤口。

无花果一年枝上的果实完全成熟。

# 无花果：适合花坛和盆栽的甜蜜果实

无花果（*Ficus carica*，WHZ 8a）是来自南方的问候。在德国只有葡萄酒产地的气候才适合无花果过冬。商店里出售的“拜仁”无花果非常耐寒。排水性好的土壤可以增加其耐寒性（见24页）。在德国可以培育的品种无须授粉就能结出无籽的果实。

无花果当年的第一批果实长在充分成熟的一年枝上。果芽前一年夏末便已经长出。这些无花果会在盛夏时节成熟。第二代果实长在当年的枝条上。在温暖的夏季，只有枝条下半部分的果实成熟，其余果实会被冻掉。

## 培育

移栽的无花果可以选择3～5根生命力旺盛的基生枝作为支撑结构，彻底剪掉长势较弱的枝条。树苗在冬天可用杉树枝防护保暖。对于盆栽无花果，可以培育成有1根主干和4根侧支撑枝的结构。

## 春季修剪

维护性修剪可在春季发芽前直接进行。5～10年后，用从土中长出的嫩枝代替原来的基生枝。不要剪短这些枝条。将分枝的支撑枝转嫁至较低处的一年侧枝上并疏剪枝条顶端。支撑枝上每隔15～20厘米保留一根一年结果枝，把较老的枝条转嫁到靠近支撑结构的一年枝上，或剪短成5～10厘米的小木桩（见插图2）。这些树枝会长成下一年的结果枝。

## 夏季修剪

在夏季进行第二次维护性修剪可阻止秋季果实长出。为此，需要在八月将茂盛的当年枝剪短至剩下6～8片叶子处。接着长在较低处的叶芽便会发展为过冬的果芽，并在第二年夏季结出果实。用嫩枝代替衰老的基生枝，并重新进行培育。

**1. 春季修剪**

将分枝的支撑枝顶端转嫁至一年枝上。保留一年侧枝，较老的转嫁至靠近支撑结构的枝条上，或剪短成小木桩。

**2. 促进结果枝生长**

只有生命力旺盛的一年枝才能长出完全成熟的果实。因此，每年都需要将分枝的结果枝转嫁至一年枝上。

**3. 盆栽无花果**

盆栽无花果通常都有1根较短的主干，由主干和4根侧枝组成支撑结构。每年都可以在支撑结构上培育出新的结果枝。

# 柿子：和西红柿一样大的果实

巨大的柿子果实散发出甜蜜的香气，酸味很少。

柿子（*Diospyros kaki*，WHZ 8a）是果树中极具异国风情的一种。它能长成巨大的灌木，但通常被作为果树栽培。树高可达 5 米，具有宽阔的树冠。树叶在秋天变黄。橘红色的果实在十月底到十一月初时成熟，在凉爽的环境中还能保存几周。新鲜果实口感极佳。弗吉尼亚柿（*D. virginiana*，WHZ 7a）耐寒性极佳。它们结出的小果只有在完全成熟后才美味。

柿子在葡萄酒产地的气候中种植在不受风吹的位置时可过冬。喜好轻微酸性、排水性良好且较厚又丰饶的土壤。果树可抵抗低至 -15 °C 的低温，但如果是春季发芽时，温度低于 -5 °C就会对其造成伤害。主要在一年枝的上半部分开花，果实很重，因此枝条在夏末时会因为果实的重量而下垂。七月初对其施肥。在春末发芽前进行修剪，必要时夏季再进行一次修剪。

### 培育

将柿子培育成有 1 根主干和 3～4 根侧枝的支撑结构。在最初的 3 年中每年将这些枝条剪短三分之一，可促进其生长。在最初的 2～3 年中除掉支撑枝顶端的所有果实，否则果实会导致这些枝条下垂。保留支撑枝上的水平侧枝作为结果枝。剪掉笔直或向内生长的枝条。同样，徒长枝也在夏季剪掉。

### 维护性修剪

剪掉直立生长或向内生长的枝条。把下垂的支撑枝顶端转嫁至长在稍低处且斜向上生长的嫩枝上，并疏剪新的枝条顶端。将多年结果枝靠近支撑结构转嫁至一年枝上。结果枝长度不能超过 50 厘米，否则会在果实的压力下折断。必要时除掉多余的果实。

### 恢复性修剪

将衰老或严重分枝的支撑枝转嫁至稍低处的嫩枝上并对其疏剪。把衰老的结果枝转嫁至靠近支撑结构的侧枝上。如果没有嫩枝，则将其剪短成 5～10 厘米的小木桩，长出嫩枝后再将其剪至上方第一根生命力旺盛的枝条处。长出的嫩枝中只留下 1～2 根水平生长的枝条。

**1. 培育**

支撑结构由 1 根主干和 3～4 条侧枝组成。剪掉直立生长的枝条。将支撑枝剪短一半，并进行疏剪。

**2. 维护性修剪**

剪掉直立枝。把分枝或下垂的支撑枝顶端转嫁至嫩枝上并疏剪。转嫁下垂的结果枝。

### 野樱莓 *Aronia melanocarpa*，WHZ 5b

**概述：** 野樱莓耐寒，不喜向阳处含石灰质过高的土壤。伞形花序为白色，结黑色果实，叶子在秋季呈鲜亮的红色。花开在一年侧枝上，发芽前修剪。**培育：** 由 5 ～ 7 根不同年份的基生枝组成，疏剪枝条顶端。**维护性修剪：** 7 年后用嫩枝代替支撑枝，将分枝的顶端转嫁至低处的嫩枝上并疏剪。**恢复性修剪：** 齐地剪掉衰老的支撑枝，培育嫩枝作为代替，剩下的转嫁其顶端。

**生长高度：** 1 ～ 3 米
**收获期：** 八月

### 巴婆树 *Asimina triloba*，WHZ 6

**概述：** 巴婆果的口味混合了香蕉、芒果和凤梨的口感。它们偏好夏季仍保持湿润且排水性好的土壤。种植时选择自花结果的品种。暗红色的花开在一年侧枝上。在春季发芽前修剪。**培育：** 由 1 根主干和 4 根侧支撑枝组成。在第一年剪短这些枝条，之后就只进行疏剪。**维护性修剪：** 彻底剪掉直立的枝条，疏剪支撑枝和结果枝顶端，将分枝的结果枝靠近支撑结构转嫁至一年枝上。**恢复性修剪：** 将衰老的枝条转嫁至靠近内侧生长的嫩枝上，避免造成大的伤口。

**生长高度：** 3 ～ 6 米
**收获期：** 八月到十月

### 欧洲栗 *Castanea sativa*，WHZ 6a

**概述：** 欧洲栗偏好石灰质含量低且排水性好的土壤。雌花和雄花序分别长在不同植株上。嫁接的品种果实较大，且树冠较小。花开在一年侧枝上，结果枝可保持多年活力。在夏季进行抑制生长的修剪。**培育：** 由 1 根主干和 4 根侧支撑枝组成，只疏剪其顶端，剪掉直立枝。**维护性修剪：** 基本不需要，剪掉向内或直立生长的枝条，疏剪枝条顶端。**恢复性修剪：** 剪掉生长过密或分枝的枝条或将其转嫁，避免造成大的伤口。

**生长高度：** 15 ～ 30 米
**收获期：** 10 月

### 蓝靛果忍冬 *Lonicera caerulea* var. *kamtschatica*，WHZ 3

**概述：** 蓝靛果忍冬偏好石灰质含量低的土壤，生长形态为较小的灌木，三月即开花。果实味道与蓝莓相似。在两年长枝的一年侧枝上开花，春季进行修剪。**培育：** 由 7 ～ 10 根基生枝组成支撑结构，对其进行疏剪，过长的枝条在六月底前剪短一半。**维护性修剪：** 5 ～ 8 年后用嫩枝代替支撑枝，将枝条顶端转嫁至较低处的一年枝上，并疏剪。将较老的结果枝在支撑枝上剪短成小木桩。**恢复性修剪：** 剪至基部，培育新的嫩枝。

**生长高度：** 1 ～ 1.5 米
**收获期：** 五月

WHZ= 可过冬区域（见 304 ～ 305 页卡片）

生长高度：2～3米
收获期：八月到十月

### 枸杞 *Lycium barbarum*，WHZ 5b

**概述：**枸杞树几乎可以在任何区域生长，会长出长且悬垂的枝条。果实通常经加工或干燥。花开在一年长枝或当年枝上。在发芽前进行修剪。注意：枝条带刺。**培育：**由5～7根基生枝组成支撑结构，对其疏剪。**维护性修剪：**5年后用嫩枝代替原有基生枝，将长长的枝条顶端转嫁至低处的侧枝上，夏天剪掉多余的当年枝。**恢复性修剪：**将整株植株剪至基部，重新培育。

生长高度：3～6米
收获期：十月到十一月

### 欧楂 *Mespilus germanica*，WHZ 5b

**概述：**欧楂喜欢向阳处含石灰质高、养分含量高且排水性好的土壤。花开在长叶子的短枝上。果实只有在经过霜冻后才美味。容易受火疫病侵袭。结果枝长在一年侧枝上，修剪在春季进行。**培育：**由1根主干和4根侧支撑枝组成，在前三年均需剪短并疏剪。**维护性修剪：**剪掉向内或直立生长的枝条，将分枝的枝条顶端转嫁至低处的一年枝上并疏剪。**恢复性修剪：**将衰老的支撑枝和结果枝转嫁至嫩枝上，避免造成大的伤口。

生长高度：5～8米
收获期：七月到九月

### 桑葚 *Morus*-Arten，WHZ 5–6

**概述：**桑葚需要产葡萄酒地区的温暖气候条件。白色桑葚（*M. alba*）结出白色甜蜜的果实，更易受霜冻影响的黑色桑葚（*M. nigra*）结和黑莓相似的果实。两种果实都长在当年枝上。由于其抵抗力较强，可在发芽后修剪。**培育：**由3根基生枝作为支撑结构，在前四年中每年将这些枝条剪短一半并疏剪。**维护性修剪：**剪掉直立枝，将分枝的支撑枝顶端转嫁至低处的嫩枝上，结果枝靠近支撑结构转嫁至一年枝上。**恢复性修剪：**避免在支撑枝上留下伤口，将衰老的结果枝剪短成支撑枝上的小木桩。

生长高度：3～5米
收获期：九月

### 甜杏仁树 *Prunus dulcis* var. *dulcis*，WHZ 7a

**概述：**甜杏仁树只生长在产葡萄酒地区的气候中，偏好厚且含石灰质高的土壤。花容易受晚霜侵害。最好的结果枝长在中等长度的一年“真”枝上（见228页）。通常在发芽前和夏季修剪。**培育：**由1根主干和4根侧枝组成支撑结构，前5～7年中将长长的部分剪短一半，剪掉直立生长的枝条。**维护性修剪：**将分枝的枝条转嫁至靠近支撑结构的一年枝上，或剪短成小木桩，疏剪支撑枝。**恢复性修剪：**将衰老的枝条转嫁至嫩枝上，结果枝剪短成支撑枝上的小木桩。

### 黑刺李 *Prunus spinosa*，WHZ 5a

**概述：**黑刺李几乎可以在任何地方生长。种植时选择嫁接品种，非嫁接品种容易长匍匐茎。果实在经过霜冻后加工，富含维生素C。花开在一年侧枝上，在春季修剪。**培育：**由5～7根基生枝组成支撑结构，对其疏剪，并拧掉徒长枝。**维护性修剪：**剪掉向内或直立生长的枝条，将分枝的支撑枝顶端转嫁至嫩枝上，并疏剪，分枝严重的结果枝靠近支撑结构转嫁。**恢复性修剪：**将上部三分之一的支撑枝转嫁至嫩枝上，结果枝靠近支撑结构转嫁。

**生长高度：**1～4米
**收获期：**十月起

### 沙梨 *Pyrus pyrifolia* var. *culta*，WHZ 6a

**概述：**沙梨是一种亚洲梨品种。果实为圆形，口感甜，水分足。它需要另一个品种为其授粉，一般的梨也可以。最佳的结果枝长在两年和三年枝上。通常在春季修剪，必要时夏季也进行修剪。**培育：**培育成有主干的圆形树冠，1根主干和4根侧支撑枝，前四年中每年剪短三分之一，在夏季疏剪顶端。**维护性修剪：**把下垂的支撑枝顶端转嫁至两年嫩枝上，从第四年开始将结果枝转嫁至靠近支撑结构的两年枝上。**恢复性修剪：**和梨一致（见216页）。

**生长高度：**3～5米
**收获期：**八月起

### 北悬钩子 *Rubus arcticus* var. *stellarcticus*，WHZ 1

**概述：**北悬钩子偏好腐殖质丰富、夏季保持湿润且排水性好的土壤。它们会长出大量匍匐茎，覆盖整个地面。花和果实皆为红色，后者成熟时散发浓郁的香味。为促进结果人们通常会种植不同的品种。必要时除草，因为这些植株的竞争力并不强。北悬钩子在当年枝上结果，修剪在春季进行。**培育：**不需要，因为无法培育出结构。**维护性修剪：**剪掉两年枝，留下一年枝，但这些枝条很容易被冻死。**恢复性修剪：**用篱笆剪齐地剪掉枝条。

**生长高度：**0.1～0.3米
**收获期：**七月到八月

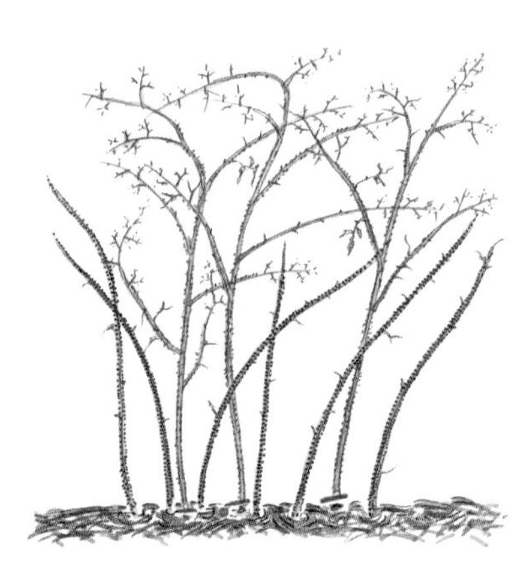

### 泰莓 *Rubus fruticosus* x *idaeus*，WHZ 6a

**概述：**泰莓偏好向阳处腐殖质丰富、夏季保持湿润且排水性好的土壤。长枝长满刺，果实口感与覆盆子类似，但也有其他口味特色。由于这些果实非常软，因此需要每天采摘。花开在一年基生枝上，通常在春季和夏季进行修剪。**培育：**由5～7根基生枝组成，呈扇形绑在攀缘辅助物上。**维护性修剪：**将受损的枝条齐地剪掉，留下生命力旺盛的嫩枝作为替代，在春季将这些枝条剪短至2～2.5米，侧枝剪短成小木桩。**恢复性修剪：**齐地剪掉所有枝条。

**生长高度：**2～3米
**收获期：**六月到七月

生长高度：2～4米
收获期：七月到八月

### 罗甘莓 *Rubus loganobaccus*，WHZ 6a

**概述：**罗甘莓与黑莓生长相似，喜好夏季保持湿润且排水性好的土壤。植株表面覆盖细小的刺，“无刺罗甘”（Thornless Logan）品种没有刺。长长的果实为黑红色，具有浓郁的香气，但酸味也很足。花开在一年长枝上。通常在收获后以及春季进行修剪。**培育：**留下5～7根基生枝作为结果枝，以扇形绑住。**维护性修剪：**把已摘完果实的枝条齐地剪掉，绑定长势旺盛的嫩枝，除去长势弱的。春季将这些枝条剪短至3米长。**恢复性修剪：**齐地剪掉所有枝条。

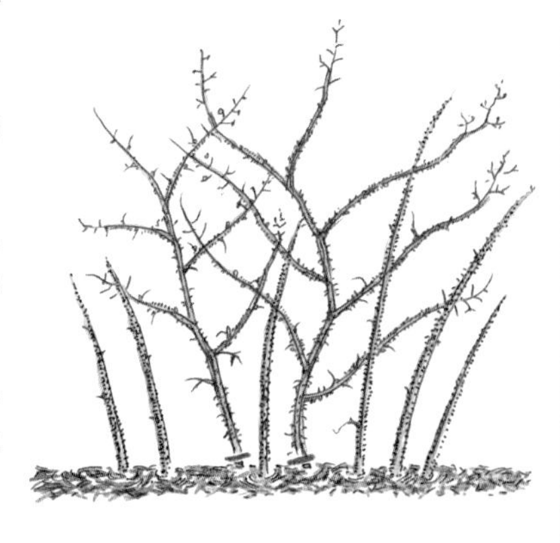

生长高度：2～4米
收获期：六月到八月

### 多腺悬钩子 *Rubus phoenicolasius*，WHZ 6a

**概述：**多腺悬钩子偏好有防护的种植地，且土壤含石灰质不能太高。在较冷的气候环境下，冬天时，人们通常将枝条铺到地面，盖上防护物。花序和果序都非常迷人，果实有覆盆子的香味，且酸度适中。**培育：**基生枝比黑莓少，因此种植较为密集，一般最多绑住5根从土中长出的枝条。**维护性修剪：**剪掉摘完果实的枝条，绑住长势旺盛的嫩枝，春季将其剪短成2～3米，侧枝剪短成10厘米，平铺在地面上的枝条很快就会长出根。**恢复性修剪：**齐地剪掉整株植株。

生长高度：4～8米
收获期：八月起

### 五味子 *Schisandra chinensis*，WHZ 6a

**概述：**五味子长在攀缘辅助物上，雌雄分株。红色的果实维生素含量极高，经过加工后非常美味。花开在一年侧枝上，在春季修剪。**培育：**由3～5根基生枝组成笔直的支撑结构，要想将其培育成更有规则的结构非常困难。**维护性修剪：**把过长的侧枝剪短成支撑结构上10厘米长的小木桩，剪掉互相交织的枝条顶端。**恢复性修剪：**剪掉上半部分的头，必要时将直立的支撑枝分开。

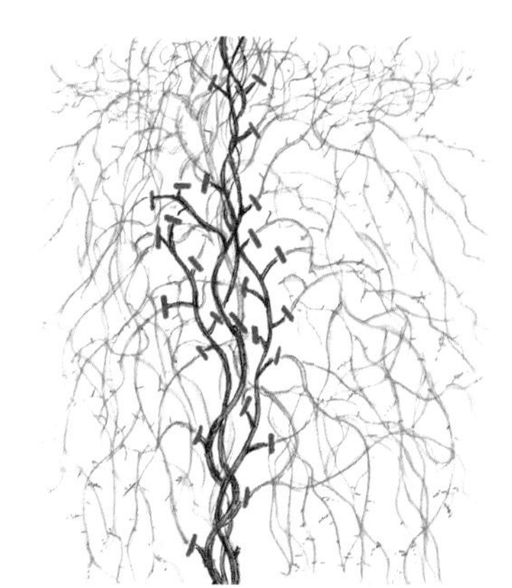

生长高度：0.1～0.3米
收获期：八月起

### 越橘 *Vaccinium vitis-idaea*，WHZ 1

**概述：**越橘和蓝莓一样，需要酸性土壤，且同样需要树皮作为覆盖物。它们会长出匍匐在地上的枝条，这些枝条又会长出根。五月份在一年枝的顶端开花，七月开始也在当年枝上开花。在春季修剪。**培育：**不需要。齐地剪掉长势弱的枝条。**维护性修剪：**每2～3年用篱笆剪将变秃的灌木剪短一半，接着用剪刀齐地剪掉剩余灌木中过老的枝条。**恢复性修剪：**齐地剪掉衰老或已死亡的枝条。

# 正确修剪
# 亚灌木和盆栽植物

亚灌木和盆栽植物对夏季花园的景致贡献颇大。亚灌木的花朵可以连续数周将花园打造成色彩的海洋，而盆栽植物则能为其平添一缕异国风情。合理的修剪可以使两者更具魅力。

# 亚灌木、草、蕨类：花与叶子的装饰组合

树木为花园划分出了结构，亚灌木以其花期漫长的花填充了这些框架，而草类起伏的茎秆则使整体景致闲适、轻松。对两者进行修剪都可以使其更加茂密，且能塑造迷人的形状。

所有亚灌木都长有多年块根，每年都会重新发芽生枝。但其地上部分通常会在冬季冻死。此类植株包括典型的夏季常绿亚灌木如飞燕草（*Delphinium*）或福禄考（*Phlox*）。此外，也有冬季常绿和四季常绿的亚灌木，它们的叶子能一直存活到第二年，如岩白菜（*Bergenia*）、嚏根草（*Helleborus*）或矾根属（*Heuchera*）。

## 生命周期长或短

并不是所有亚灌木都有同样长短的生命周期。蕨类、嚏根草或芍药（*Paeonia*）可以在同一个地方生长数十年。如果种植点位置合适，且照料得当，它们能保持多年的活力，且花会越开越多。相反，其他一些种类则较为短命，但大部分都能结出大量种子，扩散到花园其他地方。如果任由这些种子发芽，并只清理掉多余的植株，你将会收获意想不到的花园美景。此类亚灌木有耧斗菜（*Aquilegia*）和不同的天竺葵种（*Geranium*）。

## 春季修剪

许多开花亚灌木和草类的地上部分在冬季都会干枯。对于这些植株，只需在春季重新发芽前将干枯的茎秆除去即可。有些可以用手轻松地拔掉，有些则最好用剪刀。不要在秋季修剪这些多年生植物。一方面，这些植株的茎秆和花序在冬天落霜后看起来非常迷人，而且许多鸟类喜欢啄取它们的种子。另一方面，枯死的茎秆对于地面上的心叶也是一种很好的防护。寒气不会渗透进去，冬日的阳光也不会直射到地面而导致植株过早发芽。

## 夏季修剪

对亚灌木进行夏季修剪也有许多好处。对有些种类来说，开花后修剪植株可以促使其再次发芽并重新开出大量花朵。如果不进行短截，则植株的精力将主要用于结子，再次开花时只能开出少量花朵。但你并不需要对亚灌木完全短截，只需修剪部分枝条，除去部分种子即可。

## 造型和维护修剪

很多亚灌木只有经过修剪才会呈现出完美的造型。

长有长枝或花序的过重的亚灌木，如紫菀或高株红景天，通常都需要支撑物。如果在初夏将这些植株剪短一半，它们会长出分枝，植株将更加紧凑且稳定。需要在长出花芽前就进行修剪，否则会将花剪掉。

冬季常绿的亚灌木较老的叶子在第二年春季发芽时通常长有干枯的顶尖，或部分已经枯死。四季常绿亚灌木则终年都有叶子枯死或变黄。两种植株都需要进行修剪，剪掉不美观的部分。有些亚灌木如矾根属或岩白菜在几年后就会长出光秃的茎秆。将这些茎秆剪短，就会长出更加紧凑的嫩枝。

也有一些亚灌木不需要修剪，如地杨梅（*Luzula*）、羊茅（*Festuca*）和麦冬（*Liriope*）。对于这些种类的植株，只需直接将干枯的叶子和茎秆扯掉即可。

经过正确的组合与修剪，某些亚灌木可以一直保持开花。

# 夏季常绿亚灌木：花坛里的开花明星

人们种植夏季常绿亚灌木通常是因为它们迷人的花朵。和草类不同，对开花亚灌木来说，形状和结构都只是次要因素。这些亚灌木的形状可以非常多样。有些在春季发芽，此后生长、开花，最终以其种荚装饰盛夏或秋季的花园。只需在春季对它们进行一次修剪，便可使其以最佳状态生长，一个很好的例子便是芍药。其他的如某些鸢尾或猫薄荷，发芽、开花，然后停滞一段时间，再第二次开花。对于这类亚灌木，只有进行夏季修剪才能体现出其优势：修剪可以促进其二次开花，提高植株稳定性，并增强活力。

## 促进二次开花

很多亚灌木都可以通过修剪促进其在夏季或秋季的二次开花。

对于能持续开花的亚灌木，需要每周剪掉它枯萎的花朵，使它们保持几乎整个季度都不停地开花。飞燕草（*Delphinium-*Hybriden，WHZ 5）可齐地剪掉凋谢的茎秆。它们会重新发芽，并在几周后再次开花（见插图 1）。同样，对于一般只有两年生的洋地黄（*Digitalis purpurea*，WHZ 5），短截也能促进其二次开花，或至少能长出轮叶，促进下一年开花。同样，及时除去凋谢的花朵也对西洋蓍草（*Achillea*，见 278 页）有利。

德国鸢尾（*Iris* x *germanica*，WHZ 5）的某些品种如“卢加诺”（Lugano）和“紫罗兰音乐”（Violet Music）种在温暖、光照充足的地方时，从八月到十月会在当年枝上二次开花。六月除掉第一次开花后的种荚，可使植株所有精力都用于开第二次花。

天竺葵杂交种“罗珊”（老鹳草）（*Geranium*，WHZ 5）即便不经过修剪，也会在六月到十一月间重新萌发。但枝条会随着时间的推移变秃，且生长和开花都将延滞。在八月初将这些枝条齐地剪掉，幼嫩的基生枝将获得更多养料，植株也能保持活力。

**1. 飞燕草**

将花朵凋谢的茎秆剪至地面。施点肥料，并定期浇水。之后亚灌木就会再次发芽并重新开花。

某些亚灌木能承受较大幅度的修剪。你可以在开花后将这些植株用篱笆剪一直剪短到地面。它们会重新萌发，并在几周后重新开花。这样的植株包括林下鼠尾草（*Salvia nemorosa*，WHZ 5，见插图 2）、紫花猫薄荷（*Nepeta* x *faassenii*，WHZ 4）和大花金鸡菊（*Coreopsis grandiflora*）。轮叶金鸡菊和杂交品种只需将凋谢的花剪至枝条的绿色部分即可(见279页)。

## 增强植株稳定性

有些亚灌木会长出长枝，并在这些枝条顶端开花。通常这些花束都很重，导致枝条随着时间的推移而下垂，甚至折断。例如开花密度颇高的野菊。这种亚灌木一方面从开始就需要支撑物，另一方面，修剪也可以帮助其维持形状。

在初夏剪短轻微向下垂的亚灌木，随后，枝条会分枝，并

**2. 林下鼠尾草**

植株的一部分在开花后就剪短，之后它们会再次萌发并在几周内重新开花。没有剪短的部分则会结出种子。

长出较短且互相交叉的侧枝。由此，植株将更加茂密且稳定。在六月底前进行修剪，此时花芽还未长出，如果修剪较晚可能会把花剪掉。高茎紫菀（*Aster*，WHZ 2–4，见插图 3 和 4）、野菊（*Chrysanthemum* x *grandiflorum*，WHZ 7）和红景天（*Sedum*，见 280 页）都推荐进行这种修剪。

在五月将茎秆剪短一半对福禄考（见 279 页）也颇有利。这些枝条会分枝，且其开花时间比未经修剪的枝条要晚。虽然这样做会减少第一次开花的数量，但能将开花的周期延长整整两周的时间。

## 增强植株生命力

有些亚灌木在初夏开花，其后就会丧失美观性。叶子变黄，通常还会受粉霉病等病菌侵袭。如果在这些植株开花后将其整株剪短，则会长出新的叶子，这些叶子直到秋季都能保持其美观和健康。它们可以增加储备物质的生成，并促进植株活力。第二年开花将比没有经过修剪的更加茂密。斗篷草（*Alchemilla mollis*，WHZ 5，见插图 5）、耧斗菜（见 278 页）和一些夏季常绿的天竺葵（*Geranium*，WHZ 4–6，见插图 6）都推荐进行这种修剪。早花乌头（*Aconitum napellus*，见 278 页）的茎秆在盛夏便已经枯死，需要在开花后将其齐地剪掉。

**3. 紫菀：适时修剪**

这些紫菀在六月剪短了一半。剩余的枝条部分会因修剪而变得更加粗壮、结实。从这些枝条上会长出较短的侧枝，花开在侧枝上。

**4. 紫菀：修剪过晚**

八月剪短一半的枝条，此时已经长出了花芽。这样会导致主要的花被剪掉。植株长出较短的侧枝，其上的花朵也较少。相反，后半部分未经过修剪的植株就开满了花。

**5. 斗篷草**

斗篷草开花后通常就会变得不再美观，叶子变黄，且患上粉霉病，而且植株会将种子播撒出去。为了避免这种情况，需要在开花后将整株植株齐地剪短。但不能损伤基部的心芽。

**6. 天竺葵**

植株在开花后通常就会丧失活力，叶子变成棕色。在开花后对植株进行短截，通常两周后便会长出嫩枝。由草屑组成的覆盖物层可以保持土壤湿润，并促进其发芽。

紫叶珊瑚钟有着冬季常青的叶子并开出吸引人的花朵。

# 冬季常绿和四季常绿亚灌木

冬季常绿的亚灌木过冬时叶子和地上部分不会死亡，但有一部分老叶会在春季变成棕色，或者茎秆的地上部分变秃。四季常绿的则一年四季都保留其叶子，但老叶会不停更新换代。清理衰老的叶子和枝条或者进行短截可以使这两种亚灌木更加美观。

## 冬季常绿亚灌木

冬季常绿亚灌木有淫羊藿（*Epimedium*，WHZ 4–5）、黑嚏根草（*Helleborus niger*，WHZ 3，见插图 1）和东方嚏根草（*Helleborus orientale*，WHZ 5）等。虽然它们在最冷的季节能保留其叶子，但等春季发芽时这些叶子通常就会干枯。为了不损伤新的嫩芽，就需要分别剪掉这些老叶。这是一项非常费时的工作。而且，有些品种还会有花开在老叶之间，因而不能完全舒展。但如果将老叶剪掉，花就会没有叶子衬托。因此，对于这类亚灌木来说，最好是在开花和发芽前就剪掉老叶，但也可以保留部分仍然残留绿色的叶子。你也可以将这类亚灌木和早花品种如银莲花或藏红花组合栽培，这些植株的花和绿叶能遮住亚灌木光秃的部位。其他的亚灌木则无法承受这么早的修剪，这会损伤它们的生命力。

阔叶山麦冬（*Liriope muscari*，WHZ 6）就是一个例子。它的叶子和草很像，在春季发芽前能一直保持绿色，随后就开始变成棕色。不要提前除去老叶，最好等到发芽时再小心地将其除去，以避免伤害嫩叶。

**1. 黑嚏根草**

在开始开花时剪掉部分叶子，使花朵更加明显。如果和东方嚏根草一样，叶子在开花时就已经不再美观，则将其完全去除。

**2. 岩白菜**

定期扯掉干枯的叶子。如果长枝在几年后变秃，则将其剪短成靠近基部的小木桩。它们会在几周后重新萌发。

## 四季常绿亚灌木

四季常绿亚灌木的叶子不仅能度过冬季，而且可以一直到夏季都保持美观。但夏季时，当年的叶子和一年叶在生命力和外观上的区别还是非常明显的。这时，你就需要根据需求剪掉部分叶子。

岩白菜（*Bergenia*，WHZ 4）和矾根（*Heuchera*，WHZ 5）在抽出新叶时其老叶仍能保持活力，但两到三年后，其枝条便会匍匐到地面并变秃，此时，植株就会丧失其紧凑的结构。在春季发芽时将这些枝条剪短成靠近根部的小木桩（见插图 2 和 3）。几周后，它们又会重新发芽，使植株保持紧凑的结构（见插图 4）。如果你每年都定期检查植株，则只需修剪部分枝条，而不必剪短整株植株。

岩白菜在冬天变成红色时仍然保持着活力，等到春季它们又会变回绿色。对岩白菜和矾根来说，整个夏季都需要定期除掉干枯的叶子。

小蔓长春花（*Vinca minor*，WHZ 6）的不同品种能开出白色、蓝色或紫罗兰色的花。这种亚灌木很快就能覆盖大量面积。五月开第一次花，由一年花芽发展而成，九月前的二次开花数量较少，直接长在当年枝上。要不要修剪这种亚灌木取决于你是想要茂密的叶子还是花朵。第一个秋季只有当枝条变秃时你才需要进行修剪。如果你希望植株开花，则在春季发芽前用篱笆剪将平铺的植株剪短（见插图 5）。蔓长春花（*V. major*，WHZ 7）也同样处理。

## 修剪蕨类植物

许多蕨类植物的叶子在最初几次下霜后就会枯死。但有些则整个冬天都能保持绿色叶子，甚至能在春季发芽期间仍保持绿色。等到初夏，基本上所有一年叶都会出现暗斑，变黄或干枯。想要不伤到嫩叶而将这些叶子除掉非常费力。最好在嫩叶刚开始伸展时便将所有老叶齐地剪掉。红盖鳞毛蕨（见 280 页）要一直到五月才开始萌发。反之，冬季常绿或四季常绿的耳蕨（*Polystichum*，WHZ 5）则发芽较早。一旦能看得到新叶，即便老叶还保持着绿色，也要将其剪掉（见插图 6）。如果修剪过晚，很可能会损伤脆弱的嫩枝。

**3. 矾根**

这种四季常绿的亚灌木起初结构非常紧凑，但两到三年后，部分枝条就会从底部开始变秃。在春季发芽时将这些枝条靠近根部剪短成小木桩。

**4. 矾根：发芽**

在浅色的修剪口处，不久后就会长出位于小木桩下方的嫩芽。新的枝条可以使植株重新恢复紧凑的结构。

**5. 长春花**

这种亚灌木可以其密集的叶子覆盖地面。春季开花，花朵藏在叶子间，几乎无法看到。如果想让花朵明显，则需在春季将植株贴近地面剪短，不要拔除已经生根的枝条。

**6. 耳蕨**

这种四季常绿蕨类的老叶随着时间的推移，通常在初夏就会丧失其美观。将这种叶子齐地剪掉，但不要伤到刚刚长出地面的嫩芽。因为它们非常脆弱，且很容易折断。

# 草类：清秀、优雅与魅力

草类的茎秆会随风摆动，为花园增添一丝轻盈的效果。有些长成草垫状比较矮，有些则能长到高达 3 米。大部分种类都为夏季常绿。虽然它们的地上部分在秋季就会枯萎，但即便成了棕色，它们还是能为冬季的花园营造一种别样的风情。其他的种类则可在冬季一直保留其绿色的茎或叶，直到春季发芽才会变色。

草类修剪的时间取决于它们是夏季常绿还是冬季常绿，有些可能无法承受大幅度的修剪。基本原则是，草类的修剪不要过早，因为老的草茎，甚至整个草垫都可以作为根部新长出的心芽的绝佳防护物。但另一方面，最晚在春季开始发芽前就需要进行修剪，否则容易剪掉幼嫩的草茎。大部分草类都需要阳光充足的种植点，且土壤需要排水性好，但也有一部分能接受潮湿的或遮阴的种植地。

## 夏季常绿草类

夏季常绿的草类其地上部分通常秋季就会枯萎，但整个冬季仍能保持形状，只有当积雪很厚时才会被压倒。即便如此也不需要将其剪掉，因为干枯的草茎可以保护块根。只有当植株开始发芽时，才需要将其贴近地面剪掉。尖拂子茅（*Calamagrostis acutiflora*，WHZ 4）刚出现嫩芽时就要进行修剪，注意不要伤到嫩芽。或者你也可以用手轻轻地拔掉老的花茎。麦氏草（*Molinia*，WHZ 4）的处理方式相同。相反，狼尾草（*Pennisetum alopecuroides*，WHZ 5）的老叶不能拔除，只能用剪刀剪掉，因为它们和块根的连接还非常牢固（见插图 1）。中华芒（*Miscanthus sinensis*，WHZ 6）只有长势较弱的品种才能用剪刀直接修剪。较高的品种其茎秆已近乎木质化，最好用园艺剪或锯子修剪。对于像柳枝稷（*Panicum*，见 281 页）这样发芽很晚的草类，最好保留约 10 厘米长的残茎，作为种植地的标记。因为当你在春季松土或种植亚灌木时，柳枝稷新的叶

**1. 剪短**

狼尾草的茎秆虽然在秋季就已经枯死，但直到春季仍能保持直立。在发芽前将植株齐地剪短，注意不要伤到心芽。

**2. 梳理**

羊茅或洽草（如图）无法承受修剪造成的损伤，最好对其进行梳理。用手或刷子梳理除去松脱的草茎。

**3. 清理**

处理娇嫩的针茅时，可用一把小刀从低处向上刮植株。将草茎压在刀口上，干枯的叶子就会断裂。

从左上按顺时针方向分别为一个以亚灌木和草类为主体装饰的花园在春季、夏季、夏末和秋季的景色。柳枝稷、尖拂子茅和狼尾草负责构造整体结构。

芽还无法分辨。

## 冬季常绿草类

有些草类在冬季仍保留叶子，但当新的叶子长出时，便能明显看出其和老叶的区别。

部分这种草类需要在发芽时进行短截，如冬季常绿的苔草（*Carex*，WHZ 5–6）。分别去除各老叶，避免伤到其间的心叶。同样，白穗地杨梅（*Luzula nivea*，WHZ 5）也需要在春季发芽时才能修剪，否则单独的心叶可能会枯萎。

其他冬季常绿草类则无法承受大幅度的短截。羊茅（*Festuca*，WHZ 4）依不同种类有绿色和蓝色两种颜色，但都和洽草（*Koeleria glauca*，WHZ 4）一样，不需要进行大幅度的修剪。你只需要用手将这些植株干枯的叶子梳理掉（见插图 2）。或者你也可以抓住整束需要打理的草，用长毛的刷子从下往上梳。但注意不要梳得太过用力，否则心叶可能会被拔出。

针茅或细茎针茅（*Stipa tenuissima* syn. ‘Nasella’，WHZ 7）几乎终年都能长出绿色的叶子，但也会有一些棕色的叶或凋谢的芒。如果对整株植株进行短截，通常会导致它枯死。最好用锋利的小刀进行清理。将刀子贴着植株向上拉，用拇指将草茎压在刀刃上（见插图 3）。绿色的茎叶在弯折时会弯曲，不会受损伤，干枯的茎叶则在刀刃上折断并被除去。在夏季进行一到两次这种清理便可以使植株保持活力。

## 蓍草 *Achillea*-Hybriden，WHZ 2–4

**概述：** 传播最广泛的蓍草杂交品种当属金蓍草（*A. filipendulina*，WHZ 4）和欧蓍草（*A. millefolium*，WHZ 2），它们的颜色非常丰富，对土壤的需求是养料丰富、透气且向阳。**基本修剪：** 在春季将干枯的花茎贴地面剪短。如有必要，可挖出植株的一部分，使过大的植株变小。**额外护理：** 在夏季将凋谢的花茎至少剪短一半，或齐地剪掉。这可以促进植株二次开花，并避免其散播种子。

**生长高度:** 0.6～1.2米
**花期：** 六月到九月

## 乌头 *Aconitum*-Arten，WHZ 3–6

**概述：** 舟形乌头（*A. napellus*，WHZ 6）在六月开蓝紫色花，秋季乌头（*A. carmichaelii*，WHZ 3）从九月开始由白色转为深蓝色。所有品种都喜好养料丰富、夏季保持湿润的土壤，最好选择半阴的种植地。**基本修剪：** 在春季将干枯的茎秆齐地剪掉，施用适量有机肥，并在土壤表面施用覆盖物。**额外护理：** 对于早花品种在开花后将其齐地剪短。部分会重新发芽，但通常不再开花。晚花品种可以在六月底前将三分之一的茎叶剪短一半，以使其更加稳固。

**生长高度:** 0.8～1.6米
**花期：** 六月到十月

## 藿香 *Agastache* x *rugosa*-Sorten，WHZ 6

**概述：** 这种茴藿香或山薄荷的杂交种的花序很长，有白色、蓝色或淡紫色。它们生长在夏季不会干裂、养料丰富且透气的土壤中，因为冬季的水涝对它们的生长无益。在寒冷的区域需要采取冬季防护措施。**基本修剪：** 春季将所有凋谢的花茎齐地剪掉。摘掉干枯、老化的心叶。**额外护理：** 夏季定期将凋谢的花茎剪短至下一处侧枝处，这里又会长出新的嫩枝并开花。齐地剪掉活力较低的枝条，促使根部长出新的花茎。

**生长高度:** 0.7～1.2米
**花期：** 七月到十月

## 耧斗菜 *Aquilegia*-Sorten，WHZ 3–4

**概述：** 大部分品种都是由长刺的蓝花耧斗菜（*A. caerulea*，WHZ 3）或无刺的欧耧斗菜（*A. vulgaris*，WHZ 4）变化而来。它们喜好夏季保持湿润、透气的土壤，向阳至半阴均可。可以通过分株来实现纯种的繁殖。**基本修剪：** 在春季除掉老化的叶子。不纯种的种子会开出其他花，尽早将这些花摘除。**额外护理：** 为了避免植株散播种子，及时除去干枯的花朵和所有叶子。它们很容易受粉霉病影响，而修剪后长出的叶子则能保持健康。

**生长高度:** 0.3～0.7米
**花期：** 五月到六月

WHZ= 可过冬区域（见 304 ~ 305 页卡片）

生长高度：0.3～0.6米
花期：六月到十月

### 金鸡菊 *Coreopsis*-Arten，WHZ 6–7

**概述：**大花金鸡菊（*C.grandiflora*-Sorten，WHZ 7）能持续开花，花为黄色，轮叶金鸡菊（*C. verticillata*，WHZ 6，见照片）的花为浅黄色。新的杂交品种粉红金鸡菊（*C.* x *rosea*，WHZ 7）开粉色、红色或淡黄色的花，但需要有冬季防护措施。土壤应富含养料且透气，种植地应向阳。**基本修剪：**春季将枯死的枝条齐地剪掉。**额外护理：**大花金鸡菊凋谢的花茎需要齐地剪掉，其他种类或杂交种则只需剪掉上半部分即可。

生长高度：0.6～1米
花期：六月到十月

### 紫锥菊 *Echinacea purpurea*-Sorten，WHZ 5–6

**概述：**紫锥菊及其下属品种的花为白色、粉红色或酒红色。杂交种（*E.* x *purpurea*）还有黄色或橙色调的花。后者需要有冬季防护措施。所有品种都需要养料丰富、透气且夏季保持湿润的土壤，向阳。只有这样，它们才能在秋季也一直开花。六月施用一点角粉肥料可增进植物活力。**基本修剪：**在春季齐地剪掉所有干枯的植株部分。**额外护理：**剪掉凋谢的花茎。如果还有侧枝保持活力，则只剪短到这里为止，否则就齐地剪掉整条花茎。

生长高度：0.1～0.25米
花期：四月到五月

### 屈曲花 *Iberis sempervirens*，WHZ 6

**概述：**屈曲花为四季常绿植物，其长成垫子状，比较低矮，但轻度木质化，几年后便能覆盖约半平方米的面积。长势较弱的品种如“埃雪球”（Zwergschneeflocke）或“白色矮人”（Weißer Zwerg）的植株较为紧凑。所有品种均开白花，喜好向阳且透气的土壤。花芽长在一年枝上。**基本修剪：**开花后用篱笆剪将凋谢的花茎剪掉，修剪出半圆形。同时将一年枝剪短一半。这样可使植株保持紧凑。**额外护理：**必要时可在七月底前将过长的枝条用剪刀额外剪短。

生长高度：0.7～1.2米
花期：六月到八月

### 福禄考 *Phlox*-Arten，WHZ 4–5

**概述：**斑茎福禄考（*P. maculata*-Hybriden，WHZ 5）的品种开花非常多，且在气候温暖的区域也生长良好。天蓝绣球（*P. paniculata*-Sorten，WHZ 4）是花园中颇受园丁欢迎的一种植物，它们生长在较为凉爽的地方。二者都有多种不同的品种，花朵颜色非常丰富。它们喜好向阳处养料丰富且夏季仍保持湿润的土壤。**基本修剪：**在春季齐地剪掉干枯的枝条。**额外护理：**在五月底前将部分枝条剪短一半，这样可使植株更加稳固，开花时间也更长。将开完花的枝条顶端剪短至叶芽处。

**景天** *Sedum*-Arten，WHZ 5

**概述**：大部分秋季开花的景天均为长药景天（*S. spectabile*）和紫花景天（*S. telephium* subsp. *telephium*）下属的品种或杂交种，颜色有红色、粉色和白色。但后者在花谢后通常就变得不再美观，而花色较暗的则仍能保持其魅力。**基本修剪**：春季小心地齐地剪掉干枯的茎秆，否则长出的嫩芽会更疏松，且生根状况差。**额外护理**：在六月底前将长枝或植株的一部分剪短一半。虽然开花会推迟，但植株将更加稳固。

**生长高度**：0.3～0.6米
**花期**：七月到十月

**常绿香科科** *Teucrium* x *lucidrys*，WHZ 5

**概述**：常绿香科科可形成轻度木质化的草垫状，高度较低，经过修剪还可培育成小型的篱笆。它不长匍匐茎。冬季常绿的石蚕香科（*T. chamaedrys*，WHZ 5）则会凭借匍匐茎大肆扩散。二者都长在向阳处透气的土壤中。**基本修剪**：在春季将植株齐地剪短。如果用作小篱笆，则剪短成高约 10 厘米的规则形状。拔掉匍匐茎。**额外护理**：开花后将植株剪短至 10 厘米。如果要修剪形状，则在夏季将植株剪短两次，且需放弃开花。

**生长高度**：0.2～0.3米
**花期**：六月到七月

**红盖鳞毛蕨** *Dryopteris erythrosora*，WHZ 6

**概述**：这种叶子呈羽状的冬季常绿蕨类需要长在半阴或完全遮阴处的潮湿土壤中。新长出的古铜色叶子在夏季会变绿，等到秋季颜色又会进一步加深。如果冬季气候温和，则鳞毛蕨（*D. affinis*，WHZ 6）的叶子也能保持绿色。两种都需要在能看到新的嫩芽后才可以开始修剪。**基本修剪**：这种蕨类直到五月才会发芽，待发芽后才能齐地剪掉前一年的叶子。注意不要伤到新长出的嫩叶。**额外护理**：通常不需要额外的修剪。

**生长高度**：0.5～0.7米

**对开蕨** *Phyllitis scolopendrium*，WHZ 5

**概述**：对开蕨冬季常绿且不发生羽化的皮革质叶子非常漂亮，但它通常需要几年的时间才能生长稳定。它们喜好含石灰质和腐殖质丰富且终年潮湿的土壤。种植地应保证遮阴且空气湿度大。**基本修剪**：春季发芽时剪掉老的叶子。虽然此时它们仍保持着生命力和充满魅力的外观，但等到夏季就会长满斑点，不再美观。而且到时修剪会更加困难，因为新的叶子已经长高超过了老叶。**额外护理**：必要时分别剪掉变成棕色的叶子。

**生长高度**：0.3～0.4米

生长高度：0.8～2 米
花期：九月到十月

### 蒲苇 *Cortaderia selloana*，WHZ 7

**概述：**蒲苇能长出非常壮观的叶丛和花序，矮蒲苇（Pumila）高度只有 1.5 米。它是一种可单独栽培或种在花坛中作为整体布局背景的植物。它需要向阳地腐殖质丰富且透气的土壤。在气温较低的地区需要冬季防护，或者也可将叶子向上拢起绑住。**基本修剪：**在春季剪短整株植株，但注意不要剪得太低，以避免伤害新长出的心叶。**额外护理：**除去过于向外生长的叶子。

生长高度：0.3～0.4 米
花期：在德国不开花

### 白茅 *Imperata cylindrica*，WHZ 6

**概述：**白茅在售的品种基本只有血草（Red Baron）一种。它的叶子呈深红色，会长出短小的匍匐茎，但总体还是以向上生长的巢形为主。种植地应向阳或半阴，土壤需富含腐殖质，且夏季不干燥。**基本修剪：**在春季将所有干枯的地上部分剪短至靠近地面处。由于发芽时间较晚，因此需留下约 10 厘米的残茬以便识别。修剪后铺一层薄薄的有机覆盖物可保持土壤湿润。**额外护理：**夏季拔掉过于向外生长的匍匐茎。

生长高度：0.7～1.5 米
花期：七月到九月

### 柳枝稷 *Panicum virgatum*-Sorten，WHZ 5

**概述：**柳枝稷有许多品种，其高度各不相同。夏季草茎颜色为蓝灰色或绿色，部分在秋季会变成令人印象深刻的红色。所有品种都需要光照充足的位置，且土壤应具备良好的透气性。在养料过于丰富的土壤中植物会长得过密，进而容易折断。**基本修剪：**将所有草茎剪短至靠近地面处。由于这种草类发芽很晚，因此需要留下 10 厘米左右的残干至发芽时，以标示种植地。**额外护理：**如果草茎过重，则在夏季剪掉其主花。之后会在侧芽上开花。

生长高度：0.8～1.2 米
花期：六月到七月

### 线形针茅 *Stipa pulcherrima* f. *nudicostata*（*S. barbata*），WHZ 6

**概述：**线形针茅的巢形相对较为疏松，花序所在的花茎也从中长出。银色的芒可长到 40 厘米长，在风中能像羽毛般摆动。植株长在干燥、含石灰质且贫瘠的土壤中。**基本修剪：**在春季齐地剪掉枯死的草茎。如果已经长出幼嫩的草茎，则不要再进行修剪，而改用手将老茎拔除。**额外护理：**在芒完全成熟并掉落前，可以用手轻轻地捋它们，以避免针茅种子大肆扩散。

# 盆栽植物：来自南方的植株

盆栽植物可以为花园或者露台和阳台带来一丝异域的风情。几乎所有盆栽植物都需要每年进行修剪，以使其能持续开出大量花朵，并保持健康和优美的造型。

这里的盆栽植物指的是来自地中海区域或热带和亚热带区域的多年植物。它们对霜冻非常敏感，在德国的气候条件下抗寒性很差。夏季可以将它们放在露天栽培，但冬季一定要放在家里不受霜冻影响的地方。

由于盆栽植物并不属于一个统一的植物类别，因此不同植物的要求也各不相同。有些如夹竹桃就能承受阳光和炎热，其他的如倒挂金钟则需要较为均衡的温度且更喜欢阴凉的环境。而且，不同盆栽植物过冬所需的温度也不同。来自地中海区域的植物需要相对较为凉爽的环境，而来自热带地区的植物则需要一个更为温暖的过冬环境。春天，再将植株放到更加温暖且明亮的地方。总体而言，一旦温度允许，便可以将它们放置到室外。

## 正确的护理

盆栽植物可以长成非常大的灌木丛，至于可以长到多大，完全取决于你是否有足够大的空间来安置这些植株过冬，以及花盆是否会重到无法搬运。

相对于干旱，盆栽植物更容易受水涝影响，因此花盆要做到透气。陶土花盆非常合适。在这些花盆中，土球被浇透后也很快就能变干。如果土球受水涝影响，尤其是在冬季，要想使其干燥则通常需要几周的时间。在这段时间里，一部分根就会发霉。

盆栽植物种在花盆中，养料供给有限，因此，在春季发芽和九月期间最好每周施一次肥。将肥料溶解在浇花的水里最佳。

## 枝条和花

部分盆栽植物有一个可生长多年的支撑结构，其他的则以从土中长出的枝条不停更新换代。

大部分盆栽植物都在当年枝上开花。有些种类先长末端开花的当年枝，后续又会在幼嫩的侧枝上再次开花。紫薇和马缨丹就属于这种植物。

其他种类则在长在叶腋处的当年枝上开花。它们只有在枝条生长时才开花。如苘麻、倒挂金钟和芙蓉葵。

两组植物都需要每年进行一次大幅修剪，以促进长势旺盛且开花时间长的新枝生长。

少数盆栽植物如岩蔷薇、橄榄和柑橘则在一年枝上开花。它们的花芽能过冬。柠檬和其几种杂交种例外，它们在一年枝和当年枝上开花。

## 修剪时间

和其他木本植物一样，修剪盆栽植物的目的也在于促进嫩枝的生长和开花，除去死亡或枯萎的枝条，并保持植株紧凑。春季发芽时进行基本的修剪，具体的时间点取决于过冬的地方。放置在明亮处的盆栽植物通常在一月底就可以修剪。春季植株所在的种植地越暗，则修剪时间越需要等，否则新长出的嫩枝会长势过弱。在这些地方修剪植株和移至室外间隔的时间差不能超过三周，因此，修剪时间需要相应推迟。

如果护理和修剪得当，倒挂金钟可以生长多年，且开出大量花朵。

# 夏季常绿盆栽植物：倒挂金钟、马缨丹等

大部分夏季常绿的盆栽植物在其原产地冬天也不落叶，只进行短暂的休眠。而在德国的气候条件下，则需要将它们搬进室内过冬。有些种类可以在适合种植葡萄的气候条件下在室外种植，但冬季需要采取防护措施，例如无花果，但我们通常将其归在果树一类，而不是盆栽植物（见262页）。

夏季常绿盆栽植物在过冬的室内通常会落叶，但不会对植株造成损害。这些盆栽植物在冬季需要定期进行清理，因为掉落的叶子可能会传播病菌。染病的叶子同厨房垃圾一起处理，健康的可作为堆肥。

## 修剪的基本规则

以下修剪说明适用于大部分夏季常绿盆栽植物。

**培育**　具有稳定支撑结构的盆栽植物最多可选择5根基生枝栽培。最初5年中这些枝条每年最多只能长长10厘米，长势旺盛的种类如合欢（*Albizia julibrissin*，WHZ 8）每年可长长30厘米。

**维护性修剪**　从第六年开始，将较老的支撑枝顶端转嫁至长在低处且充满活力的枝条上，最好是一年枝。为了将其培育成支撑枝，需要将一年基生枝剪短至10厘米。每年春季都需要将一年侧枝剪短成2～5厘米长的小木桩。下半部分的小木桩稍长，上半部分的稍短。

**夏季修剪**　有些植株凋谢的花会掉落，有些则需要你将其摘除或剪掉，以避免形成种子，过多地攫取养料。此外，病叶、干枯的叶子以及折断的枝条也需要剪掉。把严重下垂的枝条转嫁至低处的侧枝上，过长的枝条一直剪短至灌木内部。

**恢复性修剪**　大部分盆栽植物都能通过修剪恢复活力，尤其是自己就能从土中长出枝条的植株。将衰老的支撑枝剪短成2厘

这类植株的花开在当年枝上。春季当日子变长时，植株就会重新萌发。

修剪方法相同的植物

以下植物可按照夏季常绿盆栽植物的基本规则修剪：木茼蒿（*Argyranthemum frutescens*，WHZ 9）、瓶儿花（*Cestrum elegans*，WHZ 9）、鸡冠刺桐（*Erythrina cristagalli*，WHZ 8）、长筒蓝曼陀罗（*Iochroma cyaneum*，WHZ 9）、蓝花茄（*Solanum rantonnetii* syn. *Lycianthes rantonnetii*，WHZ 10）和硬骨凌霄（*Tecomaria capensis*，WHZ 9）。以上植株均可在8°C的温度条件下过冬。

**1. 倒挂金钟：培育**

其支撑结构由5～7根基生枝构成。每年都将一年侧枝剪短成小木桩，以促进靠近支撑结构的开花枝的生长。

**2. 倒挂金钟：维护性修剪**

支撑枝可保持10年活力，此后若枯萎才由从土中长出的嫩枝代替。每年春天剪短侧枝。

米的小木桩或齐地剪短。通常这种小木桩都会干枯，但到时也已经从根部长出了嫩枝。

## 倒挂金钟

倒挂金钟（*Fuchsia*，WHZ 9–10，过冬温度 8°C）喜好生长在半阴的环境中，土壤需要保持湿润。选择 5 ～ 7 根基生枝作为支撑枝培育。这些枝条最多能保持 10 年活力。幼苗在第一年需要剪短至 10 ～ 15 厘米，以促使长出更多的基生枝。支撑结构确立后，在进行维护性修剪时定期将支撑枝顶端转嫁至充满活力的嫩枝上。把侧枝剪短至 2 厘米。夏季除去凋谢的花。重瓣的品种可能花会很重，将其放在防风的位置，以防止枝条折断。10 年后对植株进行恢复性修剪，用土中新长出的嫩枝代替老的支撑枝。

## 马缨丹

马缨丹（*Lantana camara*，WHZ 10，过冬温度 10°C）的花色会随着时间的推移而变化。如果它们能在夏季获得充足的阳光、水分和养料，则会长成茂密的小灌木丛。冬季它只需少量的水分，但土球不能完全干透。选择 5 根基生枝作为支撑枝培育马缨丹，这些枝条在最初 5 年中每年只能允许长长 10 厘米。此后，将支撑枝的一年侧枝剪短至 2 ～ 4 厘米。保持枝条顶端纤细，否则枝条容易变秃。进行恢复性修剪时，可将支撑枝转嫁至约一半高处的幼嫩侧枝上。

马缨丹的花色随时间推移改变，充满活力。

每年一次修剪可保证马缨丹开出茂密的花朵。

**3. 马缨丹：维护性修剪**

充满活力的长支撑结构由 5 条基生枝组成。春季将一年侧枝剪短成支撑枝上的小木桩。这样整个灌木丛在几年后仍能保持紧凑。

**4. 紫薇：维护性修剪**

支撑结构由 3 ～ 4 根枝条组成。将一年枝剪短成支撑枝上的小木桩。或者你可以将它培育成有 1 根主干的结构，修剪方法类似。

## 紫薇

紫薇（*Lagerstroemia indica*，WHZ 7b，过冬温度 5°C）需要完全向阳的种植地。在适合葡萄生长的气候条件下，它们也可以直接种在有防护的露天空地上，最高能长到 3 米。紫薇花为白色、粉色或红色。盆栽紫薇花可以培育成具有 1 根主干和 5 根侧支撑枝的冠状结构或有 3 ～ 5 根支撑枝的灌木结构。支撑枝每年最多可长长 30 厘米。侧枝每年剪短至剩下 2 ～ 3 个叶芽处。

恢复性修剪时将衰老的支撑枝转嫁至一半高度处的嫩枝上，并将其培育为新的尖端。注意要避免造成直径超过 3 厘米的伤口。种在外面的紫薇需要采取防风措施。重要的是，还要注意保护根部和灌木的基部。如果这样做后植株还是被冻伤，则剪掉受冻的枝条，植株会从根块处重新萌发。

# 四季常绿盆栽植物：柠檬和橄榄等

柠檬几乎整年都能开花结果，且香气怡人。

四季常绿盆栽植物的重点不仅在于花，其叶子和终年保持美观的造型也非常迷人。和夏季常绿的盆栽植物一样，如果有些种类在适合种植葡萄的气候条件下被种在了有所防护的位置，且为其提供防护措施的话，在德国也可顺利过冬。这些种类包括橄榄、酸橙、斐济果和月桂。但这并不代表这些植物一定可以顺利熬过每一个冬季。保险起见，如果你打算让这些植物在室内过冬，它们所需要的温度则相对较低，只要不影响植株的活力即可。在盛夏开花的四季常绿盆栽植物，如粉花凌霄，通常在当年枝上开花。橄榄、酸橙和大部分柑橘属植物则在一年枝上开花，柠檬在当年枝和一年枝上均会开花。

## 修剪的基本规则

以下修剪说明适用于大部分四季常绿盆栽植物。

**培育**　四季常绿盆栽植物也有一个稳定的支撑结构，由 3～5 条基生枝培育而成。植株长势越旺盛，则应保留的支撑枝越少。这些枝条每年可长长 20～30 厘米。对于嫁接的品种如柑橘属，应尽早除去嫁接点下方长出的徒长枝。灌木状的盆栽植物如夹竹桃在支撑枝会定期长出新的基生枝，同时支撑枝会变秃。

**维护性修剪**　只将向内或横向生长的枝条剪短成支撑结构上的小木桩。定期疏剪支撑枝顶端。这可以保证底部不会变秃。最后，将过长的枝条转嫁至靠近支撑结构的侧枝上。

**恢复性修剪**　将衰老的支撑枝转嫁至幼嫩的侧枝上。只有当植株重新从土中萌发，且能看到嫩枝时，才可以将老的支撑枝齐地剪掉并用新的代替。月桂、橄榄和夹竹桃便是如此。但一定要注意避免形成较大的伤口。光秃或过长的侧枝可靠近支撑枝转嫁至充满活力的嫩枝上。更换新盆和新土可促进恢复性修剪的成效。

**1. 柑橘：维护性修剪**

疏剪枝条顶端，将过长或光秃的枝条转嫁至靠近支撑结构的嫩枝上或将其剪短成支撑枝上的小木桩。

**2. 柑橘：恢复性修剪**

柑橘属植物的侧枝通常几年后便会衰老，它们将严重分枝，且几乎不再开花。将其转嫁至长在内侧的嫩枝上。

## 柑橘

柑橘类植物（*Citrus*，WHZ 9，过冬温度 8°C）由于其美味的果实而颇受欢迎。由于它们需要大量养料，因此需定期施肥。冬季浇水应少量，因为根部无法承受过多的水分。由于根部需要非常透气的环境，因此未上釉的陶土花盆最为合适。柑橘类植株的支撑结构通常由 1 根主干和 4～5 根侧支撑枝组成。在春季将过长、长势弱或不稳定的侧枝转嫁至靠近支撑结构的嫩枝上。如果没有合适的嫩枝，则将其剪短成支撑枝上 2 厘米长的小木桩。定期除去徒长枝。进行恢复性修剪时，将衰老的支撑枝转嫁至长在内侧的幼嫩侧枝上，衰老的侧枝则剪短成小木桩。

## 橄榄

橄榄（*Olea europea*，WHZ 8，0—5 ° C）既可以培育成小高干植株也可以培育成灌木形状。盆栽时最高可长到 3 米。其根系不喜过多的水分，因此未上釉的花盆最合适。橄榄的结果枝长在一年枝上，修剪通常在春季进行。

橄榄可培育出具有 1 根主干和 4 根侧枝的支撑结构。进行维护性修剪时可将下垂的支撑枝顶端或过长的结果枝转嫁至更靠近内侧生长的侧枝上。如果要剪掉支撑结构上的枝条，则需留下小木桩。

对于衰老的橄榄，需将分枝严重的支撑枝顶端转嫁至更靠近内侧的嫩枝上，将结果枝转嫁至靠近支撑结构的枝条上。

## 夹竹桃

夹竹桃（*Nerium oleander*，WHZ 9，0—8° C）喜好含石灰质丰富的土壤和向阳的位置，夏季需要大量浇水。初夏，夹竹桃在前一年过冬保留下来的花序上开花，盛夏则在当年枝上开花。支撑枝可保持 5～8 年活力，随后

### 修剪方法相同的植物

以下植物可以按照四季常绿盆栽植物的基本规则修剪：斐济果（*Acca sellowiana*，WHZ 8）、草莓树（*Arbutus unedo*，WHZ 7）、枇杷（*Eriobotrya japonica*，WHZ 8）、粉花凌霄（*Pandorea jasminoides*，WHZ 9）、酸橙（*Poncirus trifoliata*，WHZ 8）。以上植株均可在 0—8°C的温度条件下过冬。

便由幼嫩的基生枝代替。

最好选择 7～10 根不同年份的基生枝作为夹竹桃的支撑枝。在维护阶段，每年将 2 根较老的支撑枝用新的代替。把瘦长或光秃的枝条转嫁至侧枝上。过冬的花芽只要还保持活力，没有干枯便可保留，否则就将其剪掉。除去病枝和长势弱的枝条。进行恢复性修剪时，可在植株刚开始萌发时便将整株剪短至底部，其后植株会重新长出。

**3. 橄榄：维护性修剪**

将过长或下垂的枝条转嫁至长在内侧的嫩枝上。如果没有合适的嫩枝，则剪短成支撑结构上的小木桩。这样可使植株保持紧凑。

**4. 橄榄：维护性修剪后**

遮住橄榄树过长的枝条已经被剪短成了小木桩。维护性修剪后不久小木桩处便长出了新的嫩枝。

**5. 夹竹桃：维护性修剪**

将衰老或光秃的枝条齐地剪掉。将过长的侧枝剪短成支撑结构上的小木桩，疏剪分枝的枝条顶端。

## 苘麻 *Abutilon*，WHZ 9

**概述：** 苘麻需要阳光充足但正午能避免日光直射的种植地，夏季需要大量浇水。花有多种颜色。幼苗需要用抑制剂进行处理，2～3年后才会长出长枝。花开在当年枝上，在春季进行修剪。过冬温度 8—10°C。**基本修剪：** 植株可培育成有 5 条支撑枝的灌木型或由 1 根主干和 4 根侧支撑枝组成的结构。在最初 5 年中支撑枝每年允许长高 10 厘米，把侧枝剪短成支撑枝上 2 厘米长的小木桩。**额外护理：** 过长的枝条在六月中前剪短一半。

**生长高度：** 1～3 米
**花期：** 五月到十月

## 三角梅 *Bougainvillea spectabilis*，WHZ 9

**概述：** 三角梅长在向阳的地方。为了避免植株长得过大，需要少施氮肥，并选择大小适中的花盆，不要太大。花开在当年侧枝上，初夏第一次在一年枝上开花。在从室内搬出时进行修剪。过冬温度为 10—12°C。**基本修剪：** 选择 3～5 根支撑枝培育。如果是墙树则排列成扇形，如果是灌木型则以环形均匀排列。前 5 年中支撑枝每年长长 20 厘米。侧枝剪成支撑结构上 5 厘米长的小木桩。**额外护理：** 过长的枝条在夏季剪短一半。

**生长高度：** 0.5～4 米
**花期：** 六月到十月

## 美花红千层 *Callistemon citrinus*，WHZ 9

**概述：** 美花红千层需要向阳的种植地且应大量浇水。但冬天根部又不能过湿。当日子变短时，当年枝上会开出粉色至红色的花。花谢后修剪。过冬温度 8—10°C。**基本修剪：** 培育 5 根支撑枝。过长的枝条靠近支撑结构转嫁至较短的枝条上或将其剪短成支撑枝上 2 厘米长的小木桩。**额外护理：** 过长的枝条在六月底前剪短一半。不要晚于这个时间进行修剪，因为那时已经长出了新的花芽。

**生长高度：** 1～3 米
**花期：** 九月到五月

## 伞房决明 *Cassia corymbosa*（syn. *Senna*），WHZ 9

**概述：** 伞房决明开明亮的黄色伞状花序，需要向阳的种植地。长穗决明（*C. didymobotrya*，WHZ 10）能形成巨大的烛形花序，其叶子的气味近似花生酱。两者都在当年枝上开花。伞房决明过冬温度为 8—10°C，长穗决明过冬温度 15°C。**基本修剪：** 可将植株培育成由 4～5 根支撑枝组成的灌木型或高干型。这些枝条在前 5 年中每年长长 10 厘米。侧枝剪短成 5～10 厘米长的小木桩。**额外护理：** 在六月中前将瘦长的枝条剪短一半。夏季清理掉凋谢的花朵。

**生长高度：** 1.5～3 米
**花期：** 七月到十月

WHZ = 适合过冬区域（见 304～305 页卡片）

**生长高度：**0.8～1.8米
**花期：**四月到五月

**墨西哥橘 *Choysia ternata*，WHZ 7b**

**概述：**墨西哥橘的花有橘子的香味，其手指形状的叶子四季常绿。在气候温和的区域，选择一个不受冬日阳光直射且土壤为酸性的位置，也可以将植株移栽到地里。“阿兹特克珍珠”（Aztek Pearl）的叶子非常精细。花开在一年枝顶端，开花后进行修剪。过冬温度0—5°C。**基本修剪：**以5～7根支撑枝为基础培育。开花后将瘦长的枝条和支撑枝的顶端转嫁至一年短枝上。**额外护理：**七月底前将过长的枝条剪短一半。恢复性修剪的方式和杜鹃花一致（见122页）。

**生长高度：**0.4～1米
**花期：**五月到六月

**岩蔷薇 *Cistus*-Arten，WHZ 8**

**概述：**胶蔷树（*C. ladanifer*）开白色花，紫花岩蔷薇（*C. x purpureus*）开紫色花。岩蔷薇为冬季常绿植物，但只有在适合种植葡萄的气候条件下，土壤排水性佳，且有充足的冬季防护时它们才能顺利熬过冬天。无法承受水涝。花开在一年枝上，开花后进行修剪。过冬温度0—5°C。**基本修剪：**以5～7根基生枝为支撑结构培育，这些枝条每年最多只能允许长长10厘米。侧枝靠近支撑枝转嫁至短枝上，或直接剪短成2厘米长的小木桩。**额外护理：**夏季将下垂的枝条转嫁至较短的侧枝上。

**生长高度：**2～6米

**地中海柏木 *Cupressus sempervirens* ‘Stricta’，WHZ 8a**

**概述：**地中海柏木可为花园带来地中海风情。在温和的气候环境下，将其直接种在地上也能成功地过冬。它们需要排水性好、含石灰质较为丰富的土壤。在春季进行修剪，必要时夏季也进行一次修剪。过冬温度0—5°C。**基本修剪：**选择3根笔直的支撑枝进行培育，多余的枝条尽早转嫁到较低处的侧枝上。少数保留下来的枝条生长多年后仍覆满针叶，因此不会折断。**额外护理：**将因木桩的质量而下垂的枝条转嫁至直立生长且没有木桩的侧枝上。

**生长高度：**1.5～3米
**花期：**七月到十月

**木曼陀罗 *Datura*-Arten（syn. *Brugmansia*），WHZ 9**

**概述：**木曼陀罗开钟形花，花形大且芳香浓郁。它们需要大量水分和养料，且种植地应避免正午阳光直射。植株需要较大的空间，过冬时也一样。花开在当年侧枝上，一年长枝只有分枝时才会开花。过冬温度5—10°C。**基本修剪：**以3～5根基生枝为支撑结构培育。侧枝剪短成5～10厘米长的小木桩。不要剪短一年基生枝。**额外护理：**如有必要，在秋季剪短长枝，使植株能适应过冬的场所。

## 朱槿 *Hibiscus rosa-sinensis*，WHZ 9

**概述**：朱槿开巨大的木槿花，有多种不同花色的品种。它们偏好向阳的位置，但暗色花的品种在正午阳光下凋谢得较快。花开在当年枝的叶腋处。在春季修剪，且方法和木槿相似（见 112 页）。过冬温度 10—15°C。**基本修剪**：可培育成有树冠和主干的形状或灌木型，都选择 5 根支撑枝，每年长长 10 厘米。侧枝剪短成支撑枝上 2～5 厘米长的小木桩。**额外护理**：必要时在初夏将长枝剪短一半。

**生长高度**：1～2 米
**花期**：六月到十月

## 月桂 *Laurus nobilis*，WHZ 8

**概述**：月桂的观赏价值不仅在于其小小的黄花，还有皮革质地且四季常绿的叶子。种植地可向阳，也可半阴。在春季进行主要的修剪。过冬温度 0—5°C。**基本修剪**：可培育成高干型、灌木型或用以修剪形状。培育由 5～7 根支撑枝组成的灌木型所需的修剪较少，只需剪短灌木内部过长的枝条。修剪形状或培育有主干的高干形时最好用剪刀修剪枝条，因为被剪开的叶子容易枯萎。**额外护理**：夏季除去从土中长出的嫩枝，清理干枯的叶子。

**生长高度**：1～3 米
**花期**：五月到六月

## 香桃木 *Myrtus communis*，WHZ 8

**概述**：香桃木的白花香气浓郁，一直被用来编制新娘头上的花环。它们需要透气的种植地，向阳或半阴均可。不能承受水涝。花开在当年枝上。春季进行修剪。过冬温度为 0—8°C。**基本修剪**：选择 5 根支撑枝，培育成灌木或修剪造型。疏剪支撑枝，使植株不会变秃。将侧枝转嫁至靠近支撑结构的短枝上。修剪造型的植株在七月底用篱笆剪剪短。**额外护理**：七月底前将长枝剪短一半。

**生长高度**：0.5～1.5 米
**花期**：七月到十月

## 西番莲 *Passiflora caerulea*，WHZ 8

**概述**：西番莲是一种造型多变的攀缘植物，需要攀缘辅助物。在适合种植葡萄的气候条件下，西番莲也可移栽到地上。虽然植株可能会受冻导致生长迟滞，但只要为根部提供冬季防护，植株便能重新萌发。种植地需向阳，要有充足的养料。花开在当年枝上，修剪应在春季进行。过冬温度 0—5°C。**基本修剪**：在春季将整株植物剪短至离地 20～30 厘米处，完全除去长势较弱的枝条，嫩枝引导至攀缘辅助物上。**额外护理**：种在地上的植株会长出匍匐茎，在夏季将其除去。

**生长高度**：2～4 米
**花期**：七月到十月

生长高度：1～2.5 米
花期：六月到十月

### 蓝雪花 *Plumbago auriculata*，WHZ 9

**概述**：蓝雪花是一种棘刺攀缘植物（见 23 页），但通常按照灌木型培育。它们生长在向阳且中午不受阳光直射的位置，需要充足的水分。花朵为浅蓝色，“阿尔巴”（Alba）品种为白色，沿当年枝开花。在春季修剪，过冬温度为 0—8°C。**基本修剪**：灌木型和墙树型都需选择 5 条支撑枝培育，每根枝条每年可长长 20 厘米。侧枝每年都剪短成 2～5 厘米的小木桩。**额外护理**：如有必要，在搬入室内时就需将枝条剪短一部分，以避免在过冬的场所落叶。

生长高度：0.2～2 米
花期：六月到八月

### 石榴 *Punica granatum*，WHZ 8

**概述**：石榴花为橙色调，矮株品种“娜娜”（Nana）通常只有 0.5 米高，重瓣红石榴（Flore Pleno）开重瓣花，高度可达 2 米。石榴在秋季搬入室内，但时间应尽可能晚，因为石榴树需要低温的刺激才会进入冬眠状态。花开在当年枝和一年枝长出的短枝上，在春季修剪。过冬温度为 0—5°C。**基本修剪**：以 5 根支撑枝为支撑结构培育，这些枝条每年可长长 15 厘米。将长侧枝转嫁至靠近支撑结构的枝条上，长势弱的剪短成小木桩。**额外护理**：从八月开始就无须再施肥，浇水量也可大大减少。

生长高度：2～4 米
花期：六月到十月

### 素馨叶白英 *Solanum jasminoides*，WHZ 9

**概述**：素馨叶白英为攀缘植物，部分以叶柄固定，部分的茎能像棘刺攀缘植物般攀缘。刚买来的植株通常经过抑制，需要一到两年后才会长出长枝。花开在当年枝上，在春季修剪。过冬温度 0—8°C。**基本修剪**：只保留长势旺盛的基生枝，剪掉长势弱的。春季将整株植株剪短至 30～50 厘米，侧枝剪短成小木桩。**额外护理**：过长的枝条在六月底前剪短一半。

生长高度：1～2 米
花期：八月到十月（十二月）

### 蒂牡花 *Tibouchina urvilleana*，WHZ 9

**概述**：蒂牡花的花朵巨大，呈蓝紫色，叶芽为红色，叶子带银色绒毛。种植地应向阳。新的植株通常用抑制剂处理过，因此长出的多为短枝。白天变短时植株开始开花，开在当年枝上。在春季和夏季进行修剪。过冬温度为 8—10°C。**基本修剪**：以 5 根基生枝作为支撑结构培育，这些枝条每年可长长 20 厘米。春季将侧枝剪短成只剩 2 个叶芽的长度。**额外护理**：六月底前将长枝至少剪短两次。

# 修剪日历

| 观赏花木 | | | | | | | | | | | | | | |
|---|---|---|---|---|---|---|---|---|---|---|---|---|---|---|
| 中文名 | 植物学名 | 一月 | 二月 | 三月 | 四月 | 五月 | 六月 | 七月 | 八月 | 九月 | 十月 | 十一月 | 十二月 | 页码 |
| 大花六道木 | *Abelia x grandiflora* | | | | | | | | | | | | | 194 |
| 翅果连翘 | *Abeliophyllum distichum* | | | | | | | | | | | | | 194 |
| 冷杉 | *Abies* 种 | | | | | | | | | | | | | 137 |
| 栓皮槭 | *Acer campestre* | | | | | | | | | | | | | 140，182 |
| 鸡爪槭，羽扇槭 | *Acer palmatum*，*A. japonicum* | | | | | | | | | | | | | 102，194 |
| 挪威槭 | *Acer platanoides*‘Globosum’ | | | | | | | | | | | | | 146 |
| 狗枣猕猴桃 | *Actinidia kolomikta* | | | | | | | | | | | | | 194 |
| 五叶木通 | *Akebia quinata* | | | | | | | | | | | | | 195 |
| 唐棣 | *Amelanchier* 种 | | | | | | | | | | | | | 90，140，187 |
| 楤木 | *Aralia elata* | | | | | | | | | | | | | 195 |
| 美洲大叶马兜铃 | *Aristolochia macrophylla* | | | | | | | | | | | | | 176 |
| 欧亚碱蒿 | *Artemisia abrotanum* | | | | | | | | | | | | | 195 |
| 青木 | *Aucuba japonica* | | | | | | | | | | | | | 195 |
| 杜鹃花 | *Azalea* 种 | | | | | | | | | | | | | 122 |
| 小檗 | *Berberis* 种 | | | | | | | | | | | | | 72，182，187 |
| 垂枝桦 | *Betula pendula*‘Youngii’ | | | | | | | | | | | | | 146 |
| 互叶醉鱼草 | *Buddleja alternifolia* | | | | | | | | | | | | | 65 |
| 大叶醉鱼草 | *Buddleja davidii* | | | | | | | | | | | | | 114，187 |
| 黄杨 | *Buxus* 种 | | | | | | | | | | | | | 124，182 |
| 紫珠 | *Callicarpa bodinieri* | | | | | | | | | | | | | 73 |
| 帚石楠 | *Calluna vulgaris* | | | | | | | | | | | | | 119 |
| 美国蜡梅 | *Calycanthus floridus* | | | | | | | | | | | | | 76 |
| 山茶花 | *Camellia japonica* 品种 | | | | | | | | | | | | | 196 |
| 凌霄 | *Campsis* 种 | | | | | | | | | | | | | 172 |
| 树锦鸡儿 | *Caragana arborescens* | | | | | | | | | | | | | 146，196 |
| 欧洲鹅耳枥 | *Carpinus betulus* | | | | | | | | | | | | | 147，182 |
| 蓝花莸 | *Caryopteris x clandonensis* | | | | | | | | | | | | | 110 |
| 美国木豆树 | *Catalpa bignonioides*‘Nana’ | | | | | | | | | | | | | 146 |
| 德利尔美洲茶 | *Ceanothus x delilianus* | | | | | | | | | | | | | 196 |
| 南蛇藤 | *Celastrus orbiculatus* | | | | | | | | | | | | | 197 |
| 连香树 | *Cercidiphyllum japonicum* | | | | | | | | | | | | | 140，197 |
| 南欧紫荆 | *Cercis siliquastrum* | | | | | | | | | | | | | 141，197 |
| 木瓜 | *Chaenomeles* 种 | | | | | | | | | | | | | 66，187 |
| 扁柏 | *Chamaecyparis* 种 | | | | | | | | | | | | | 134，184 |
| 蜡梅 | *Chimonanthus praecox* | | | | | | | | | | | | | 197 |
| 铁线莲，初夏开花 | *Clematis* 品种 | | | | | | | | | | | | | 168 |
| 铁线莲，春季开花 | *Clematis* 种和品种 | | | | | | | | | | | | | 166 |
| 铁线莲，夏季开花 | *Clematis* 种和品种 | | | | | | | | | | | | | 167 |
| 鱼鳔槐 | *Colutea arborescens* | | | | | | | | | | | | | 198 |
| 红瑞木，红色树皮 | *Cornus alba* | | | | | | | | | | | | | 44 |
| 互叶梾木，灯台树 | *Cornus alternifolia*，*C. controversa* | | | | | | | | | | | | | 89 |
| 日本四照花，狗木 | *Cornus kousa*，*C. florida* | | | | | | | | | | | | | 88 |
| 欧洲山茱萸 | *Cornus mas* | | | | | | | | | | | | | 141，187，198 |

修剪时间　　主要修剪时间

观赏花木

| 中文名 | 植物学名 | 一月 | 二月 | 三月 | 四月 | 五月 | 六月 | 七月 | 八月 | 九月 | 十月 | 十一月 | 十二月 | 页码 |
|---|---|---|---|---|---|---|---|---|---|---|---|---|---|---|
| 蜡瓣花 | *Corylopsis* 种 | | | | | | | | | | | | | 101 |
| 欧榛 | *Corylus avellana* | | | | | | | | | | | | | 187，198 |
| 扭枝欧榛 | *Corylus avellana* ‘Contorta’ | | | | | | | | | | | | | 198 |
| 黄栌 | *Cotinus coggygria* | | | | | | | | | | | | | 45，199 |
| 栒子 | *Cotoneaster* 种 | | | | | | | | | | | | | 128，199 |
| 山楂 | *Crataegus* 种 | | | | | | | | | | | | | 141，199 |
| 黄花金雀儿 | *Cytisus x praecox* | | | | | | | | | | | | | 62 |
| 金雀儿 | *Cytisus scoparius* | | | | | | | | | | | | | 62 |
| 瑞香 | *Daphne* 种 | | | | | | | | | | | | | 199 |
| 溲疏 | *Deutzia* 种 | | | | | | | | | | | | | 70，187 |
| 胡颓子 | *Elaeagnus* 种 | | | | | | | | | | | | | 182，187，200 |
| 布纹吊钟花 | *Enkianthus campanulatus* | | | | | | | | | | | | | 200 |
| 欧石楠，冬季开花 | *Erica carnea* | | | | | | | | | | | | | 200 |
| 漂泊欧石楠，紫花欧石楠 | *Erica vagans*，*E. cinerea* | | | | | | | | | | | | | 119 |
| 卫矛 | *Euonymus* 种 | | | | | | | | | | | | | 103 |
| 扶芳藤 | *Euonymus fortunei* 品种 | | | | | | | | | | | | | 200 |
| 白鹃梅 | *Exochorda racemosa* | | | | | | | | | | | | | 201 |
| 欧洲山毛榉 | *Fagus sylvatica* | | | | | | | | | | | | | 147，182 |
| 银环藤 | *Fallopia baldschuanica* | | | | | | | | | | | | | 177 |
| 箭竹 | *Fargesia* 种 | | | | | | | | | | | | | 201 |
| 金钟连翘 | *Forsythia x intermedia* | | | | | | | | | | | | | 68 |
| 欧洲白蜡树 | *Fraxinus excelsior* ‘Nana’ | | | | | | | | | | | | | 146 |
| 丽果木 | *Gaultheria*（syn. *Pernettya*）*mucronata* | | | | | | | | | | | | | 201 |
| 平铺白珠树 | *Gaultheria procumbens* | | | | | | | | | | | | | 201 |
| 矮丛小金雀 | *Genista lydia* | | | | | | | | | | | | | 63 |
| 染料木 | *Genista tinctoria* | | | | | | | | | | | | | 63 |
| 金缕梅 | *Hamamelis* 种 | | | | | | | | | | | | | 100 |
| 长阶花 | *Hebe* 种 | | | | | | | | | | | | | 202 |
| 常春藤 | *Hedera* 种 | | | | | | | | | | | | | 174，193 |
| 七子花 | *Heptacodium jasminoides* | | | | | | | | | | | | | 202 |
| 木槿花 | *Hibiscus syriacus* | | | | | | | | | | | | | 112 |
| 沙棘 | *Hippophae rhamnoides* | | | | | | | | | | | | | 187，202 |
| 冠盖绣球 | *Hydrangea anomala* subsp. *petiolaris* | | | | | | | | | | | | | 173 |
| 乔木绣球 | *Hydrangea arborescens* ‘Annabelle’ | | | | | | | | | | | | | 116 |
| 马桑绣球 | *Hydrangea aspera* 亚种 | | | | | | | | | | | | | 86 |
| 绣球花 | *Hydrangea macrophylla* | | | | | | | | | | | | | 74 |
| 圆锥绣球 | *Hydrangea paniculata* | | | | | | | | | | | | | 116 |
| 栎叶绣球 | *Hydrangea quercifolia* | | | | | | | | | | | | | 87 |
| 金丝桃 | *Hypericum* 种 | | | | | | | | | | | | | 202 |
| 冬青 | *Ilex* 种 | | | | | | | | | | | | | 126 |
| 槐蓝 | *Indigofera* 种 | | | | | | | | | | | | | 203 |

修剪时间　　主要修剪时间

# 修剪日历

| 观赏花木 | | | | | | | | | | | | | | |
|---|---|---|---|---|---|---|---|---|---|---|---|---|---|---|
| 中文名 | 植物学名 | 一月 | 二月 | 三月 | 四月 | 五月 | 六月 | 七月 | 八月 | 九月 | 十月 | 十一月 | 十二月 | 页码 |
| 红素馨 | *Jasminum beesianum* | | | | | | | | | | | | | 179 |
| 迎春花 | *Jasminum nudiflorum* | | | | | | | | | | | | | 179 |
| 刺柏 | *Juniperus* 种 | | | | | | | | | | | | | 133 |
| 山月桂 | *Kalmia* 种 | | | | | | | | | | | | | 203 |
| 棣棠花 | *Kerria japonica* | | | | | | | | | | | | | 58 |
| 栾树 | *Koelreuteria paniculata* | | | | | | | | | | | | | 141，147 |
| 猬实 | *Kolkwitzia amabilis* | | | | | | | | | | | | | 85，187 |
| 毒豆 | *Laburnum* 种 | | | | | | | | | | | | | 203 |
| 薰衣草 | *Lavandula* 种 | | | | | | | | | | | | | 106 |
| 日本胡枝子 | *Lespedeza thunbergii* | | | | | | | | | | | | | 203 |
| 女贞 | *Ligustrum* 种 | | | | | | | | | | | | | 84，182 |
| 北美枫香 | *Liquidambar styraciflua* ‘Gum Ball’ | | | | | | | | | | | | | 146 |
| 金银花，藤 | *Lonicera* 种 | | | | | | | | | | | | | 178，204 |
| 忍冬 | *Lonicera* 种 | | | | | | | | | | | | | 77，187 |
| 亮叶忍冬，蕊帽忍冬 | *Lonicera nitida*，*L. pileata* | | | | | | | | | | | | | 129 |
| 木兰 | *Magnolia* 种 | | | | | | | | | | | | | 204 |
| 十大功劳 | *Mahonia* 种 | | | | | | | | | | | | | 127 |
| 山荆子 | *Malus* 种 | | | | | | | | | | | | | 98，141，187 |
| 顶花板凳果 | *Pachysandra terminalis* | | | | | | | | | | | | | 204 |
| 芍药 | *Paeonia suffruticosa* | | | | | | | | | | | | | 75 |
| 波斯铁木 | *Parrotia persica* | | | | | | | | | | | | | 141，204 |
| 爬山虎 | *Parthenocissus* 种 | | | | | | | | | | | | | 175 |
| 滨藜叶分药花 | *Perovskia atriplicifolia* | | | | | | | | | | | | | 205 |
| 山梅花 | *Philadelphus* 种 | | | | | | | | | | | | | 78，187 |
| 红叶石楠 | *Photinia x fraseri* | | | | | | | | | | | | | 205 |
| 无毛风箱果 | *Physocarpus opulifolius* | | | | | | | | | | | | | 83，187 |
| 云杉 | *Picea* 种 | | | | | | | | | | | | | 136 |
| 马醉木 | *Pieris japonica* 品种 | | | | | | | | | | | | | 205 |
| 松树 | *Pinus* 种 | | | | | | | | | | | | | 132 |
| 金露梅 | *Potentilla fruticosa* | | | | | | | | | | | | | 205 |
| 樱桃李 | *Prunus cerasifera* ‘Nigra’ | | | | | | | | | | | | | 206 |
| 李属，樱属 | *Prunus Cerasus* 组 | | | | | | | | | | | | | 96，141，147 |
| 灌木樱桃 | *Prunus fruticosa* ‘Globosa’ | | | | | | | | | | | | | 146 |
| 桂樱，葡萄牙桂樱 | *Prunus laurocerasus*，*P. lusitanica* | | | | | | | | | | | | | 125 |
| 榆叶梅 | *Prunus triloba* ‘Plena’ | | | | | | | | | | | | | 64 |
| 火棘 | *Pyracantha* 杂交种 | | | | | | | | | | | | | 206 |
| 柳叶梨 | *Pyrus salicifolia* | | | | | | | | | | | | | 147，206 |
| 沼生栎 | *Quercus palustris* ‘Green Dwarf’ | | | | | | | | | | | | | 146 |
| 夏栎 | *Quercus robur* ‘Fastigiata Koster’ | | | | | | | | | | | | | 147 |
| 欧鼠李 | *Rhamnus frangula* 品种 | | | | | | | | | | | | | 206 |
| 杜鹃花 | *Rhododendron* 种 | | | | | | | | | | | | | 122 |

修剪时间　　主要修剪时间

| 观赏花木 | | | | | | | | | | | | | | |
|---|---|---|---|---|---|---|---|---|---|---|---|---|---|---|
| 中文名 | 植物学名 | 一月 | 二月 | 三月 | 四月 | 五月 | 六月 | 七月 | 八月 | 九月 | 十月 | 十一月 | 十二月 | 页码 |
| 鹿角漆树 | *Rhus* 种 | | | | | | | | | | | | | 207 |
| 高山醋栗 | *Ribes alpinum* | | | | | | | | | | | | | 79，182 |
| 金色醋栗 | *Ribes aureum* | | | | | | | | | | | | | 79 |
| 多花醋栗 | *Ribes sanguineum* | | | | | | | | | | | | | 79，187 |
| 刺槐 | *Robinia pseudoacacia* ‘Umbraculifera’ | | | | | | | | | | | | | 146 |
| 玫瑰，单花 | *Rosa* 品种 | | | | | | | | | | | | | 148-163 |
| 玫瑰，多花 | *Rosa* 品种 | | | | | | | | | | | | | 148-161 |
| 野生蔷薇 | *Rosa* 种 | | | | | | | | | | | | | 159 |
| 迷迭香 | *Rosmarinus officinalis* | | | | | | | | | | | | | 207 |
| 悬钩子 | *Rubus* 种 | | | | | | | | | | | | | 59 |
| 芸香 | *Ruta graveolens* 品种 | | | | | | | | | | | | | 207 |
| 柳树 | *Salix* 种 | | | | | | | | | | | | | 147，207 |
| 调味鼠尾草 | *Salvia officinalis* | | | | | | | | | | | | | 108 |
| 接骨木 | *Sambucus* 种 | | | | | | | | | | | | | 94，187 |
| 神圣亚麻 | *Santolina* 种 | | | | | | | | | | | | | 111 |
| 茵芋 | *Skimmia japonica* 品种 | | | | | | | | | | | | | 208 |
| 珍珠梅 | *Sorbaria sorbifolia* | | | | | | | | | | | | | 208 |
| 花楸树 | *Sorbus* 种 | | | | | | | | | | | | | 95，141，147 |
| 绣线菊，夏季开花 | *Spiraea* 种 | | | | | | | | | | | | | 118 |
| 绣线菊，春季开花 | *Spiraea* 种 | | | | | | | | | | | | | 60，187 |
| 小米空木 | *Stephanandra incisa* | | | | | | | | | | | | | 208 |
| 雪果 | *Symphoricarpos* 种 | | | | | | | | | | | | | 67 |
| 蓝丁香 | *Syringa meyeri* ‘Palibin’ | | | | | | | | | | | | | 92 |
| 小叶巧玲花 | *Syringa microphylla* ‘Superba’ | | | | | | | | | | | | | 92 |
| 蚕丝丁香 | *Syringa reflexa* | | | | | | | | | | | | | 92 |
| 丁香 | *Syringa x swegiflexa* | | | | | | | | | | | | | 92 |
| 欧丁香 | *Syringa vulgaris* 品种 | | | | | | | | | | | | | 92 |
| 小花柽柳 | *Tamarix parviflora* | | | | | | | | | | | | | 209 |
| 多枝柽柳 | *Tamarix ramosissima* | | | | | | | | | | | | | 209 |
| 红豆杉 | *Taxus* 种 | | | | | | | | | | | | | 138，184，192 |
| 崖柏 | *Thuja* 种 | | | | | | | | | | | | | 135，184 |
| 百里香 | *Thymus* 种 | | | | | | | | | | | | | 109 |
| 刺荚蒾，红蕾荚蒾 | *Viburnum x burkwoodii*，*V. carlesii* | | | | | | | | | | | | | 81 |
| 香荚蒾，博德荚蒾 | *Viburnum farreri*，*V. x bodnantense* | | | | | | | | | | | | | 80 |
| 绵毛荚蒾 | *Viburnum lantana* | | | | | | | | | | | | | 81 |
| 多花荚蒾 | *Viburnum opulus* ‘Roseum’ | | | | | | | | | | | | | 82 |
| 粉团 | *Viburnum plicatum* 品种 | | | | | | | | | | | | | 81 |
| 地中海荚蒾 | *Viburnum tinus* | | | | | | | | | | | | | 209 |
| 穗花牡荆 | *Vitex agnus-castus* | | | | | | | | | | | | | 209 |
| 紫葛 | *Vitis coignetiae* | | | | | | | | | | | | | 209 |
| 锦带花 | *Weigela* 种 | | | | | | | | | | | | | 71 |
| 紫藤 | *Wisteria* 种 | | | | | | | | | | | | | 170 |

修剪时间　　主要修剪时间

# 修剪日历

| 果树 | | | | | | | | | | | | | | |
|---|---|---|---|---|---|---|---|---|---|---|---|---|---|---|
| 中文名 | 植物学名 | 一月 | 二月 | 三月 | 四月 | 五月 | 六月 | 七月 | 八月 | 九月 | 十月 | 十一月 | 十二月 | 页码 |
| 墙式果树 | 所有种和品种 | | | | | | | | | | | | | 238-243 |
| 斐济果 | *Acca sellowiana* | | | | | | | | | | | | | 287 |
| 美味猕猴桃，软枣猕猴桃 | *Actinidia deliciosa*，*A. arguta* 品种 | | | | | | | | | | | | | 260 |
| 唐棣 | *Amelanchier* 种 | | | | | | | | | | | | | 90，140，187 |
| 野樱莓 | *Aronia melanocarpa* | | | | | | | | | | | | | 264 |
| 巴婆果 | *Asimina triloba* | | | | | | | | | | | | | 264 |
| 小檗 | *Berberis* 种 | | | | | | | | | | | | | 72，182，187 |
| 欧洲栗 | *Castanea sativa* | | | | | | | | | | | | | 264 |
| 木瓜 | *Chaenomeles* 种 | | | | | | | | | | | | | 66，187 |
| 柑橘 | *Citrus* 种 | | | | | | | | | | | | | 286 |
| 欧洲山茱萸 | *Cornus mas* | | | | | | | | | | | | | 141，187，198 |
| 欧榛 | *Corylus avellana* 结果品种 | | | | | | | | | | | | | 198 |
| 山楂 | *Crataegus* 种 | | | | | | | | | | | | | 141，199 |
| 榅桲 | *Cydonia oblonga* 品种 | | | | | | | | | | | | | 227 |
| 柿子 | *Diospyros kaki* | | | | | | | | | | | | | 263 |
| 胡颓子 | *Elaeagnus* 种 | | | | | | | | | | | | | 182，187，200 |
| 枇杷 | *Eriobotrya japonica* | | | | | | | | | | | | | 287 |
| 无花果 | *Ficus carica* | | | | | | | | | | | | | 262 |
| 草莓 | *Fragaria x ananassa* | | | | | | | | | | | | | 257 |
| 沙棘 | *Hippophae rhamnoides* | | | | | | | | | | | | | 187，202 |
| 核桃 | *Juglans regia* 品种 | | | | | | | | | | | | | 226 |
| 蓝靛果忍冬 | *Lonicera caerulea* var. *kamtschatica* 品种 | | | | | | | | | | | | | 264 |
| 枸杞 | *Lycium barbarum* | | | | | | | | | | | | | 265 |
| 十大功劳 | *Mahonia* 种 | | | | | | | | | | | | | 127 |
| 山荆子 | *Malus* 种 | | | | | | | | | | | | | 98，141，187 |
| 苹果 | *Malus domestica* 品种 | | | | | | | | | | | | | 214，230，244 |
| 欧楂 | *Mespilus germanica* | | | | | | | | | | | | | 265 |
| 白色桑葚，黑色桑葚 | *Morus alba*，*M. nigra* | | | | | | | | | | | | | 265 |
| 橄榄 | *Olea europea* | | | | | | | | | | | | | 287 |
| 杏树 | *Prunus armeniaca* 品种 | | | | | | | | | | | | | 241，245 |
| 甜樱桃 | *Prunus avium* 品种 | | | | | | | | | | | | | 222，236，245 |
| 樱桃李 | *Prunus cerasifera* ‘Nigra’ | | | | | | | | | | | | | 206 |
| 欧洲酸樱桃 | *Prunus cerasus* 品种 | | | | | | | | | | | | | 229，245 |
| 欧洲李 | *Prunus domestica* ssp. *Domestica* 品种 | | | | | | | | | | | | | 224 |
| 李子树 | *Prunus domestica* ssp. *Domestica* 品种 | | | | | | | | | | | | | 224，236，244 |
| 莱茵克洛德李 | *Prunus domestica* ssp. *italica* 品种 | | | | | | | | | | | | | 224 |
| 米拉别里李 | *Prunus domestica* ssp. *syriaca* 品种 | | | | | | | | | | | | | 224 |
| 甜杏仁树 | *Prunus dulcis* var. *dulcis* | | | | | | | | | | | | | 265 |

修剪时间　　主要修剪时间

| 果树 | | | | | | | | | | | | | | |
|---|---|---|---|---|---|---|---|---|---|---|---|---|---|---|
| 中文名 | 植物学名 | 一月 | 二月 | 三月 | 四月 | 五月 | 六月 | 七月 | 八月 | 九月 | 十月 | 十一月 | 十二月 | 页码 |
| 油桃树 | *Prunus persica* var. *nucipersica* 品种 | | | | | | | | | | | | | 228，245 |
| 桃树 | *Prunus persica* var. *persica* 品种 | | | | | | | | | | | | | 228，245 |
| 黑刺李 | *Prunus spinosa* | | | | | | | | | | | | | 266 |
| 石榴 | *Punica granatum* | | | | | | | | | | | | | 291 |
| 梨树 | *Pyrus communis* 品种 | | | | | | | | | | | | | 214，231，244 |
| 沙梨 | *Pyrus pyrifolia* var. *culta* 品种 | | | | | | | | | | | | | 266 |
| 高山醋栗 | *Ribes alpinum* | | | | | | | | | | | | | 79，182 |
| 黑醋栗 | *Ribes nigrum* 品种 | | | | | | | | | | | | | 250 |
| 红 / 白醋栗 | *Ribes rubrum* var. *domesticum* 品种 | | | | | | | | | | | | | 248 |
| 鹅莓 | *Ribes uva-crispa* var. *sativum* 品种 | | | | | | | | | | | | | 248 |
| 杂交醋栗 | *Ribes* x *nidrigolaria* 品种 | | | | | | | | | | | | | 250 |
| 野生蔷薇 | *Rosa* 种 | | | | | | | | | | | | | 159 |
| 北悬钩子 | *Rubus arcticus* var. *stellarcticus* | | | | | | | | | | | | | 266 |
| 黑莓 | *Rubus fruticosus* 品种 | | | | | | | | | | | | | 255 |
| 泰莓 | *Rubus fruticosus* x *R. idaeus* | | | | | | | | | | | | | 266 |
| 覆盆子，初夏结果 | *Rubus idaeus* 品种 | | | | | | | | | | | | | 254 |
| 覆盆子，秋季结果 | *Rubus idaeus* 品种 | | | | | | | | | | | | | 254 |
| 罗甘莓 | *Rubus loganobaccus* | | | | | | | | | | | | | 267 |
| 多腺悬钩子 | *Rubus phoenicolasius* | | | | | | | | | | | | | 267 |
| 接骨木 | *Sambucus* 种 | | | | | | | | | | | | | 94，187 |
| 五味子 | *Schisandra chinensis* | | | | | | | | | | | | | 267 |
| 花楸树 | *Sorbus* 种 | | | | | | | | | | | | | 95，141，147 |
| 蓝莓 | *Vaccinium corymbosum* 品种 | | | | | | | | | | | | | 256 |
| 黑果越橘 | *Vaccinium myrtillus* | | | | | | | | | | | | | 256 |
| 越橘 | *Vaccinium vitis-idaea* | | | | | | | | | | | | | 267 |
| 葡萄 | *Vitis vinifera* ssp. *sativa* 品种 | | | | | | | | | | | | | 258 |

修剪时间　主要修剪时间

# 修剪日历

| 亚灌木 | | | | | | | | | | | | | | |
|---|---|---|---|---|---|---|---|---|---|---|---|---|---|---|
| 中文名 | 植物学名 | 一月 | 二月 | 三月 | 四月 | 五月 | 六月 | 七月 | 八月 | 九月 | 十月 | 十一月 | 十二月 | 页码 |
| 蓍草 | *Achillea* 杂交种 | | | | | | | | | | | | | 278 |
| 乌头 | *Aconitum* 种 | | | | | | | | | | | | | 278 |
| 藿香 | *Agastache x rugosa* | | | | | | | | | | | | | 278 |
| 斗篷草 | *Alchemilla mollis* | | | | | | | | | | | | | 273 |
| 耧斗菜 | *Aquilegia* 种 | | | | | | | | | | | | | 278 |
| 紫菀 | *Aster* 种 | | | | | | | | | | | | | 273 |
| 岩白菜 | *Bergenia* | | | | | | | | | | | | | 274 |
| 尖拂子茅 | *Calamagrostis acutiflora* | | | | | | | | | | | | | 276 |
| 苔草 | *Carex* 种 | | | | | | | | | | | | | 277 |
| 野菊 | *Chrysanthemum x grandiflorum* | | | | | | | | | | | | | 273 |
| 金鸡菊 | *Coreopsis* 种 | | | | | | | | | | | | | 279 |
| 蒲苇 | *Cortaderia selloana* | | | | | | | | | | | | | 281 |
| 飞燕草 | *Delphinium* 杂交种 | | | | | | | | | | | | | 272 |
| 洋地黄 | *Digitalis purpurea* | | | | | | | | | | | | | 272 |
| 鳞毛蕨 | *Dryopteris affinis* | | | | | | | | | | | | | 280 |
| 红盖鳞毛蕨 | *Dryopteris erythrosora* | | | | | | | | | | | | | 280 |
| 紫锥菊 | *Echinacea purpurea* 品种 | | | | | | | | | | | | | 279 |
| 淫羊藿 | *Epimedium* 种 | | | | | | | | | | | | | 274 |
| 羊茅 | *Festuca* 种 | | | | | | | | | | | | | 277 |
| 老鹳草 | *Geranium x* ‘Rozanne’ | | | | | | | | | | | | | 272 |
| 黑嚏根草 | *Helleborus niger* | | | | | | | | | | | | | 274 |
| 东方嚏根草 | *Helleborus orientale* | | | | | | | | | | | | | 274 |
| 矾根 | *Heuchera* 品种 | | | | | | | | | | | | | 274 |
| 屈曲花 | *Iberis sempervirens* | | | | | | | | | | | | | 279 |
| 白茅 | *Imperata cylindrica* | | | | | | | | | | | | | 281 |
| 德国鸢尾 | *Iris x germanica* | | | | | | | | | | | | | 272 |
| 洽草 | *Koeleria glauca* | | | | | | | | | | | | | 277 |
| 阔叶山麦冬 | *Liriope muscari* | | | | | | | | | | | | | 274 |
| 中华芒 | *Miscanthus sinensis* | | | | | | | | | | | | | 276 |
| 麦氏草 | *Molinia* 种 | | | | | | | | | | | | | 276 |
| 紫花猫薄荷 | *Nepeta x faassenii* | | | | | | | | | | | | | 272 |
| 柳枝稷 | *Panicum virgatum* | | | | | | | | | | | | | 281 |
| 狼尾草 | *Pennisetum alopecuroides* | | | | | | | | | | | | | 276 |
| 对开蕨 | *Phyllitis scolopendrium* | | | | | | | | | | | | | 280 |
| 耳蕨 | *Polystichum* 种 | | | | | | | | | | | | | 275 |
| 林下鼠尾草 | *Salvia nemorosa* | | | | | | | | | | | | | 272 |
| 景天 | *Sedum* 种 | | | | | | | | | | | | | 280 |
| 线形针茅 | *Stipa pulcherrima* f. *nudicostata* | | | | | | | | | | | | | 281 |
| 细茎针茅 | *Stipa tenuissima*，syn. ‘Nasella’ | | | | | | | | | | | | | 277 |
| 常绿香科科 | *Teucrium x lucidrys* | | | | | | | | | | | | | 280 |
| 蔓长春花 | *Vinca* 种 | | | | | | | | | | | | | 275 |

修剪时间　　主要修剪时间

| 盆栽植物 | | | | | | | | | | | | | | |
|---|---|---|---|---|---|---|---|---|---|---|---|---|---|---|
| 中文名 | 植物学名 | 一月 | 二月 | 三月 | 四月 | 五月 | 六月 | 七月 | 八月 | 九月 | 十月 | 十一月 | 十二月 | 页码 |
| 苘麻 | *Abutilon* 杂交种 | | | | | | | | | | | | | 288 |
| 斐济果 | *Acca sellowiana* | | | | | | | | | | | | | 287 |
| 合欢 | *Albizia julibrissin* | | | | | | | | | | | | | 284 |
| 草莓树 | *Arbutus unedo* | | | | | | | | | | | | | 287 |
| 木茼蒿 | *Argyranthemum frutescens* | | | | | | | | | | | | | 284 |
| 三角梅 | *Bougainvillea spectabilis* | | | | | | | | | | | | | 288 |
| 美花红千层 | *Callistemon citrinus* | | | | | | | | | | | | | 288 |
| 伞房决明 | *Cassia* 种（syn. *Senna*） | | | | | | | | | | | | | 288 |
| 瓶儿花 | *Cestrum elegans* | | | | | | | | | | | | | 284 |
| 墨西哥橘 | *Choysia ternata* | | | | | | | | | | | | | 289 |
| 岩蔷薇 | *Cistus* 种 | | | | | | | | | | | | | 289 |
| 柑橘 | *Citrus* 种 | | | | | | | | | | | | | 286 |
| 地中海柏木 | *Cupressus sempervirens* | | | | | | | | | | | | | 289 |
| 木曼陀罗 | *Datura* 种（syn. *Brugmansia*） | | | | | | | | | | | | | 289 |
| 枇杷 | *Eriobotrya japonica* | | | | | | | | | | | | | 287 |
| 鸡冠刺桐 | *Erythrina crista-galli* | | | | | | | | | | | | | 284 |
| 倒挂金钟 | *Fuchsia* 杂交种 | | | | | | | | | | | | | 285 |
| 朱槿 | *Hibiscus rosa-sinensis* | | | | | | | | | | | | | 290 |
| 长筒蓝曼陀罗 | *Iochroma cyaneum* | | | | | | | | | | | | | 284 |
| 紫薇 | *Lagerstroemia indica* | | | | | | | | | | | | | 285 |
| 马缨丹 | *Lantana camara* 杂交种 | | | | | | | | | | | | | 285 |
| 月桂 | *Laurus nobilis* | | | | | | | | | | | | | 290 |
| 香桃木 | *Myrtus communis* | | | | | | | | | | | | | 290 |
| 夹竹桃 | *Nerium oleander* | | | | | | | | | | | | | 287 |
| 橄榄 | *Olea europea* | | | | | | | | | | | | | 287 |
| 粉花凌霄 | *Pandorea jasminoides* | | | | | | | | | | | | | 287 |
| 西番莲 | *Passiflora caerulea* | | | | | | | | | | | | | 290 |
| 蓝雪花 | *Plumbago auriculata* | | | | | | | | | | | | | 291 |
| 酸橙 | *Poncirus trifoliata* | | | | | | | | | | | | | 287 |
| 石榴 | *Punica granatum* | | | | | | | | | | | | | 291 |
| 素馨叶白英 | *Solanum jasminoides* | | | | | | | | | | | | | 291 |
| 蓝花茄 | *Solanum rantonnetii*<br>（syn. *Lycianthes*） | | | | | | | | | | | | | 284 |
| 硬骨凌霄 | *Tecomaria capensis* | | | | | | | | | | | | | 284 |
| 蒂牡花 | *Tibouchina urvilleana* | | | | | | | | | | | | | 291 |

修剪时间　　主要修剪时间

# 术语表：主要术语

**牵引** 见转嫁。

**隔绝** 将丹宁涂在植物新鲜的伤口上，以避免真菌或细菌侵袭。只能在五月和九月间进行这项工作，由此可保证植物能承受夏季修剪。

**不在场树枝** 虽然不能让开花灌木的花开得更密，但能使灌木在修剪后看起来更加茂密、更加自然的枝条。

**树枝环** 枝条基部隆起的部位，在修剪时保留树枝环可使伤口快速愈合。

**齐地短截** 对所有枝条进行齐地短截，尤其是对野生植株。这种修剪方式只适用于严重衰老且密集的植株，或在采用大量护理工作时进行。

**折下** 在盛夏将葡萄或紫藤尚是绿色的枝条从基部拧掉，尤其是徒长枝或是自己长出的侧分枝。

**匍匐茎** 从根部长出的嫩枝，可长到距植株数米远处。

**剪枝** 剪掉灌木单独的枝条，通常是最老的枝条，以使其恢复活力，并确保阳光照入灌木内部。此外也可指彻底剪掉树冠中的侧枝。

**韧皮部** 形成层向外长至树皮的组织。储备物质在这里从树叶传至根部。之后会从这里长出保护枝条和树干的树皮。

**扫帚形分枝** 枝条顶端严重的分枝，通常已经衰老。它们会遮蔽树冠内部。

**叶芽** 先长出叶子，最后长出新枝的嫩芽。

**避雷针** 在修剪后能吸收液流的嫩枝，由此开始快速生长并传导液流。

**树液** 春季修剪后在伤口处流出的液体。长出第一批叶子后液流就会枯竭。

**花芽** 首先长出花朵，之后有些还能长出果实的嫩芽。

**从土中长出的枝条** 见基生枝。

**基生枝** 灌木从土中长出的嫩枝。因为它们直接从根上长出，因此很适合用来使灌木恢复生机。

**维度增长** 通过形成层的细胞分裂，木质化的枝条在七月到九月间直径增加。

**当年枝** 长度变长，且生长没有停滞的枝条。

**嫁接品种** 嫁接植物的地上部分。植株长在嫁接品种上的花和果实。

**一年枝** 在经历一个夏季后长度不再增加且已木质化的枝条。

**剪短** 将未分化的一年枝剪短至某嫩芽处，以促进其生长。

**位于末端** 长在枝条顶端的嫩芽，有些树种还会长出花芽。

**维护性修剪** 一种修剪方式，完成后植株可达到理想的大小和形状。有可能开花或结果，并可预防自然的衰老过程。

**培育修剪** 用于构建植株的支撑结构，至其达到理想的大小。

**假结果枝** 桃子或油桃的短花枝，枝条顶端只有一粒叶芽，为果实提供养料。

**火疫病** 一种危险的真菌病，只有通过彻底剪掉受袭的枝条才能抑制。苹果、梨、榅桲、枸杞、栒子、火棘及山楂最容易受袭。

**造型修剪** 定期修剪植株，使其形成建筑造型或艺术性的造型。在生长期间每年需进行多次修剪。

**光合作用** 在光能辅助下叶子内形成糖分和能量。

**结果枝** 果树用于结果的侧枝，不起结构作用。根据果树品种不同，每隔几年更新一次。

**木本植物** 木质化的多年植物，由枝条形成支撑结构，乔木还有主干。

**支撑结构** 由枝条和主干形成树木和乔木的支撑结构。花枝和结果枝长在支撑结构上。乔木和大型灌木的支撑结构能维持多年。

**支撑枝** 形成树冠的主干和多条侧枝。果树通常会在培育时通过有目的的剪短来加强支撑枝，使其能在结果时承受住果实的重量。支撑枝不像结果枝会定期更新。

**半灌木** 在地中海区域能木质化的树。但在欧洲中部则通常地上部分会冻死，因此需要像亚灌木一样进行修剪。

**悬垂型** 通常也称为“哀悼型”。生长形式为悬垂型，没有笔直的支撑枝，通常嫁接在野生品种主干上的品种。

**镰刀** 顶部弯曲的刀。用于刮平伤口边缘或割掉受伤部分。

**空心树冠** 为了使光线更容易照入而剪掉主干的圆形树冠。桃子、油桃和杏的培育方式。

**四季常绿植物** 其叶子或针叶可保持终年或多年的树木。

**形成层** 树皮和木质层之间薄薄的生长层。能长出新的组织，负责枝条和根部的维度增加，以及伤口的愈合。

**剪断** 不考虑侧枝或形状，在中间剪短长势旺盛的枝条。这会形成较大的伤口，导致腐烂并受真菌侵袭。新长出的枝条通常很容易折断。

**木髓** 较老的木芯，能起到支撑作用。树木在树芯中储存着鞣剂，可提高其对病菌和害虫的抗性。木髓和形成层之间是木质部。

**嫩芽** 叶腋处未成熟的嫩芽。通常在夏季长出并过冬。许多开花树通常都是在盛夏确定其为花芽或叶芽。

**岔头树** 特殊的培育方式，每年春季将新枝剪短至支撑枝条处。在修剪口处会长出膨胀物，即所谓的岔头。适用这种修剪方式的典型代表就是杨柳。

**岔头** 见扫帚形分枝。

**竞争枝** 在所谓的顶端枝条后直接长出的一根或多根枝条。通常它们和顶端枝条长势相当。

**带形** 墙树的基本形状，由支撑枝和通过夏季修剪保持较短的侧结果枝组成。由基本形状可长成不同的变体。

**树冠** 灌木和乔木的地上部分，能形成一个多年生的支撑结构。

**盆栽植物** 多年生植物，但在德

国的气候环境中无法在室外过冬，因此需要一个无霜冻的过冬环境。

**球形树冠** 造型严格为球形的树木。通常嫁接在野生品种上，形成的球形树冠，随着时间推移通常会变成横向的椭圆形。

**短枝** 长度小于10厘米的枝条，顶端通常长有花芽。

**延伸生长** 枝条在第一年从嫩芽开始长到不再变长为止的过程。由嫩芽长出。

**长枝** 长度大于20厘米的枝条，春季开花的品种和单季月季在长枝上开花最多。乔木上的长枝通常不受欢迎，因为它们会与支撑枝形成竞争。

**主枝** 乔木主干第一根侧枝上方长长的部分，主枝也是支撑结构的一部分。

**种植修剪** 种植后立即进行的修剪。这一方面可以弥补在苗圃将幼苗挖出时造成的根系损伤，另一方面也能确定植株之后的形状。

**光合作用** 见光合作用。

**卷攀植物** 通过短枝或叶柄缠绕在枝条或铁丝上向上生长的攀缘植物。

**攀缘辅助物** 由铁丝、木头或金属制成的支架，可单独使用，也可固定在墙上。它可为攀缘植物提供支撑或作为墙树的造型基础。

**圆形树冠** 果树或落叶乔木的一种树冠形式，其支撑结构除了主枝还由多条以环形均匀分布的侧枝组成，并位于主干上方。

**枝条** 见基生灌木。

**树干液流** 在春季发芽前将根部的树液传送至植株地上部分的压力。树干液流存在于整棵树中，在单独的枝条中也有，都不断向上输送。

**柱状树** 某种树中严格直立生长的一类，尤其是观赏树。但果树也有柱状树。

**休眠嫩芽** 多年枝上几乎不可见的嫩芽，只有当修剪或特定部位受伤导致此处形成液流时才会萌发。

**缠绕攀缘植物** 通过将其茎缠绕在攀缘辅助物上向上生长的攀缘植物。

**劈裂枝** 长势非常陡峭的枝条，和主干的连接非常不稳定，因而很容易劈裂。

**基生灌木** 每年都会从土中长出大量枝条的灌木，但这些灌木通常生命周期都不长。

**夏季常绿植物** 在秋季落叶，第二年春季重新长出叶子的植物。

**夏季修剪** 九月初前在植株长满叶子的状态下进行的修剪。通常能起到抑制植株长势的作用。植株通常都能承受，因为伤口会立即与外界隔绝。

**品种** 通过嫁接或插条继续繁殖的品种。因此，植物间的基因特征和外表特征均保持一致。

**墙树** 通过铁丝或栅栏的辅助，将通常可形成圆形树冠的植株在平面上培育。

**纺锤形** 适合较低矮果树的培育方式，其支撑结构即为主干，结果枝由此水平长出。冷杉即为标志性的纺锤形。

**褐腐病** 真菌病（念珠菌），通

常发生在开花时或开花后。枝条顶端会死亡。如果已经受袭，应将枝条彻底剪掉并处理。

**顶芽**　枝条顶端的嫩芽，如果不修剪第二年便转化为自然的增长部分。

**木质部**　枝条的形成层向内生长形成的部分。植株的养料和水分都从这里由下向上传输。

**棘刺攀缘植物**　通过如鱼鳍般竖立的侧枝固定在攀缘辅助物上向上生长的攀缘植物。

**主干**　乔木根部和最下方的枝丫间笔直的部分。

**亚灌木**　多年生植物，其地上部分通常未木质化，会在冬天枯死。

**结构树**　观赏价值主要在于其形状或大小，而不在于花的植物。

**枝条**　通过嫩芽的延伸生长形成的嫩枝。

**愈合**　通过形成层细胞分裂强度的增加愈合伤口，且伤口从边缘开始闭合。

**转嫁**　将较长的枝条剪短，剪至使长在较低处的侧枝成为新的增长部分。对于较老的植株而言，这是将下垂至地面的枝条通过斜向上生长且充满活力的嫩枝代替的一个可能的办法。

**砧木**　它们是嫁接植物的根块。嫁接品种则是植株的地面部分。砧木应与嫁接品种较为接近，这样才能实现两者的共同生长。

**嫁接**　将嫁接品种的枝条嫁接在砧木的块根上。两者的形成层相互连接并确保嫁接的稳定。嫁接和插条都是百分之百保留品种特征的繁殖方式。

**衰老**　在自然的老化过程中植株的生长和开花趋势变弱，会形成严重的分枝，且嫩枝只能长得很短。

**恢复性修剪**　使衰老的植株重新恢复活力并刺激其生长。比在维护性修剪阶段的幅度明显要大。在其后两年间需要小心护理。

**变秃**　如果植株上半部分的枝条分枝越来越多，则阳光将无法照入植株内部。内部和下部的枝条会枯死，灌木则不会再长出新的基生枝。

**疏剪**　使枝条顶端按原来的生长方向长长，以促进植株形成优美的造型，且植株内部能照入更多阳光。是最不容易刺激生长的温和的修剪方式。

**真结果枝**　如桃树和油桃的花枝，在长嫩芽的位置除了花芽还长有叶芽。

**冬季常绿植物**　叶子在整个冬天都不会掉落的植物，直到春季发芽时才会落叶。

**耐寒性**　植物可在室外安全过冬的温度。

**徒长枝**　嫁接植株从砧木的块根处长出的枝条。必须除去徒长枝。

**块根**　使植物固定在土中的地下部分，植物通过它从土壤中吸取养料和水分。

**木桩**　将枝条剪短成木桩，可避免剩余枝条上伤口枯萎并促进新枝生长。之后需要将干枯的小木桩除去，尤其是月季上的小木桩。

# 适合过冬区域

区域 一年里平均最低温度
5b –26.0 ～ –23.4°C
6a –23.3 ～ –20.5°C
6b –20.4 ～ –17.8°C
7a –17.7 ～ –15.0°C
7b –14.9 ～ –12.3°C
8a –12.2 ～ – 9.4°C
8b –9.3 ～ –6.7°C
胡苏姆
基尔
黑尔戈兰岛
诺德尼岛
博尔库姆岛
吕贝克
汉堡
什未林
埃姆登
不莱梅
登海尔德
吕讷堡
乌埃尔岑
勒宁根
阿勒尔河
威悉河
阿姆斯特丹
汉诺威
阿纳姆
黑尔福德
马格德堡
莱茵河
明斯特
默兹河
布罗肯峰
芬洛
埃森
阿恩斯贝格
哈雷
丁格尔施泰特
布鲁塞尔
吕登沙伊德
卡塞尔
卡尔阿斯滕山
科隆
魏玛
列日
马尔堡
威尔堡
富尔达
迈宁根
诺伊豪斯
科布伦茨
科堡
克莱沃
美茵茨
卢森堡
班贝格
维尔茨堡
凯撒斯劳滕
兰斯
布高
路德维希港
莫泽尔河
纽伦堡
乌尔兹
巴特维尔德巴特
斯图加特
南锡
莱茵河
基希海姆
博登海姆
蒂宾根
奥格斯堡
乌尔姆
伯廷根
菲林根
梅尔斯堡
肯普滕
巴塞尔
第戎
奥伯斯多夫
日内瓦
索恩
里昂